普通高等教育工程训练系列教材

工 程 实 训

主　编　张恩忠
副主编　李月晶　庞在祥
参　编　赵健闯　初少刚　王　震
　　　　李晓路　李　宝　刘海峰
主　审　毛志阳

机械工业出版社

本书是根据教育部高等学校工程训练教学指导委员会对工程训练实践教学环节的要求，结合高校工程训练中心实际情况、国内外高等工程教育发展状况以及编者多年实践教学经验编写而成的。本书在编写过程中，力求做到基础性和通用性兼顾，同时，结合现代制造技术，在内容上做了扩展，以满足不同层次和特色学校与专业的适用性要求。

全书共 15 章，内容包括工程材料基础知识，工程材料的强韧化，铸造，锻压成形，焊接，切削加工的基础知识，车削加工，钳工与产品拆装，铣削、刨削、磨削和精密加工，数控加工技术，特种加工，快速成形制造技术，气动与液压，工业智能制造生产线虚拟仿真实训，以及实训设备操作规程。

本书可作为普通高等院校和中、高等职业技术院校的机械类、近机械类专业学生的工程训练指导用书，也可作为相关专业教师及技术人员的参考书。

图书在版编目（CIP）数据

工程实训/张恩忠主编. —北京：机械工业出版社，2022.2
普通高等教育工程训练系列教材
ISBN 978-7-111-62150-8

Ⅰ.①工⋯　Ⅱ.①张⋯　Ⅲ.①工程技术-高等学校-教材　Ⅳ.①TB

中国版本图书馆 CIP 数据核字（2022）第 024397 号

机械工业出版社（北京市百万庄大街 22 号　邮政编码 100037）
策划编辑：丁昕祯　　　　　责任编辑：丁昕祯
责任校对：陈　越　王明欣　封面设计：张　静
责任印制：李　昂
河北鹏盛贤印刷有限公司印刷
2022 年 6 月第 1 版第 1 次印刷
184mm×260mm · 17.5 印张 · 429 千字
标准书号：ISBN 978-7-111-62150-8
定价：54.00 元

前　言

为主动应对新一轮科技产业变革，支撑服务创新驱动发展、《中国制造2025》、创新驱动等国家重大发展战略，教育部于2017年推出"新工科"计划，以工程教育新理念、新结构、新模式、新质量、新体系等作为高等院校新工科建设和教育改革的基本内容，构建新工科专业或改造升级现有专业，培养满足新经济和产业所需的新型工程技术人才。

工程实训作为高等院校开展工程实践教学的必修课程，在培养大学生工程实践能力与创新能力中发挥着巨大的作用，是提高学生的动手能力、转变其思维方式的重要课程。工程训练以通识性、实践性、综合性和创新性为特点，在现代教育技术和先进制造技术相融合的准工业环境中，让学生学习工艺知识，了解工业过程，体验工程文化，培养实践能力。

本书以大工程为背景，由浅入深，使学生全面了解工业生产制造的基本知识，培养学生分析和解决实际问题的能力，有利于提高学生的工程素质和创新能力。本书为机械类、近机械类专业的工程实训教材，为培养特色高水平应用研究型人才，结合实践教学特点编写而成。在编写过程中，从工程材料基础知识出发，保留了传统的铸造、锻压成型、焊接、切削加工以及铣、刨、磨、钳等基本训练内容，新增数控加工技术、特种加工、快速成形制造技术、气动与液压、工业智能制造生产线虚拟仿真实训等内容，力求使教材内容突出综合性、实践性、科学性和先进性。

本书将分散的知识点进行有机融合，将工程素养贯穿始终，让学生体验机械制造的宏观过程，培养其工程素养，因此，它是适应当前工程实训要求的训练教材。

全书共15章，由长春工业大学工程训练中心（国家级实验教学示范中心）教师编写，长春工业大学张恩忠教授任主编，李月晶、庞在祥任副主编。其中，第1~5章、第8章由赵健闯编写，第6章由李月晶编写，第7章由初少刚编写，第9章由张恩忠编写，第10章由张恩忠、初少刚编写，第11章由王震编写，第12章由李晓路编写，第13章由李宝编写，第14章由庞在祥编写，第15章由刘海峰编写。全书由长春工业大学毛志阳教授主审，毛志阳教授对本书提出了很多宝贵意见，在此表示感谢。

由于编者的水平和经验有限，书中难免存在错误和不足之处，恳请广大读者批评指正。

编　者

目　录

前言
第1章　工程材料基础知识 …………… 1
　1.1　工程材料概述及分类 …………… 1
　1.2　金属材料的基本性能 …………… 2
　1.3　常用金属材料及其牌号 ………… 5
　1.4　钢铁材料的现场鉴别方法 ……… 18
　1.5　非金属材料及其在工程上的应用 … 20
　　复习思考题 ………………………… 23
第2章　工程材料的强韧化 …………… 25
　2.1　热处理 ………………………… 25
　2.2　工程材料的强化方法 …………… 29
　2.3　工程材料的强韧化 ……………… 30
　　复习思考题 ………………………… 33
第3章　铸造 …………………………… 34
　3.1　铸造概述 ……………………… 34
　3.2　砂型铸造 ……………………… 34
　3.3　铸造工艺规程设计的步骤及内容 … 45
　3.4　特种铸造及铸造新工艺 ………… 47
　　复习思考题 ………………………… 50
第4章　锻压成形 ……………………… 52
　4.1　概述 …………………………… 52
　4.2　锻造生产过程 ………………… 52
　4.3　自由锻 ………………………… 55
　4.4　模锻与胎模锻 ………………… 62
　4.5　板料冲压 ……………………… 63
　　复习思考题 ………………………… 65
第5章　焊接 …………………………… 67
　5.1　概述 …………………………… 67
　5.2　焊接工艺基础 ………………… 68
　5.3　常用焊接材料 ………………… 71
　5.4　熔焊方法 ……………………… 73
　5.5　现代先进的焊接方法 …………… 79
　5.6　切割 …………………………… 82
　5.7　焊接变形和焊接缺陷 …………… 82
　5.8　焊接检验 ……………………… 84

　　复习思考题 ………………………… 85
第6章　切削加工的基础知识 ………… 87
　6.1　切削加工概述 ………………… 87
　6.2　切削运动和切削用量 …………… 88
　6.3　刀具材料及刀具的几何形状 …… 89
　6.4　金属切削机床的分类与编号 …… 93
　6.5　常用量具及其使用方法 ………… 95
　6.6　零件加工质量及检测方法 ……… 100
　　复习思考题 ………………………… 105
第7章　车削加工 ……………………… 106
　7.1　概述 …………………………… 106
　7.2　卧式车床 ……………………… 107
　7.3　车刀 …………………………… 109
　7.4　工件安装及所用附件 …………… 110
　7.5　车床操作基础 ………………… 114
　7.6　车削加工 ……………………… 116
　7.7　典型零件的车削工艺 …………… 124
　　复习思考题 ………………………… 126
第8章　钳工与产品拆装 ……………… 127
　8.1　概述 …………………………… 127
　8.2　划线 …………………………… 129
　8.3　锯削 …………………………… 131
　8.4　锉削 …………………………… 133
　8.5　钻孔、扩孔和铰孔 ……………… 135
　8.6　螺纹加工 ……………………… 138
　8.7　装配与拆卸 …………………… 140
　　复习思考题 ………………………… 143
第9章　铣削、刨削、磨削和精密
　　　　加工 ………………………… 144
　9.1　铣削 …………………………… 144
　9.2　刨削 …………………………… 150
　9.3　磨削 …………………………… 154
　9.4　精密加工 ……………………… 163
　　复习思考题 ………………………… 167

第 10 章　数控加工技术 ·················· 168
　10.1　概述 ······························· 168
　10.2　数控车削加工 ··············· 176
　10.3　数控铣削加工 ··············· 185
　10.4　数控加工中心 ··············· 205
　　复习思考题 ························· 209

第 11 章　特种加工 ·················· 210
　11.1　概述 ······························· 210
　11.2　电火花加工 ··················· 212
　11.3　数控电火花线切割加工 ··· 216
　11.4　激光加工 ······················· 219
　11.5　超声波加工 ··················· 221
　11.6　电解加工 ······················· 223
　11.7　电子束加工 ··················· 225
　11.8　离子束加工 ··················· 226
　11.9　水喷射加工 ··················· 227
　　复习思考题 ························· 229

第 12 章　快速成形制造技术 ··· 230
　12.1　快速成形制造技术概述 ··· 230
　12.2　快速成形设备种类 ········· 231
　12.3　快速成形的应用 ············· 233
　12.4　快速成形制造数据软件 ··· 234
　12.5　快速成形制造实训 ········· 235
　　复习思考题 ························· 236

第 13 章　气动与液压 ············· 237
　13.1　气动实训概述 ··············· 237

　13.2　实训项目 ······················· 239
　13.3　实例应用：数控加工中心气动
　　　　系统 ··························· 244
　13.4　液压实训概述 ··············· 244
　13.5　实训项目 ······················· 246
　　复习思考题 ························· 248

**第 14 章　工业智能制造生产线虚拟
　　　　　仿真实训** ················· 249
　14.1　实训目的 ······················· 249
　14.2　实训原理 ······················· 249
　14.3　实训方法与步骤 ············· 251
　　复习思考题 ························· 267

第 15 章　实训设备操作规程 ··· 268
　15.1　车削安全操作规程 ········· 268
　15.2　铣削安全操作规程 ········· 268
　15.3　钳工安全操作规程 ········· 268
　15.4　刨削安全操作规程 ········· 269
　15.5　磨削安全操作规程 ········· 269
　15.6　砂轮机安全操作规程 ····· 269
　15.7　铸造安全操作规程 ········· 270
　15.8　锻压安全操作规程 ········· 270
　15.9　电焊安全操作规程 ········· 270
　15.10　气焊、气割安全操作规程 ··· 271
　15.11　热处理安全操作规程 ····· 271

参考文献 ······························· 272

第1章

工程材料基础知识

1.1　工程材料概述及分类

工程材料是具有一定性能，在特定条件下能够承担某种功能、用于制造工程构件和机器零件的材料。工程材料的种类繁多，分类方法也很多，按用途可分为建筑材料、电工电子材料、结构材料等；按结晶状态可分为单晶体材料、多晶体材料和非晶体材料；按材料的物理效能可分为半导体材料、磁性材料、激光材料、热电材料、光电材料等；按化学成分及结合键特点可分为金属材料、高分子材料、无机非金属材料和复合材料。

高分子材料主要包括合成塑料、合成橡胶、合成纤维、涂料和黏结剂等。

无机非金属材料包括硅酸盐材料和特种陶瓷材料。硅酸盐材料主要有玻璃、普通陶瓷、耐火材料和搪瓷材料等；特种陶瓷主要有压电陶瓷、生物陶瓷、铁电陶瓷、高温结构陶瓷等。

复合材料是通过物理或化学的方法，由两种或两种以上不同性能的材料，按照一定比例，在宏观或微观上重组，使各组分材料在性能上互相取长补短，产生协同效应，具有新性能的材料。因此，复合材料有的放矢的设计更宜于满足使用性能及工艺性能的要求。复合材料一般按基体和增强材料两种方式命名。按基体材料可分为高聚物基复合材料、金属基复合材料、陶瓷基复合材料、碳-碳复合材料等；按增强材料可分为颗粒增强材料、纤维增强材料、层叠材料等；也可以按照用途分为结构复合材料和功能复合材料。结构复合材料是指以承受力的作用为主要用途的复合材料，基本上由承受载荷的增强体组元，及连接增强体、同时传递力作用的基体组元构成。通常绝大部分按基体材料命名的复合材料都是结构材料，如金属基复合材料、高聚物基复合材料等。功能复合材料是指在声、光、电、磁等方面具有特殊性能的材料，一般由功能体组元和基体组元构成，如导电功能复合材料、换能功能复合材料、阻尼功能复合材料、屏蔽功能复合材料等。

金属材料是最重要的工程材料，如果按质量计算，一般情况下，金属材料约占机械设备材料使用总量的80%以上。金属材料可分为黑色金属材料和有色金属材料两大类。工程用黑色金属材料主要指铁合金，即钢和铸铁。工程用有色金属材料主要有铜及铜合金、铝及铝合金、钛及钛合金、锌及锌合金、轴承合金等。

1.2 金属材料的基本性能

金属材料是现代机械制造最主要的材料，在各种机床、矿山机械、冶金设备、动力设备、农业机械、石油化工和交通运输机械中，金属制品占 $80\% \sim 90\%$。金属材料之所以获得如此广泛的应用，主要是由于它具有工程结构所需要的力学性能和物理、化学性能，同时可以用普通工艺方法加工成适用的机械零件。

金属材料的性能一般分为使用性能和工艺性能两类。使用性能是指材料本身固有的性能，包括物理性能、化学性能和力学性能。工艺性能是指材料在加工过程中，对工艺方法的适应性能，如可加工性、铸造性、焊接性、可锻性、热处理性能等。

1.2.1 金属材料的力学性能

金属材料的力学性能是指金属材料在外力作用下表现出来的性能，如强度、硬度、塑性、弹性、刚度和冲击韧度等。

1. 强度

强度是金属材料在外力作用下抵抗塑性变形或断裂的能力。拉伸试验可以测定金属材料的强度指标。

将标准拉伸试样（参照国家标准 GB/T 228.1—2010）夹持在拉伸试验机的两个夹头中，沿试样轴向施加静拉力 F，然后逐渐增大载荷，直至试样被拉断。将试样所施加的载荷（F）和所对应的伸长量（ΔL）的关系绘成曲线，称为拉伸曲线（F-ΔL 曲线）。为消除试样规格对材料性能指标的影响，分别用应力 R（单位面积所承受的静拉力，$R = F/S_o$，S_o 为试样标距长度内横截面积）和应变 ε（单位长度产生的伸长量，$\varepsilon = \Delta L/L_0$，$L_0$ 为试样标距长度）代替 F 和 ΔL，就得到应力-应变曲线（R-ε 曲线）。图 1.1 为低碳钢的拉伸曲线。

标准拉伸试样在静拉力的作用下，其变形可分为五个阶段。Op 阶段：应力和应变呈线性关系，为弹性变形阶段。因此，p 点处所对应的拉应力 σ_p 为材料的弹性极限。pe 阶段：微量塑性变形阶段。es 阶段：可近似看作平行线，即应力在微小范围波动的情况下，伸长量急剧增大，这种现象称为材料的屈服现象。sb 阶段：加工硬化阶段，随变形量的

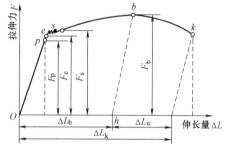

图 1.1 低碳钢拉伸曲线

不断增大，各点斜率逐渐减小，进一步变形越来越困难，因此需要不断增大拉应力，以维持试样进一步变形。b 点为材料所受最大载荷处。bk 阶段：缩颈阶段，随伸长量增大，试样中部横截面积逐渐减小，表明试样承载能力逐渐下降，直至在 k 点处断裂。

（1）屈服强度　材料发生屈服现象所对应的应力称为屈服强度，即 es 阶段处的应力值。屈服强度分为上屈服强度 R_{eH}（s 点处屈服强度）和下屈服强度 R_{eL}（e 点处屈服强度）。

$$R_e = \frac{F_s}{S_o}$$

式中，F_s 为试样产生屈服现象时承受的载荷，单位为 N；S_o 为试样原始的横截面积，单位

为 mm^2。

　　某些较硬的材料，如高碳钢、铸铁、合金钢等没有明显的屈服现象，国家标准规定试样产生 0.2% 的塑性变形时，所对应的应力值作为这类材料的条件屈服点，即非比例延伸强度，用 R_p 表示。

　　（2）抗拉强度（R_m）　材料在断裂前能承受的最大应力，即 b 点处所对应的应力值。

$$R_m = \frac{F_b}{S_o}$$

式中，F_b 为试样在拉断前承受的最大载荷，单位为 N；S_o 为试样原始的横截面面积，单位为 mm^2。

　　对于大多数机械零件，工作时若不允许发生过量的塑性变形，以屈服强度 R_e 或非比例延伸强度（R_p）作为选择零件材料的依据；若零件使用时，只要求不发生断裂，则以抗拉强度（R_m）作为强度设计的依据。

　　根据作用力的性质，强度又可以分为抗拉强度、抗弯强度、抗剪强度和抗扭强度等。

2. 塑性（A 或 Z）

　　塑性是金属材料在外力作用下，产生永久变形而不破坏的能力。常用的塑性指标有伸长率 A 和断面收缩率 Z，通过拉伸试验进行检测。

$$A = \frac{L_u - L_o}{L_o} \times 100\%$$

$$Z = \frac{(S_o - S_u)}{S_o} \times 100\%$$

式中，S_o 为试样原始的横截面积，单位为 mm^2；S_u 为试样断裂处的横截面积，单位为 mm^2；L_o 为试样原来的标距长度，单位为 mm；L_u 为试样拉断后的标距长度，单位为 mm。

3. 弹性模量（E）和刚度

　　弹性模量 E 是指引起材料单位变形时所需要的应力（$E = R/\varepsilon$），属于材料的固有性能。E 越大，弹性变形越小，刚度越大。弹性模量与材料化学成分和使用温度有关。

　　刚度是表征金属材料抵抗弹性变形的能力。可以通过增加板厚、横截面积或改变截面形状等方法提高材料的刚度。

4. 硬度

　　硬度是金属材料抵抗硬的物体压入其表面的能力，是表征材料在一个小的体积范围内，抵抗弹性变形、塑性变形及断裂的能力。金属材料的硬度在硬度计上测定。常用的硬度表示方法有三种：布氏硬度、洛氏硬度和维氏硬度。

　　（1）布氏硬度（HBW）　布氏硬度是用直径为 D 的硬质合金球，在规定载荷 F 的静压力作用下，压入试样表面并保持一定时间，然后卸除载荷，在试样上留下直径为 d 的压痕，计算压痕单位面积承受的载荷即为布氏硬度。试验时，布氏硬度值可按压痕直径 d 查表得出。

　　布氏硬度法因压痕面积较大、其硬度值比较稳定，故测试数据重复性好。缺点是因压痕较大，不适合薄板件、成品件以及更硬材料的检测。布氏硬度适用于检测灰铸铁、非铁合金、以及硬度不高的钢材。

　　（2）洛氏硬度（HR）　洛氏硬度的检测原理是以顶角为 120° 金刚石圆锥体（或

$\phi 1.588$mm 淬火钢球）为压头，在规定载荷作用下，垂直压入被测金属表面，卸载后依据压痕深度，由刻度盘的指针直接指示出 HR 值。

洛氏硬度检测方法简单、迅速，同时，与布氏硬度相比较，可以检测更硬的材料。因其压痕小，也可用于成品件、薄板件的检测。缺点是硬度值重复性差，为此，必须在不同部位测量数次，取平均值。常用的洛氏硬度有 HRA、HRB、HRC 三种，其中 HRC 可以检测更硬的材料，因此应用最广。

（3）维氏硬度（HV） 维氏硬度的检测压头是一个相对面夹角为 $136°$ 的金刚石正四棱锥体，在规定载荷作用下，保持一定时间后卸除载荷。试验原理与布氏硬度一样，也是以压痕单位面积所承受的压应力大小表示硬度值。计算时可直接根据压痕两条对角线的平均值 d 计算硬度值。

$$HV = 0.1891 \times \frac{F}{d^2}$$

式中，F 为试验载荷，单位为 N；d 为压痕两条对角线平均值，单位为 mm。

维氏硬度试验所需载荷可调范围大，压痕浅，适用于检测材料表面硬化层、金属镀层、及箔材硬度。既可以检测很软的材料，也可以检测很硬的材料，检测范围为 $0 \sim 1000$HV。

由于硬度和强度表征的都是材料单位面积的承载能力，因此硬度和强度有一定的换算关系。硬度值可以直接在试验机上读取，故在生产实践中，通常根据硬度值，来估算材料强度的大小。

5. 冲击韧度（KU_2）

机械机构中有许多零件或工具在服役时，不仅受到静载荷的作用，还受冲击载荷的作用。因此，这部分零件在设计和选材时，还要衡量其抵抗冲击载荷作用的能力。常用的方法为夏比摆锤冲击试验。标准冲击试样为 10mm$\times 10$mm$\times 55$mm 的长方体，在 10mm$\times 55$mm 表面加工 V 形缺口，计算一次摆锤冲断试样所消耗的冲击功 a_k。单位横截面积的冲击吸收功就是冲击韧度 KU_2。冲击韧度越高，材料的韧性越好，抵抗冲击载荷作用的能力越强。需要注意的是，冲击韧度不仅取决于材料本身，还与环境温度、缺口状况、组织缺陷等情况相关。

$$KU_2 = \frac{a_k}{S_o}$$

式中，a_k 为冲击吸收功，单位为 J；S_o 为试样缺口处最小横截面面积，单位为 cm^2。

1.2.2 金属材料的物理及化学性能

（1）物理性能 金属材料的物理性能主要有热学性能（如熔点、沸点、热膨胀性、导热性、熔化热和热容等）、电学性能（如电阻率、电导率、介电性能、击穿电压等）、磁学性能（如铁磁性、顺磁性和反磁性等）和光学性能（如折射率、反射率、吸收率等）。

（2）化学性能 金属材料的化学性能主要是指在常温或高温时，抵抗各种介质侵蚀的能力，如耐酸性、耐碱性、抗氧化性、催化性能和离子交换性能等。

1.2.3 金属材料的工艺性能

金属材料的工艺性能是金属材料的物理、化学性能和力学性能在加工过程中的综合反映，即对各种冷、热加工方法的适应性。按工艺方法的不同，其可分为铸造性、可锻性、焊接性和可切削加工性等。

（1）可切削加工性　可切削加工性指使用刀具切削加工金属材料，获得合格工件的难易程度，常用切削速度、工件表面粗糙度、断屑难易程度、刀具磨损量等因素衡量。影响材料可加工性能的主要因素有材料的化学成分、硬度、显微组织结构等。

（2）铸造性　铸造性是指铸造合金是否易于通过铸造方法成形并获得合格铸件的难易程度。铸造性能反映合金在铸造过程中表现出的综合性工艺性能，主要包括合金的流动性、收缩性、偏析性和吸气性等。合金的流动性越好，收缩率、吸气性、偏析性越小，则铸造性越好。

（3）可锻性　可锻性指通过锻造和冲压加工获得合格锻压件的难易程度，包括锻造性能和冲压性能。通常用金属材料的塑性和变形抗力来衡量金属锻压成形的能力，材料的塑性越好，变形抗力越小，则可锻性越好。

（4）焊接性　焊接性指金属材料在限定的施焊条件下，焊接成形并获得符合设计要求及满足使用要求的焊件的能力。影响焊接性能的主要因素有材料的化学成分、焊接方法、工艺规程、焊接结构及工件服役条件等。

1.3　常用金属材料及其牌号

工程所用的金属材料以合金为主，很少使用纯金属。合金是以一种金属为基础，加入其他金属或非金属，经过熔炼或烧结制成的具有金属特性的材料。最常用的合金是以铁为基础的铁碳合金，如碳素钢、合金钢、灰铸铁等；还有铜合金（如黄铜、青铜等）、铝合金（如铝硅合金、铝镁合金、铝铜合金等）、钛合金等有色金属材料。

1.3.1　钢的分类

钢是以铁为主要元素、碳的质量分数在 2.11% 以下，并含有其他元素的材料。钢的分类方法很多，一般有以下几种：

1. 按化学成分分类

GB/T 13304.1—2008 将钢按化学成分不同分为非合金钢、低合金钢和合金钢三大类。非合金钢、低合金钢和合金钢元素规定含量界限值见表 1.1。

表 1.1　非合金钢、低合金钢和合金钢元素规定含量界限值

合金元素	合金元素规定含量界限值(质量分数,%)		
	非合金钢	低合金钢	合金钢
Al	<0.10	—	≥0.10
B	<0.0005	—	≥0.0005
Bi	<0.10	—	≥0.10
Cr	<0.30	0.30~<0.50	≥0.50
Co	<0.10	—	≥0.10
Cu	<0.10	0.10~<0.50	≥0.50
Mn	<1.00	1.00~1.40	≥1.40
Mo	<0.05	0.05~<0.10	≥0.10

（续）

合金元素	合金元素规定含量界限值(质量分数,%)		
	非合金钢	低合金钢	合金钢
Ni	<0.30	0.30~<0.50	≥0.50
Nb	<0.02	0.02~<0.06	≥0.06
Pb	<0.40	—	≥0.40
Se	<0.10	—	≥0.10
Si	<0.50	0.50~<0.90	≥0.90
Te	<0.10	—	≥0.10
Ti	<0.05	0.05~<0.13	≥0.13
W	<0.10	—	≥0.10
V	<0.04	0.04~<0.12	≥0.12
Zr	<0.05	0.05~<0.12	≥0.12
La 系(每一种元素)	<0.02	0.02~<0.05	≥0.05
其他规定元素(S、P、C、N 除外)	<0.05	—	≥0.05

通常，根据碳含量不同，非合金钢分为低碳钢（$w_C<0.25\%$）、中碳钢（$0.25\% \leqslant w_C \leqslant 0.6\%$）和高碳钢（$w_C>0.6\%$）三大类。根据合金元素含量总和，合金钢分为低合金钢（$w_C<5\%$）、中合金钢（$5\% \leqslant w_C \leqslant 10\%$）和高合金钢（$w_C>10\%$）三大类。

2. 按主要质量等级、主要性能或使用特性分类

（1）按主要质量等级分类　GB/T 13304.2—2008 将非合金钢和低合金钢分为普通质量非（低）合金钢、优质非（低）合金钢、特殊质量非（低）合金钢。合金钢分为优质合金钢和特殊质量合金钢。

普通质量非（低）合金钢不要求热处理、$w_S \geqslant 0.040\%$、$w_P \geqslant 0.040\%$。特殊质量非（低）合金钢是指在生产过程中需要特别严格控制质量和性能的非合金钢，如控制淬透性和纯洁度，要求限制表面缺陷，要求淬硬层深度，要求内部材质均匀性，要求具有规定的电导性能或磁性能，或需要控制 S、P 的质量分数，$w_S \leqslant 0.025\%$、$w_P \leqslant 0.025\%$ 等。除普通质量非（低）合金钢和特殊质量非（低）合金钢之外的非合金钢均为优质非（低）合金钢。

优质合金钢是指生产过程中需要特别控制质量和性能（如韧性、晶粒度或成形性）的钢，但其生产控制和质量要求不如特殊质量合金钢严格。一般工程结构用合金钢都是优质合金钢，如钢板桩用合金钢，矿用合金钢，合金钢筋钢，电工用合金钢，铁道用合金钢，凿岩、钻探用钢等。特殊质量合金钢需要严格控制化学成分和特定的制造及工艺条件，以保证改善综合性能，并使性能严格控制在极限范围内，除优质合金钢以外的所有其他合金钢都是特殊质量合金钢。

（2）按主要性能和使用特性分类　可分为结构钢、工具钢和特殊性能钢三大类。结构钢具有一定强度和可成形特性，一般用于承载、制作工程构件和机器零件。工程构件用钢有供冷成形用的热轧或冷轧钢，如压力容器用钢、车辆工程用钢、输送管线用钢、建筑工程用钢、桥梁工程用钢、船舶工程用钢等。机器零件用钢主要有调质钢、弹簧钢、渗碳钢、渗氮钢和耐磨钢等。

工具钢用于制造刀具、量具、模具和耐磨、耐冲击工具，具有较高的硬度、耐磨性、高温红硬性和适当的韧性，一般分为碳素工具钢（高碳钢）、合金工具钢和高速工具钢。

特殊性能钢不仅具有一定的力学性能，还具有特殊的物理和化学性能，如耐蚀性、耐磨性和耐热性等，主要有不锈钢、耐磨钢、耐热钢、软磁钢、永磁钢、无磁钢、高电阻钢等，通常均为高合金钢。

（3）按冶炼时脱氧程度分类　可分为沸腾钢（脱氧不完全）、镇静钢和半镇静钢三类。

（4）按供货表面种类分类　如优质碳素结构钢棒料可分为压力加工表面（SPP）、酸洗（SA）、喷丸（砂）（SS）、剥皮（SF）和磨光（SP）五类。也可以按照使用加工方法分类，如优质碳素结构钢棒料可分为压力加工用钢（UP：包括热加工用钢（UHP）、顶锻用钢（UF）、冷拔坯料用钢（UCD））和切削加工用钢。

1.3.2 常用钢材

1. 钢铁及合金牌号统一数字代号体系

我国金属材料牌号的编制参照国际化组织（ISO）标准，采用数字代号和材料力学性能为牌号，正逐渐取代化学成分编排材料牌号的方法。国家标准 GB/T 17616—2013《钢铁及合金牌号统一数字代号体系》规定统一数字代号的结构形式如图 1.2 所示。统一数学代号（简称"ISC"代号）由固定的六位符号组成，首位前缀用大写字母，后接五位阿拉伯数字，字母与数字之间无间隙排列。钢铁及合金的类型和每个类型产品牌号统一数字代号及其表示方法见表 1.2。

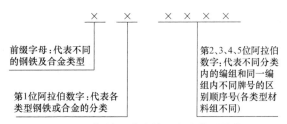

图 1.2　钢铁及合金统一数字代号结构

表 1.2　钢铁及合金的类型与统一数字代号

钢铁及合金的类型	英文名称	前缀字母	统一数字代号（ISC）
非合金钢	Unalloy steel	U	U××××
低合金钢	Low alloy steel	L	L××××
合金结构钢	Alloy structural steel	A	A××××
铸铁、铸钢及铸造合金	Cast iron, cast steel and cast alloy	C	C××××
工模具钢	Tool and mould steel	T	T××××
不锈钢和耐热钢	Stainless steel and heat resisting steel	S	S××××
焊接用钢及合金	Steel and alloy for welding	W	W××××
耐蚀合金和高温合金	Heat resisting and corrosion resisting alloy	H	H××××
金属功能材料	Metallic functional materials	M	M××××
粉末及粉末冶金材料	Powders and powder metallurgy materials	P	P××××
电工用钢和纯铁	Electrical steel and iron	E	E××××
铁合金和生铁	Ferro alloy and pig iron	F	F××××
快淬金属及合金	Quick quench metals and alloys	Q	Q××××
杂类材料	Miscellaneous materials	M	M××××

2. 非合金钢

非合金钢具有一定的力学性能和良好的工艺性能，价格低廉，主要用来制造焊接、锻造、冲压结构件和机械零件、刃具、模具、工具等，应用最广泛。

（1）非合金一般结构及工程结构钢

同时满足下述四种条件，即为非合金一般结构及工程结构钢：

1）非合金化。

2）不规定热处理（注：退火、正火、消除应力及软化处理不作为热处理对待）。

3）特征值符合：$w_C \geq 0.10\%$、$w_P \geq 0.040\%$、$w_S \geq 0.040\%$、$w_N \geq 0.007\%$、$R_{eL} \leq 360MPa$、$R_m \leq 690MPa$、$A \leq 33\%$、$HRB \geq 60$ 等。

4）未规定其他质量要求。

非合金一般结构及工程结构钢也称作普通碳素结构钢。其牌号由代表屈服强度的字母 Q、屈服强度值、质量等级符号（A、B、C、D）、脱氧方法符号（F、Z、TZ，在牌号组成表示方法中 "Z" "TZ"，可以省略）四部分按顺序组成。如：Q195AF、Q235BZ 等。其中：Q 为钢材屈服强度 "屈"字汉语拼音首位字母；A 级为不保证冲击性能值；B 级为保证室温状态下的冲击性能值；C 级为保证 0℃下冲击性能值；D 级为保证-20℃冲击性能值；F 为沸腾钢 "沸"字汉语拼音首位字母；Z 为镇静钢 "镇"字汉语拼音首位字母；TZ 为特殊镇静钢 "特镇"两字汉语拼音首位字母；非合金一般结构及工程结构钢统一数字代号结构如图 1.3 所示。

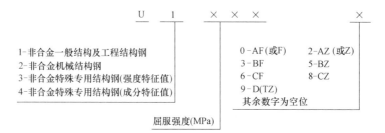

图 1.3 非合金一般结构及工程结构钢统一数字代号结构

非合金一般结构及工程结构钢牌号、统一数字代号、等级、脱氧方法、化学成分及应用范围如表 1.3 所示。

表 1.3 非合金一般结构及工程结构钢

| 牌号 | ISC 代号 | 等级 | 脱氧方法 | 化学成分（质量分数，%）　≤ | | | | | 应用范围 |
				C	Si	Mn	P	S	
Q195	U11952	—	Z	0.12	0.30	0.50	0.035	0.040	有一定的强度，塑性较好，通常轧制成钢筋、钢板、钢管和型材等。可以用于制造焊接、锻压成形的结构件，和一些标准件，如螺母、螺钉、铆钉等
Q215	U12152	A	Z	0.15	0.35	1.20	0.045	0.050	
	U12155	B						0.045	
Q235	U12352	A	Z	0.22	0.35	1.40	0.045	0.050	
	U12355	B		0.20				0.045	
	U12358	C	Z	0.17			0.040	0.040	用于制造重要焊接结构件
	U12359	D	TZ				0.035	0.035	
Q275	U12752	A	Z	0.24	0.35	1.50	0.045	0.050	强度较高，可用于制作承载较高的结构件和机器零部件
	U12755	B	Z	0.21			0.045	0.045	
	U12758	C		0.20			0.040	0.040	
	U12759	D	TZ				0.035	0.035	

（2）非合金机械结构钢　非合金机械结构钢产量大，用途广，一般多轧（锻）制成型材、板材和无缝钢管，主要用于制造一般结构及机械零件、建筑结构件和输送流体用管道，如高强度螺栓、重要结构铸钢件、锚具、轴、齿轮、丝杠、连杆、键、弹簧等。根据使用要求，有时需进行热处理，如正火或调质处理。

非合金机械结构钢中各元素质量分数一般为：$w_C \leq 0.8\%$，$w_S \leq 0.035\%$，$w_P \leq 0.035\%$，$w_{Si} = 0.17 \sim 0.37\%$，$w_{Mn} = 0.35 \sim 1.2\%$，$w_{Cr} \leq 0.25\%$，$w_{Ni} \leq 0.3\%$，$w_{Cu} \leq 0.25\%$。若 $w_S \leq 0.030\%$，$w_P \leq 0.030\%$，则为高级优质钢，牌号后加"A"；若 $w_P \leq 0.025\%$，$w_S \leq 0.020\%$，则为特级优质钢，牌号后面加"E"以示区别。

非合金机械结构钢的牌号用两位数字表示，这两位数字即是钢中平均碳含量的万分数。例如，20 钢表示平均碳的质量分数为 0.20% 的优质非合金钢。优质非合金钢统一数字代号结构如图 1.4 所示。常用非合金机械结构钢牌号、统一数字代号、等级、碳含量及力学性能见表 1.4。

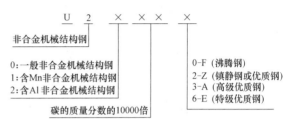

图 1.4　非合金机械结构钢统一数字代号结构

表 1.4　常用非合金机械结构钢

牌号	ISC 代号	w_C(%)	抗拉强度 R_m/MPa	下屈服强度 R_{eL}/MPa	伸长率 A(%)	牌号	ISC 代号	w_{Mn}(%)	抗拉强度 R_m/MPa	下屈服强度 R_{eL}/MPa	伸长率 A(%)
08	U20082	0.05~0.11	325	195	33						
10	U20102	0.07~0.13	335	205	31						
15	U20152	0.12~0.18	375	225	27	15Mn	U21152	0.70~1.00	410	245	26
20	U20202	0.17~0.23	410	245	25	20Mn	U21202	0.70~1.00	450	275	24
25	U20252	0.22~0.29	450	275	23	25Mn	U21252	0.70~1.00	490	295	22
30	U20302	0.27~0.34	490	295	21	30Mn	U21302	0.70~1.00	540	315	20
35	U20352	0.32~0.39	530	315	20	35Mn	U21352	0.70~1.00	560	335	18
40	U20402	0.37~0.44	570	335	19	40Mn	U21402	0.70~1.00	590	355	17
45	U20452	0.42~0.50	600	355	16	45Mn	U21452	0.70~1.00	620	375	15
50	U20502	0.47~0.55	630	375	14	50Mn	U21502	0.70~1.00	645	390	13
55	U20552	0.52~0.60	645	380	13	55Mn	U21552	0.70~1.00	645	390	13
60	U20602	0.57~0.65	675	400	12	60Mn	U21602	0.70~1.00	690	410	11
65	U20652	0.62~0.70	695	410	10	65Mn	U21652	0.90~1.20	735	430	9
70	U20702	0.67~0.75	715	420	9	70Mn	U21702	0.90~1.20	785	450	8
75	U20752	0.72~0.80	1080	880	7						
80	U20802	0.77~0.85	1080	930	6						
85	U20852	0.82~0.90	1130	980	6						

08、10、15、20、25 属于低碳钢，其塑性好，易于拉拔、冲压、挤压、锻造和焊接。

其中，20 钢用途最广，常用于制造螺钉、螺母、垫圈、小轴以及冲压件、焊接件，有时也用于制造渗碳件。

30、35、40、45、50、55 属于中碳钢，其强度和硬度有所提高，淬火后硬度显著增加。其中，以 45 钢最为典型，它不仅强度、硬度较高，还兼有较好的塑性和韧性，综合性能优良。45 钢在机械结构中用途最广，常用于制造轴、丝杠、齿轮、连杆、套筒、键、重要螺钉和螺母等。

60、65 等属于高碳钢。它们经过淬火、回火后，不仅强度、硬度提高，且弹性优良，常用于制造小弹簧、发条、钢丝绳、轧辊等。

当 $w_C < 0.7\%$ 时，优质非合金钢一般也称作优质碳素结构钢；当 $w_C > 0.7\%$ 时，优质非合金钢通常称为碳素工具钢。

碳素工具钢牌号以"T"起首，有 T7、T8、T8Mn、T9、T10、T11、T12、T13 八个牌号，其后面的一位或两位数字表示钢中平均含碳量的千分数。例如，T8 表示平均碳的质量分数为 0.8% 的碳素工具钢。对于 $w_S \leqslant 0.030\%$，$w_{Si} \leqslant 0.020\%$ 的高级优质碳素工具钢，则在数字后面加"A"表示，如 T8A。淬火后，碳素工具钢的强度、硬度较高。为了便于加工，常以退火状态供应，使用时再进行热处理。

碳素工具钢统一数字代号结构如图 1.5 所示。常用碳素工具钢牌号、统一数字代号、碳含量及力学性能及应用见表 1.5。

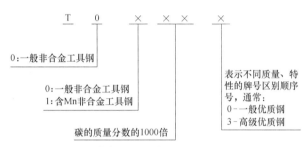

图 1.5 碳素工具钢统一数字代号结构

表 1.5 常用碳素工具钢

牌号	ISC 代号	$w_C(\%)$	HBW(≤)	HR(≥)(淬火态)	应用
T7	T00070	0.65~0.74			
T8	T00080	0.75~0.84	187		冲头、錾子、手钳、锤子
T8A	T01080	0.80~0.90			
T9	T00090	0.85~0.94	192	62	
T10	T00100	0.95~1.04	197		板牙、丝锥、钻头、车刀、锯条
T11	T00110	1.05~1.14	207		
T12	T00120	1.15~1.24			刮刀、锉刀、量具
T13	T00130	1.25~1.35	217		

随着碳含量的增加，碳素工具钢的硬度和耐磨性增加，而塑性、韧性逐渐降低，所以 T7、T8 钢常用于制造要求韧性较高、硬度中等的零件；T9、T10、T11 钢用于制造韧性中等、硬度较高的零件；T12、T13 用于制造硬度高、耐磨性好、韧性较低的零件。

（3）非合金特殊专用结构钢　非合金特殊专用结构钢是指生产过程中需要特别严格控制质量和性能的非合金钢。符合下列条件之一：①需要热处理；②无须热处理，但要求具有某种特殊性能要求，如要求限制非金属夹杂物和内部材质均匀性；限制 S、P 含量上限；限制残余元素含量；具有规定的导电性或磁性等。

表示强度特性值的非合金特殊专用结构钢统一数字代号结构如图 1.6 所示，表示成分特性值的非合金特殊用钢统一数字代号结构如图 1.7 所示。

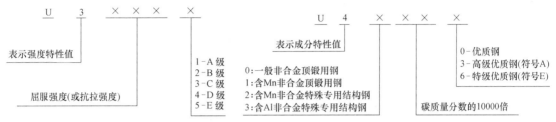

图 1.6　表示强度的特性值的非合金特殊
专用结构钢统一数字代号结构

图 1.7　表示成分特性值的非合金特殊
专用结构钢统一数字代号结构

3. 低合金钢

化学元素规定含量的质量分数处于表 1.1 所列低合金钢相应元素的界限值范围时，即为低合金钢。除非合同或订单中另有协商，一般表中 Bi、Pb、Se、Te、La 系和其他规定元素（S、P、C、N 除外）的规定界限值可不予考虑。另外，当 Cr、Cu、Mo、Ni 四种元素中有两种、三种或四种元素同时规定在钢中时，对于低合金钢，应同时考虑这些元素中每种元素的规定含量。所有这些元素的规定含量总和，应不大于表中规定的两种、三种或四种元素中每种元素最高界限值总和的 70%。否则，即使这些元素每种元素的规定含量低于规定的最高界限值，也应划入合金钢。低合金钢统一数字代号结构如图 1.8 所示。

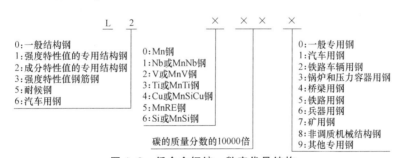

图 1.8　低合金钢统一数字代号结构

其中，在低合金一般结构钢大类中，低合金高强度结构钢钢板、钢带、棒料及型钢是最常用的工程结构用钢。GB/T 1591—2018 规定，其牌号由代表屈服强度"屈"字的汉语拼音首字母 Q、规定的最小上屈服强度数值、交货状态代号、质量等级符号（B、C、D、E、F）四个部分组成。其中，N 表示交货状态为正火或正火轧制；AR 或 WAR 表示交货状态为热轧，可省略不标。常用低合金高强度结构钢按上屈服强度等级有四个牌号：Q355、Q390、Q420、Q460。如 Q355ND，表示此钢是上屈服强度大于 355MPa、交货状态为正火轧制、质量等级为 D 级的低合金高强度结构钢。

4. 合金钢

合金钢是为改善钢的某些性能，特意加入一种或几种合金元素所炼成的钢。合金钢都是优质钢，按主要性能和使用特性不同，可分为合金结构钢、合金工具钢和特殊性能钢三大类。

（1）合金结构钢　合金结构钢的牌号通常是以"数字+元素符号+数字"的方法来表

示。牌号中起首的两位数字表示钢的平均碳的质量分数的万分数，元素符号及其后接数字表示所含合金元素及该元素平均的质量分数的百分数。若合金元素的质量分数小于 1.5%，则不标其含量。优质合金钢中 S、P 的质量分数规定为：$w_S \leqslant 0.030\%$，$w_P \leqslant 0.030\%$。若 $w_S \leqslant 0.020\%$，$w_P \leqslant 0.020\%$，为高级优质钢，牌号后加 "A"；若 $w_P \leqslant 0.020\%$，$w_S \leqslant 0.010\%$，为特级优质钢，牌号后面加 "E" 以示区别。合金钢统一数字代号结构如图 1.9 所示。常用合金结构钢牌号、统一数字代号、碳含量、推荐的热处理工艺、力学性能见表 1.6。

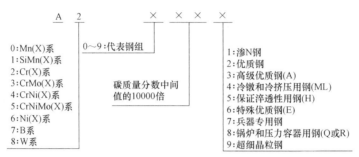

图 1.9　合金钢统一数字代号结构

表 1.6　常用合金结构钢

钢组	牌号	ISC	$w_C(\%)$	推荐的热处理				力学性能（≥）			供货状态为退火或高温回火钢棒 HBW（≤）
				淬火温度/℃	冷却剂	回火温度/℃	冷却剂	R_m/MPa	R_{eL}/MPa	A(%)	
Mn	20Mn2	A00202	0.17~0.24	850	水、油	200	水、空气	785	590	10	187
	35Mn2	A00352	0.32~0.39	840	水	500	水	835	685	12	207
	50Mn2	A00502	0.47~0.55	820	油	550	水、油	930	785	9	229
SiMn	27SiMn	A10272	0.24~0.32	920	水	450	水、油	980	835	12	217
	42SiMn	A10422	0.39~0.45	880	水	590	水	885	735	15	229
SiMnMoV	25SiMn2MoV	A14262	0.22~0.28	900	油	200	水、空气	1470	—	10	269
	37SiMn2MoV	A14372	0.33~0.39	870	水、油	650	水、空气	980	835	12	269
MnB	25MnB	A712502	0.23~0.28	850	油	500	水、油	835	635	10	207
	45MnB	A71452	0.42~0.49	840	油	500	水、油	1030	835	9	217
Cr	20Cr	A0202	0.18~0.24	880	水、油	200	水、空气	835	540	10	179
	35Cr	A20352	0.32~0.39	860	油	500	水、油	930	735	11	207
	50Cr	A20502	0.47~0.54	830	油	520	水、油	1080	930	9	229
CrMo	12CrMo	A30122	0.08~0.15	900	空气	650	空气	410	265	24	179
	25CrMo	A30252	0.22~0.29	870	水、油	600	水、油	900	600	14	229
	50CrMo	A30502	0.46~0.54	840	油	560	水、油	1130	930	11	248
CrNi	45CrNi	A40452	0.42~0.49	820	油	530	水、油	980	785	10	255
	12CrNi2	A41122	0.10~0.17	860	水、油	200	水、空气	785	590	12	207
	20CrNi3	A42202	0.17~0.24	830	水、油	480	水、油	930	735	11	241
	12Cr2Ni4	A43122	0.10~0.16	860	油	200	水、空气	1080	835	10	269
CrNiMo	35Cr2Ni4Mo	A50352	0.32~0.39	850	油	560	水、油	1130	980	10	269
CrNiMoV	45 CrNiMoV	A51452	0.42~0.49	860	油	460	油	1470	1330	7	269
CrNiW	25 Cr2Ni4W	A52252	0.21~0.28	850	油	550	水、油	1080	930	11	269

合金结构钢比碳钢具有更好的力学性能，特别是热处理性能优良，因此便于制造尺寸较大、形状复杂或要求淬火变形小的零件。

（2）合金工具钢　合金工具钢主要用于制造刃具、量具和模具。其牌号与合金结构钢相似，不同的是合金工具钢是以一位数字表示平均碳的质量分数的千分数，当碳的质量分数超过1%时不标出。如9SiCr的平均碳的质量分数为0.9%，CrWMn的平均碳的质量分数大于1%。合金工具钢统一数字代号结构如图1.10所示。常用合金工具钢种类、牌号、统一数字代号见表1.7。

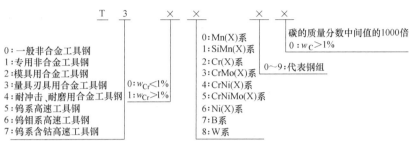

图1.10　合金工具钢统一数字代号结构

表1.7　常用合金工具钢

分类		牌号	ISC	分类		牌号	ISC
模具	冷作模具钢	9CrWMn	T20299	量具刃具钢		Cr06	T30200
		Cr12	T21200			9Cr2	T31209
	热作模具钢	5CrMnMo	T22345	耐冲击工具钢		5CrW2Si	T40295
		5Cr2NiMoVSi	T23535	钎具钢		ZK23CrNi3Mo	T41502
	塑料模具钢	3Cr2Mo	T25303			ZK35SiMnMoV	T41143
	无磁模具钢	7Mn15Cr2	T26377	轧辊用钢		9Cr2V	T42239
		Al3V2WMo		钨钼系高速钢		W3Mo3Cr4V2	T63342
钨系高速钢		W18Cr4V	T51841	钨钼系含钴高速钢		W6Mo5Cr4V2Co5	T86545
钨系含钴高速钢		W12Cr4V5Co5	T71245				

（3）特殊性能钢　特殊性能钢包括不锈钢、耐热钢、导磁钢、耐磨钢等。其中，不锈钢和耐热钢主要包括铁素体型不锈钢（F型）、奥氏体型不锈钢（A型）、奥氏体-铁素体型双相不锈钢（A-F型）、马氏体型不锈钢（M型）和沉淀硬化型钢。其牌号的表示方法和合金结构钢相同。不同的是当$w_C<0.08\%$，牌号前加"0"，当$w_C<0.03\%$，牌号前加"00"。不锈钢统一数字代号结构如图1.11所示。常用不锈钢种类、牌号、统一数字代号、性能及

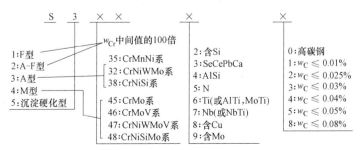

图1.11　不锈钢统一数字代号结构

应用见表 1.8。

表 1.8　常用不锈钢

分类	旧牌号	新牌号(2017)	ISC	美国ASTM	性能	应用
铁素体型(F)	1Cr17	10Cr17	S11710	430	良好的耐蚀性、韧性、成形性、焊接性、可加工性及高温强度,热胀系数小,热导率高	排气系统的前导管、中心管、消声器;储酸槽、水热交换器、沿海建筑、洗衣机滚筒、太阳能热水器、化工元器件
	00Cr18Mo2	019Cr19Mo2NbTi	S11972	444		
		022Cr11Ti	S11163	409		
奥氏体型(A)	1Cr18Mn8Ni5N	12Cr18Mn9Ni5N	S35450	202	优良的成形性、焊接性、韧性、良好的耐蚀性,无磁性	食品、医药、化工、石油、纺织、印染、原子能、化肥、合成纤维等工业设备,如塔、容器、管道、零部件等
	0Cr18Ni9	06Cr19Ni10	S30408	304		
	0Cr17Ni12Mo2N	06Cr17Ni12Mo2N	S31658	316N		
	00Cr19Ni14Mo3	022Cr19Ni14Mo3	S31703	317L		
奥氏体-铁素体型双相钢(A-F)	0Cr26Ni5Mo2			329	优良的抗拉强度、屈服强度和疲劳强度,优良的耐疲劳、磨损、耐应力腐蚀性能,耐孔蚀性能;一般在300℃以下使用	化工用汽提塔、反应器、热交换器、管道、滚筒、泵体等
	00Cr18Ni5Mo3Si2	022Cr19Ni5Mo3Si2N	S21953	—		
马氏体型(M)	1Cr13	12Cr13	S41010	410	良好的强度和硬度,有磁性,耐蚀性低于其他种类不锈钢,耐磨性、耐热性能好	医疗器械、餐刀、量具、弹簧等;如蒸汽涡轮的叶片、蒸汽装备的轴、拉杆,以及腐蚀介质中工作的螺栓等
	2Cr13	20Cr13	S42020	420		
	3Cr13	30Cr13	S42030	—		
	7Cr17	68Cr17	S41070	440A		

1.3.3　铸铁和铸钢

铸铁是碳质量分数为 2.11%~6.69% 的铁碳合金。常用工业铸铁中碳的质量分数一般为 2.5%~4.0%。此外,铸铁中 Si、Mn、S、P 等元素含量比钢多,常用于制造形状复杂、特别是内腔复杂或大型零件。同钢相比,铸铁熔点低、流动性好、收缩率低,特别适合铸造生产。但铸铁是脆性材料,其塑性、韧性及强度普遍低于钢材,焊接性能和压力加工性差。因此,在重型机械、矿山机械、工程机械中,用于承受冲击载荷、高强载荷或要求耐磨损、耐高温腐蚀的大型、复杂零件,如轧钢机机架、水压机底座;铁路车辆用摇枕、车轮、车钩;化工用泵体、阀体、容器、大容量电站用汽轮机壳体等重要零件则需要用铸钢制造。

铸铁、铸钢及铸造合金统一数字代号结构如图 1.12 所示。

铸铁中的碳一般以两种形态存在,一种是化合状态,即渗碳体（Fe_3C）;另一种是自由游离状态,即石墨（G）。根据碳在铸铁中存在形式的不同,铸铁可分为白口铸铁（碳以化合状态存在为主）、灰铸铁（碳以石墨态存在为主）。按铸铁中石墨的分布形态,灰铸铁又可分为灰铸铁、可锻铸铁、球墨铸铁、蠕墨铸铁。

1. 灰铸铁

灰铸铁中的碳主要以片状石墨形式存在,断口呈暗灰色。由于石墨的强度相对于钢基体

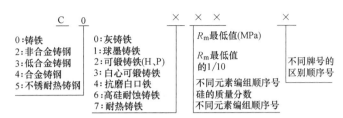

图 1.12 铸铁、铸钢及铸造合金统一数字代号结构

而言是极小的，所以灰铸铁的组织可以看作是"布满裂纹的钢"。灰铸铁中的片状石墨对钢基体有割裂作用，灰铸铁件受力时，在石墨的尖角处易产生应力集中，导致其抗拉强度、塑性、韧性远低于钢，但其具有良好的耐磨性、减振性和可加工性，较高的抗压强度，是机械制造应用最多的金属材料之一。

国家标准依据 ϕ30mm 单铸试棒加工的标准拉伸试样测得的最小抗拉强度值，来制定灰铸铁牌号。灰铸铁共有 HT100、HT150、HT200、HT225、HT250、HT275、HT300、HT350 八个牌号。牌号"HT"是"灰铁"二字汉语拼音的大写字头，后面的数字表示其最低抗拉强度（MPa）。如："HT100"表示 ϕ30mm 单铸试棒、最低抗拉强度为 100MPa 的灰铸铁。

需要特别注意的是，相同牌号的铸铁材料，随着铸件壁厚的增加，其抗拉强度降低。因此，根据零件的性能要求选择铸铁牌号时，要考虑铸件壁厚对力学性能的影响。

2. 可锻铸铁

可锻铸铁中的碳主要以团絮状石墨形式存在，同片状石墨相比，因絮状石墨降低了对钢基体的割裂作用，抗拉强度显著提高，特别是这种铸铁有着相当高的塑性和韧性，可锻铸铁因此而得名，但并不能用于锻压加工。由于可锻铸铁需白口铸铁经石墨化退火几十个小时制取，因此生产周期长，仅适合生产薄壁或壁厚差大、尺寸小、形状复杂、承受冲击和振动载荷的重要零件。

可锻铸铁的牌号为"KT+数字-数字"，"KT"是"可铁"二字汉语拼音的首字母，后面的第一组数字表示其最低抗拉强度（MPa），第二组数字表示其最低伸长率（%）。如："KT300-06"表示最低抗拉强度为 300MPa、断后伸长率为 6% 的可锻铸铁。

因化学成分、热处理工艺不同而导致的性能和金相组织不同，可锻铸铁分为两类，第一类为黑心可锻铸铁和珠光体可锻铸铁，第二类为白心可锻铸铁。黑心可锻铸铁用"KTH"表示，有 KTH275-05、KTH300-06、KTH330-08、KTH350-10、KTH370-12 五个牌号，其中，KTH275-05、KTH300-06 专门用于保证压力密封性能，而不要求高强度或者高延展性工作条件的零件，其他牌号的黑心可锻铸铁用于制造管道配件、低压阀门、汽车拖拉机的后桥外壳、转向机构等。珠光体可锻铸铁用"KTZ"表示，有 KTZ450-06、KTZ500-05、KTZ550-04、KTZ600-03、KTZ650-02、KTZ700-02、KTZ800-01 7 个牌号，用于制造强度要求高、耐磨性好的铸件，如齿轮箱、凸轮轴、曲轴、连杆、活塞环等。白心可锻铸铁用"KTB"表示，有 KTB350-04、KTB360-12、KTB400-05、KTB450-07、KTB550-04 5 个牌号，均可以焊接，用于制造薄壁铸件和焊接后不需要进行热处理的零件。

3. 球墨铸铁

球墨铸铁中的碳主要以球状石墨形式存在，同团絮状石墨相比，球状石墨对金属基体的割裂作用进一步减轻，基体强度利用率可达 70%～90%，而灰铸铁仅为 30%～50%，因而球墨铸铁强度得以大大提高，并具有一定的塑性和韧性，目前已成功取代了一部分可锻铸铁件，实现了"以铁代钢"，常用来制造受力复杂、力学性能要求高的零件，如高强度齿轮、内燃机曲轴、凸轮轴、机床主轴、蜗杆、蜗轮、轧辊、起重机滚轮等。

常用球墨铸铁按单铸和附铸试块两类方法定义，均有 QT350-22、QT400-18、QT400-15、QT450-10、QT500-7、QT600-3、QT700-2、QT800-2、QT900-2 等 14 个牌号。牌号"QT"是"球铁"二字汉语拼音的大写字头，后面的第一组数字表示其最低抗拉强度（MPa），第二组数字表示其最低伸长率（%）。如："QT900-02"表示为最低抗拉强度为 900MPa、伸长率为 2%的球墨铸铁。

4. 蠕墨铸铁

蠕墨铸铁是碳主要以蠕虫状石墨析出存在于金属基体之中的铸铁材料，冶炼时需要添加蠕化剂制得。其石墨形态介于片状和球状石墨之间，但其石墨片短而厚，头部较圆（似蠕虫），因此蠕状石墨是一种过渡型石墨。所以蠕墨铸铁的力学性能介于灰铸铁和球墨铸铁之间，其铸造性能、减振性和导热性都优于球墨铸铁，同灰铸铁相近。国家标准按单铸或附铸试块加工的试样测定的力学性能分级，将蠕墨铸铁分为 5 个牌号：RuT300、RuT350、RuT400、RuT450、RuT500。牌号"RuT"是"蠕铁"二字汉语拼音的大写字头，后面的数字表示其最低抗拉强度（MPa）。如："RuT300"表示为最低抗拉强度为 300MPa 的蠕墨铸铁。

1.3.4 常用非铁金属

工业上把除钢铁以外的金属及其合金统称非铁金属。

1. 铜及铜合金

铜及铜合金是人类应用最早的金属材料。它具有优良的导电性、导热性和抗大气腐蚀能力，有一定的力学性能和良好的加工工艺性能。我国标准等同采用美国 ASTM 标准的铜及铜合金，其代号也等同采用美国 ASTM 牌号。

（1）纯铜　纯铜因呈紫红色又称为紫铜。我国工业纯铜分为三级，分别用 T1（$w_{Cu} \geq$ 99.95%）、T2（$w_{Cu} \geq$ 99.90%）和 T3（$w_{Cu} \geq$ 99.70%）表示。

（2）铜合金　按主加合金元素不同，铜合金分为黄铜、青铜和白铜三大类。黄铜是主加元素为锌的合金，有铜锌合金、铜锌铅合金、铜锌锡合金和复杂黄铜，其牌号首字母用"H"表示。青铜包括铜锡、铜锡磷、铜锡铅合金和铜铬、铜锰、铜铝合金，其牌号首字母用"Q"表示，通常用主加元素命名，如锡青铜、铝青铜、铍青铜、硅青铜、铅青铜等。铜镍合金，铜镍锌合金为白铜，其牌号首字母用"B"表示。

铜锌合金分为普通黄铜、硼砷合金两大类。黄铜牌号、代号及化学成分见表 1.9。黄铜牌号中的数字表示平均含铜量的质量分数，其余为锌含量。如 H62 表示铜的平均质量分数为 62%，锌的平均质量分数为 38%的普通黄铜。如果是铸造黄铜，则在牌号前加上字母 Z。

在普通黄铜中加入铝、铁、硅、锰、铅、锡等合金元素，即为性能得到改善的复杂黄铜。复杂黄铜依加入元素的名称命名，其牌号表示方法是"H+主加元素符号+铜的质量分数+主加合金元素质量分数"。如 HSn62-1 表示铜的平均质量分数为 62%、锌的平均质量分数为 37%，锡的平均质量分数为 1%的锡黄铜。工业上常用的复杂黄铜有铝黄铜、锡黄铜和硅黄铜等。

表 1.9 普通黄铜 (GB/T 5231—2012)

代号	牌号	w_{Cu}(%)	w_{Fe}(%)	w_{Pb}(%)	代号	牌号	w_{Cu}(%)	w_{Fe}(%)	w_{Pb}(%)
C21000	H95	94.0~96.0	0.05	0.05	C26800	H66	64.0~68.5	0.05	0.09
C22000	H90	89.0~91.0	0.05	0.05	C27000	H65	63.0~68.5	0.07	0.09
C23000	H85	84.0~86.0	0.05	0.05	C27300	H63	62.0~65.0	0.15	0.08
C24000	H80	78.5~81.5	0.05	0.05	C27600	H62	60.5~63.5	0.15	0.08
C26100	H70	6805~71.5	0.10	0.03	C28200	H59	57.0~60.0	0.3	0.5
C26300	H68	67.0~70.0	0.10	0.03					

黄铜具有良好的力学性能、冷热加工性能、耐腐蚀性能和焊接性能，含铜量越高，其塑性和导热性能越好。黄铜广泛用于制造机械零件、电器元件和生活用品，如装饰品、徽章、雷管、弹壳、波导管、散热管/片、导电器件、电池帽、冷凝器、热交换器等。

2. 铝及铝合金

铝及铝合金是工业生产中用量最大的非铁金属材料，由于铝合金在物理、机械和工艺等方面的优异性能，使其广泛用作工程结构材料和功能材料。

铝及铝合金采用国际四位数字体系牌号，牌号的第一位数字表示铝及铝合金的组别，铝及铝合金的组别见表 1.10。纯铝牌号的最后两位数字表示铝最低平均质量分数，第二位数字表示对杂质范围的修改，若为"0"，则表示该工业纯铝的杂质范围为生产中的正常范围；如果为"1~9"，则表示生产中对某一种或几种杂质或合金元素加以专门控制。如"1050"，是 w_{Al}≥99.50%的工业纯铝，"1350"则表示此工业纯铝 w_{Al}≥99.50%，其中有 3 种杂质元素受到控制，即 $w_{(V+Ti)}$≤0.02%，w_B≤0.05%，w_{Ca}≤0.03%。常用工业纯铝牌号有 1090、1085、1080、1070、1065、1035 等。纯铝密度小，导电、导热性好，耐腐蚀性强，在电气、航空和机械工业中，不仅作为功能材料，还是一种应用广泛的工程结构材料。

表 1.10 铝及铝合金的组别

组 别	牌号系列
纯铝(w_{Al}≥99.50%)	1×××
以铜为主要合金元素的铝合金	2×××
以锰为主要合金元素的铝合金	3×××
以硅为主要合金元素的铝合金	4×××
以镁为主要合金元素的铝合金	5×××
以镁和硅为主要合金元素并以 Mg_2Si 为强化相的铝合金	6×××
以锌为主要合金元素的铝合金	7×××
以其他合金为主要合金元素的铝合金	8×××
备用合金组	9×××

铝合金牌号的最后两位数字没有特殊意义，仅用来区分同一组中不同的铝合金。第二位数字表示对合金的修改，如为"0"，则表示原始合金，如为"1~9"中的任一整数，则表示对合金的修改次数。铝合金具有较高的强度和良好的加工性能。根据成分和加工特点，铝合金分为变形铝合金和铸造铝合金。

（1）变形铝合金 包括防锈铝合金、硬铝合金、超硬铝合金、锻铝合金几种。除防锈铝合金外，其他三种都属于可以热处理强化的合金。常用来制造飞机大梁、桁架、起落架及发动机风扇叶片等高强度构件。

（2）铸造铝合金 为制造铝合金铸件的材料。按主要合金元素的不同，铸造铝合金分为铝硅合金、铝铜合金、铝镁合金、铝锌合金，其中使用最广泛的是铝硅合金，俗称硅铝明，主要用于制造形状复杂的零件，如仪表零件、各类壳体等。

1.4 钢铁材料的现场鉴别方法

钢铁材料品种繁多，性能各异，加工时为了恰当地选择合适的加工材料、加工刀具及加工工艺参数，对钢铁材料的现场鉴别是非常必要的。常用的简易鉴别方法有火花鉴别法、色标鉴别法等。

1.4.1 火花鉴别法

根据钢铁材料在磨削过程中所出现的火花爆裂形状、流线、色泽、发火点等特点，近似鉴定钢铁材料化学成分的方法，称为火花鉴别法。

钢中的碳元素是形成火花的基本元素，当钢中含有锰、硅、钨、铬、钼等元素时，它们的氧化物会影响火花的线条、颜色和状态。根据火花的特征，可大致判断钢材的碳含量和其他合金元素及含量。

火花鉴别的要点是：详细观察火花束的粗细、长短、花次层叠程度和它的色泽变化情况。火花束是指被测材料在砂轮上磨削时产生的全部火花，常由根部、中部、尾部组成，如图 1.13 所示。同时还要注意观察组成火花束的流线形态，火花束根部、中部及尾部的特征情况及其运动规律，同时还要观察火花爆裂形态、花粉大小和多少。

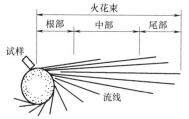

图 1.13 火花束图

1. 火花组成

（1）流线 从砂轮上直接射出的直线状火花称为流线。每条流线都由节点、爆花和尾花组成，如图 1.14 所示。

（2）节点 节点是指流线上火花爆裂的明亮原点。

（3）爆花 爆花是指节点处的火花，由许多小流线（芒线）及点状火花（花粉）组成。通常，爆花可分为一次花、二次花和三次花等，如图 1.15 所示。

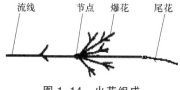

图 1.14 火花组成

（4）尾花 尾花是指流线尾部的火花。钢的化学成分不同，尾花的形状也不同。通常，尾花可分为狐尾尾花、枪尖尾花、菊花状尾花和羽状尾花等。

2. 常用钢铁材料的火花特征

碳是钢铁材料火花形成的基本元素，也是火花鉴别法测定的主要成分。由于碳含量的不同，其火花形状不同。

（1）碳素钢火花的特征

1）通常低碳钢火花束较长，流线少，芒线稍粗，多为一次花，暗红色光线，无花粉。图1.16所示为20钢的火花特征。

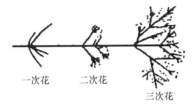

一次花　二次花

三次花

图1.15　爆花

图1.16　20钢的火花特征

2）中碳钢火花束稍短，流线较细长而多，爆花分叉较多，开始出现二次、三次花，花粉较多，发光较强，颜色橙黄。图1.17所示为45钢的火花特征。

3）高碳钢火花束较短而粗，流线多而细，碎花、花粉多，分叉多且多为三次花，发光较低、比中碳钢火花亮。

（2）铸铁的火花特征　铸铁的火花束很粗，流线较多，一般为二次花，花粉多，爆花多，尾部渐粗，下垂成弧形，呈橙红带橘红色。与砂轮碰撞摩擦时，手感较软。图1.18所示为HT200的火花特征。

图1.17　45钢的火花特征

图1.18　HT200的火花特征

（3）合金钢的火花特征　合金钢的火花特征与其含有的合金元素有关。一般情况下，Ni、Si、Mo、W等元素抑制火花爆裂，而Mn、V、Cr等元素却可助长火花爆裂。通常，铬钢的火花束呈白亮色，流线稍粗而长，爆裂多为一次花、花型较大，呈大星形，分叉多而细，附有碎花粉，爆裂的花心较明亮。镍铬不锈钢的火花束细，发光较暗，爆裂为一次花，五、六根分叉，呈星形，尖端微有爆裂。高速钢火花束细长，流线数量少，无火花爆裂，色泽呈暗红色，根部和中部为断续流线，尾部膨胀，下垂呈弧状。

1.4.2　色标鉴别法

为杜绝材料被误领误用，正确标识金属材料的牌号、等级，常采用油漆进行涂色区分（即"色标"），以作为避免混钢行为的一种辅助措施。不同行业、不同企业有不同的涂色标识管理规定，包括使用涂料的种类（油漆或其他染料）、色标的颜色、形状及尺寸、涂覆位置都应做详细规定。

通常，碳素结构钢Q215钢为黄色；优质碳素结构钢20~25钢为棕色加绿色，30~40钢为白色加蓝色，45~80钢为白色加棕色；15Mn~40Mn为白色二条，45Mn~70Mn为绿色三条；合金结构钢20CrMnTi钢为黄色加黑色，40CrMo钢为绿色加紫色；铬轴承钢GCr15钢为蓝色；高速钢W18Cr4V钢为棕色加蓝色；热作模具钢5CrMnMo钢为紫色加白色。

上述两种现场材料鉴别法，适用于快速检材，只有采用化学成分分析、金相检验以及硬度试验，或多种检验方法同时分析，才能准确鉴别材料。

1.5　非金属材料及其在工程上的应用

金属材料具有强度高，热稳定性好，导电性、导热性好等优点，但难以满足密度低、耐蚀、电绝缘等使用性能的要求。而非金属材料，如工程塑料、合成橡胶、工业陶瓷，复合材料等，可以弥补金属材料的不足之处。

1.5.1　塑料

塑料是以合成树脂为基料（40%～100%），添加剂为辅料，在一定温度和压力下，制成具有一定形状，并在玻璃态下使用的高分子材料。塑料的特性是：相对密度小（0.9～2.3）、比强度高（抗拉强度/密度）、有良好的耐蚀性、电绝缘性、减振减磨性、消声吸振性和加工成型性，但强度低（30～100MPa）、硬度低，刚性差、耐热性差、膨胀系数大（是钢的10倍）、热导率小（是金属材料的1/200～1/600）、蠕变温度低、易产生老化和蠕变现象，在某些溶剂中会发生溶胀或应力开裂等。

1. 塑料的组成

常用的塑料一般由合成树脂和添加剂构成。合成树脂是指以煤、电石、石油、天然气以及一些农副产品为主要原料，先制得具有一定合成条件的低分子化合物（单体），进而通过化学、物理等方法合成的高分子化合物。这类化合物的特性类似于天然树脂（如松香、琥珀、虫胶等），但性能又比天然树脂更加优越。由于合成树脂是塑料的主要组分，起黏结作用，因此，树脂的性质决定了塑料的基本性能，如强度、硬度、耐老化性、弹性、化学稳定性、光电性等。添加剂的作用是改善塑料的成形工艺性能，提高使用性能、力学性能及降低成本，常用添加剂有填充剂、增塑剂、着色剂、润滑剂、稳定剂、硬化剂和发泡剂等，有时为了改善特殊性能，还加入阻燃剂、防静电剂和防霉剂等。

2. 塑料的分类

塑料的种类繁多，按其加工后，再加热时所表现出的性能，可分为热塑性和热固性两类。

（1）热塑性塑料　如聚甲醛（POM）、聚砜（PSF）、聚碳酸酯（PC）、聚甲基丙烯酸甲酯（PMMA、有机玻璃）、聚乙烯（PE）和聚丙烯（PP）等。这类塑料是线型高分子材料，受热时软化，可以加工成一定的形状，能多次重复加热进行塑制，而性能不发生明显变化。

（2）热固性塑料　如酚醛塑料（电木）、环氧塑料（EP）等。这类塑料是指在加工成型后，加热不会再软化，或在溶剂中不再溶解的高分子材料。热固性树脂的初期构造是相对分子质量不大的热塑性树脂，具有链状结构，加热后分子链流动的同时，分子链间发生交联，形成体型高分子三维网状结构，此时不再具有可塑性，转变为不溶、不熔的高聚物。

塑料按其应用可分为通用塑料、工程塑料和其他塑料。通用塑料一般是指使用广泛，产量大，用途多，价格低廉的高分子材料，如聚乙烯、聚氯乙烯、聚苯乙烯、酚醛树脂及氨基树脂等。工程塑料是指具有较高的强度、刚性和韧性，用于制造结构件的塑料，如聚酰胺、聚碳酸酯、ABS、聚砜和聚苯醚等。其他塑料有聚四氟乙烯（F-4）、聚三氟乙烯、环氧树脂和有机硅树脂等。

3. 常用塑料

（1）聚乙烯（PE）　聚乙烯塑料是最常见的通用热塑性塑料之一，它是一种分子结构极为简单的高聚物。聚乙烯塑料为白色或浅白色蜡状半透明固体，薄膜状聚乙烯几乎是透明的，有柔顺性、热塑性和弹性，透气性很强，透水性差，适合作为防湿用的包装材料。由于聚乙烯在低温下仍保持柔软性，所以耐冲击性好，不易破坏，耐化学腐蚀性优良，而且适用于各种成型方法制造成形状复杂的制品，因此用途十分广泛，常用于制造各种容器、餐具、厨房用品、玩具和日用杂货制品等。

（2）聚酰胺（PA）　俗称尼龙或锦纶，属于热塑性塑料，具有较高的强度、韧性和耐磨性，并同时具有良好的吸振性和耐蚀性。常用于制造减摩件、耐磨件、绝缘件、耐蚀件、化工容器以及仪表外壳、表盘等。

（3）ABS塑料　ABS塑料中的A代表丙烯腈，B代表丁二烯，S代表苯乙烯，它是在聚苯乙烯改性的基础上发展起来的热塑性塑料。ABS塑料具有良好的综合性能，强度、硬度高，耐磨性和加工工艺性能好，并具有良好的绝缘性和尺寸稳定性，广泛用于设备容器管道、外壳、叶轮、仪表等。

（4）聚碳酸酯（PC）　聚碳酸酯具有优良的力学性能，耐热、耐寒，电性能好，并具有自熄性、透明等特点，是一种综合性能优良的热塑性塑料。聚碳酸酯可用于各种机械结构材料，电器、包装材料、各种开关、开关罩、电视机面板、电动工具外壳等。

（5）聚四氟乙烯（F-4）　聚四氟乙烯化学稳定性极高，几乎不受任何化学药物的腐蚀，优于陶瓷、不锈钢以及金、铂等。其使用温度为−180～260℃，是热塑性塑料中使用温度范围最宽的塑料。此外，聚四氟乙烯还具有极好的电绝缘性，适于制造耐蚀件、耐磨件、密封件以及高温绝缘件等。

（6）酚醛塑料（PF）　酚醛塑料由酚类和醛类缩聚而成，俗称电木，是热固性塑料。酚醛塑料具有优良的耐热、绝缘、化学稳定性及尺寸稳定性，缺点是较脆。用酚醛塑料粉模压成型后可制成电器零件，如开关、插座等。用布片、纸浸渍酚醛塑料，制成层压塑料，可用作轴承、齿轮垫圈及电工绝缘体等。

1.5.2　陶瓷材料

1. 陶瓷材料的分类

陶瓷材料是无机非金属材料，耐高温、抗氧化、耐腐蚀，大多数陶瓷是良好的绝缘体。可以按用途、化学组成及性能进行分类，如图1.19所示。通常按原料可分为普通陶瓷和特种陶瓷两大类。普通陶瓷是以黏土、长石和石英等天然原料，经过粉碎、成型和烧结而成，主要作为日用、建筑和卫生用品，以及工业上的低压电器、高压电器、耐酸、过滤器皿等。特种陶瓷是以纯度较高的人工合成化合物为原料（如氧化物、氮化物、碳化物、硅化物、硼化物及氟化物等）制成的陶瓷，其硬度和抗压强度高，耐磨损，但塑性和韧性差，不能经受

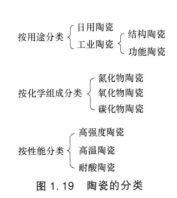

图1.19　陶瓷的分类

冲击载荷，抗急冷性能较差，易碎裂。

2. 陶瓷材料的制备工艺

陶瓷的制造工艺，分为坯料（粉料、浆料或可塑泥团）制备、成型和烧结三个阶段。坯料的制备包括粉碎、精选、磨细、配料、脱水、炼坯、陈腐等工序；成型方法有干压、注浆、等静压、挤制、热压注等。烧结是生坯高温加热，发生水分蒸发、硅酸盐分解、有机物及碳化物汽化，晶体转型及熔化，体积收缩，强度和密度增加，进而形成致密坚硬并具有某种显微结构烧结体的过程。常用的陶瓷烧结方法有热压烧结法或热等静压烧结法、液相烧结法和反应烧结法等。

3. 金属陶瓷

金属陶瓷是以金属氧化物或金属碳化物为主要成分，再加入适量的金属粉末（如 Co、Cr、Ni、Mo 等），通过粉末冶金方法制成的具有某些金属性能的陶瓷，它是制造金属切削刀具、模具和耐磨零件的重要材料。

硬质合金是金属陶瓷的一种，它是以金属碳化物（如 WC、TiC、TaC 等）为基体，再加入适量金属粉末（如 Co、Ni、Mo 等）作为黏结剂而制成具有金属性能的粉末冶金材料。

（1）钨钴类硬质合金（WC-Co）　常用牌号为 YG3、YG6 和 YG8。"Y" 是 "硬" 汉语拼音首字母，"G" 是 "钴" 汉语拼音首字母，数字表示 Co 的质量分数，其余为 WC。YG 类硬质合金适用于加工脆性材料，如铸铁、有色金属材料、胶木及其他非金属材料。通常，含 Co 多的 YG 类硬质合金适用于粗加工，含 Co 少的 YG 类硬质合金适用于精加工。

（2）钨钴钛类硬质合金（WC-TiC-Co）　常用牌号有 YT5、YT15 和 YT30。"T" 是 "钛" 汉语拼音首字母，数字表示含 TiC 的质量分数，其余为 WC+Co。YT 类硬质合金适用于加工韧性材料，如各种钢材。

碳化物含量越多，Co 含量越少，硬质合金硬度、热硬性、耐磨性越高，强度和韧性越低。当 Co 含量相同时，YT 硬质合金由于有 TiC，硬度和耐磨性高；同时表面有 TiO_2 薄膜，切削时不易粘刀，有较高的热硬性，但强度和韧性比 YG 类硬质合金低。

（3）通用硬质合金（WC-(Ti-Ta-Nb)C-Co）　常用牌号有 YW1 和 YW2。"W" 是 "万" 汉语拼音首字母，数字表示顺序号。

通用硬质合金可以加工钢材、铸铁及有色金属，故又称为万能硬质合金，尤其适用于加工不锈钢、耐热钢及高锰钢等难加工钢材。其热硬性高（>1000℃），其他性能介于 YG 和 YT 两类硬质合金之间。

1.5.3　复合材料

复合材料是由两种或多种不同物理和化学性能的材料，通过不同的工艺方法人工合成的，各组分间有明显界面且性能优于各组成材料的多相材料。复合材料比强度和比模量高、抗疲劳性能好、破断安全性好、减振性好、高温强度和弹性模量仍可保持室温水平。

图 1.20 所示为复合材料按基体进行分类，图 1.21 所示为复合材料按增强相进行分类。

1. 纤维增强复合材料

（1）玻璃钢　玻璃纤维和树脂构成的复合材料俗称玻璃钢。它是以树脂为黏结材料，以玻璃纤维或其制品为增强材料制成。常用树脂有环氧树脂、酚醛树脂、有机硅树脂及聚酯树脂等热固性树脂和聚苯乙烯、聚乙烯、聚丙烯、聚酰胺等热塑性树脂。它们的特点是密度小、强度硬度高、介电性和耐蚀性好、不导电、性能稳定、但难于回收再利用。常用于制造汽车车身、船体、飞机旋翼、电器仪表、石油化工中的耐蚀压力容器等。

图1.20 复合材料按基体分类图　　　　图1.21 复合材料按增强相分类

（2）碳纤维增强复合材料　碳纤维增强复合材料是以碳纤维或其织物（布、带等）为增强材料，以树脂为基体材料结合而成。常用的基体材料有环氧树脂、酚醛树脂及聚四氟乙烯等。这类复合材料的密度比铝小，强度比钢高，弹性模量比铝合金和钢大，疲劳强度和冲击韧性高，化学稳定性高，摩擦系数小，导热性好，可用作宇宙飞行器的外层材料，人造卫星和火箭的机架、壳体等，也可制造机器中的齿轮、轴承、活塞等零件及化工容器、管道等。

2. 叠层复合材料

叠层复合材料是由两层或两层以上不同性质的材料结合而成的材料。常见的有双层金属复合材料和夹层复合材料等。双层金属复合材料有巴氏合金—钢复合而成的双金属滑动轴承材料以及双金属制备的简易恒温器等；夹层复合材料由两层薄而强的面板与中间所夹的一层轻而柔的芯料构成，面板一般用强度高、弹性模量大的材料如金属板、塑料板、玻璃板等，而芯料结构有泡沫塑料和蜂窝格子两大类。如由塑料+多孔性青铜+钢制备的三层复合板。

3. 颗粒增强复合材料

常用的颗粒增强材料主要是一些具有高强度、高弹性模量、耐热、耐磨的陶瓷等非金属颗粒，如碳化硅、氧化铝、氮化硅、碳化钛、碳化硼、石墨、细金刚石等。颗粒增强材料以很细的粉末（一般粒径在 $10\mu m$ 以下）加入到金属基体或陶瓷基体中起提高强度、韧性、耐磨性和耐热性等作用。为了增加与基体的结合效果，通常要对这些颗粒材料进行预处理。

颗粒增强复合材料的特点是选材方便，可根据复合材料不同的要求选用相应的增强颗粒，并且易于批量生产，成本较低。如金属陶瓷、烧结弥散硬化合金等都是颗粒增强复合材料。

复习思考题

1. 按化学成分及结合键特点，材料分为哪几类？

2. 金属材料常用的力学性能指标有哪些？各代表什么意义？

3. 布氏硬度和洛氏硬度各有什么优缺点？下列情况应采用哪种硬度法来检查其硬度？
库存钢材　　硬质合金刀头　　锻件　　台虎钳钳口

4. 什么是钢铁及合金牌号统一数字代号体系？此体系将钢及合金分为几大类，各用哪些英文字母表示？

5. 普通质量非合金钢有哪些牌号，各有哪些应用？

6. 优质非合金钢分为哪两大类？各有哪些牌号？牌号中字母及数字的含义是什么？

7. 国家标准按哪个力学性能指标规定了常用低合金高强度结构钢的等级？有几个牌号？请举例说明其中一个牌号的数字及字母的含义。

8. 合金钢按主要性能和使用特性可分为哪三大类？其统一数字代号各用什么英文字母代表？分别举例说明三种钢统一数字代号的含义。

9. 不锈钢牌号前加"0"或"00"有什么含义？

10. 不锈钢分为几大类？试分析这些不锈钢的性能特点，并说明各类不锈钢的主要应用范围。

11. Q235A、45、T10A、40Cr、60Si2Mn、W18Cr4V、5CrMnMo、ZG200-400 分别属于哪类钢？其中的数字和符号各代表什么意义？并列出相应的每种钢的统一数字代号。

12. 铸铁如何分类？工业上广泛应用的是哪类铸铁？

13. 灰铸铁的性能特点是什么？

14. 为什么选择铸铁牌号时，要考虑铸件的壁厚？

15. 可锻铸铁适合制造哪些形状、尺寸及性能特点的零件？

16. 为什么球墨铸铁是力学性能最好的铸铁？牌号 QT900-2 中字母及数字的含义分别是什么？举例说明球墨铸铁适合制造哪些零件？

17. 同灰铸铁和球墨铸铁相比，蠕墨铸铁的性能特点是什么？为什么？

18. 纯铜有几个牌号？各含铜多少？

19. 铜合金有哪几类？牌号 ZHSn62-1 中字母及数字的含义分别是什么？

20. 举例说明工业纯铝国际四位数字体系牌号中数字的含义。

21. 根据成分和加工特点，铝合金分为变形铝合金和铸造铝合金，这两大类合金分别有哪些种类铝合金？各适合于制造哪些零件？

22. 如何在生产现场快速鉴别 20 钢、45 钢、T12 钢和 HT200 铸铁？

23. 什么是通用塑料？什么是工程塑料？PE、PA、PC、F4、ABS、PF 中，哪些是热塑性塑料？哪些是热固性塑料？

24. 塑料中的添加剂主要有哪些种类？

25. 什么是硬质合金？硬质合金有哪些种类？

26. 玻璃钢属于什么材料？简述其性能及用途。

第 2 章

工程材料的强韧化

材料强度提高的过程称为材料的强化。在保证材料高强度的前提下，尽可能地提高或保证材料具有足够的韧性，使其达到强度和韧性的良好配合，即材料的强韧化。通常情况下，强度和韧性是材料力学性能的一对矛盾体，因此材料的强韧化实质上就是在强度和韧性之间确定一个平衡点。

提高材料的强度和韧性，不仅可以挖掘材料性能潜力、节约材料、降低成本，还可以增加材料在使用过程中的安全性，延长其使用寿命。

2.1 热处理

2.1.1 概述

热处理是将材料置于一定介质内，在固态下加热并保温一定时间，然后以特定的冷却速度冷却，通过改变材料表面或内部的化学成分及金相组织结构，获得所需物理、化学、力学及工艺性能的加工工艺方法，是金属材料强韧化的重要手段之一。

与压力加工、铸造、焊接、切削加工等工艺方法不同，热处理不改变零件的几何尺寸与形状结构，主要目的是改善和提高材料及零件的使用性能和工艺性能，如强度、硬度、韧性、耐磨性、可切削加工性等。一般情况下，通用量具、刃具、模具、精密量仪、机械设备中承载重、要求耐磨或耐蚀的零件都需要进行热处理，以稳定其尺寸、性能，保证使用安全性，延长使用寿命。通常一辆汽车有三万个零件，常用材料中 70% 为金属材料，除钣金类零件外，绝大部分零件，如发动机配件、传动系配件、制动系配件、转向系配件、行走系配件等均需热处理。如连杆、螺栓需调质处理，轴类零件需感应淬火，变速箱传动齿轮需渗碳处理后淬火并低温回火，发动机缸体需时效处理，弹簧、板簧需要淬火并中温回火等。

热处理工艺有三大要素：加热的最高温度、保温时间、冷却速度。同种材料，由于采用的加热温度、保温时间、冷却速度不同，工件所获得的组织和性能千差万别。对于不同材料、不同结构的零件，要根据具体的加工工艺和力学性能要求，制定具体的热处理工艺，热处理工艺通常穿插其他加工工艺之间。图 2.1 为齿轮轴加工工艺路线，其中正火、调质处理及渗碳淬火均为热处理工艺，穿插于机加工工艺之间进行。

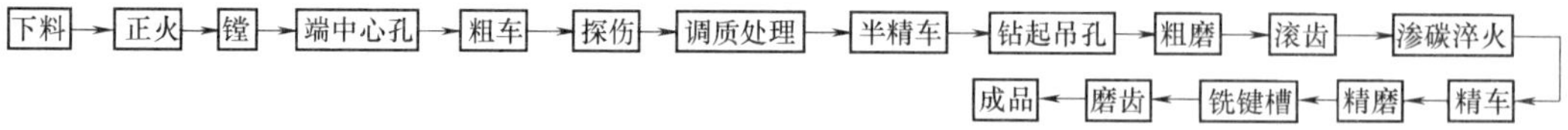

下料 → 正火 → 镗 → 端中心孔 → 粗车 → 探伤 → 调质处理 → 半精车 → 钻起吊孔 → 粗磨 → 滚齿 → 渗碳淬火
成品 ← 磨齿 ← 铣键槽 ← 精磨 ← 精车 ←

图 2.1 齿轮轴加工工艺路线

2.1.2 钢的热处理工艺

法国人奥斯蒙德确立的铁同素异构理论，英国人奥斯汀最早制定的铁碳合金相图及金属材料的"成分—组织—性能"变化规律的研究，为材料的热处理工艺奠定了理论基础。

热处理可按工序目的的不同，分为预备热处理和最终热处理两类。预备热处理的目的是清除铸造、锻造加工过程中产生的缺陷和内应力，改善切削加工性能，为最终热处理做组织准备；最终热处理是使零件最终获得技术要求的物理、化学及力学性能，如图 2.1 所示齿轮轴加工工艺路线中，正火和调质处理属于预备热处理，渗碳淬火属于最终热处理。

通常，将热处理分为普通热处理与表面热处理两大类。普通热处理工艺主要有退火、正火、淬火及回火，如图 2.2 所示。表面热处理包括表面淬火和化学热处理。

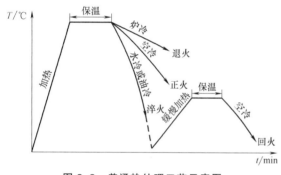

图 2.2 普通热处理工艺示意图

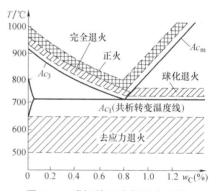

图 2.3 碳钢的正火与退火工艺

1. 退火

退火是将钢加热到适当温度，保持一段时间后随炉缓慢冷却的热处理工艺。退火后的材料硬度较低，一般用布氏硬度试验法测定。退火的目的是细化晶粒，改善材料的力学性能或为淬火做好组织准备；其次，可以降低材料硬度，以利于切削加工；另外，用于消除铸件、锻件、焊件的内应力。图 2.3 所示为铁碳合金相图左下角部分，一般亚共析钢加热到 Ac_3 线以上 30～50℃进行完全退火，过共析钢加热到 Ac_1 线以上 20～30℃进行球化退火。

2. 正火

正火是将钢加热到适当温度，保持一段时间后在静止或轻微流动的空气中冷却的热处理工艺。正火是退火的一个特例，其目的与退火基本相同，但正火的冷却速度比退火高，因此，正火获得的组织比退火细，正火件的强度、硬度比退火件高。但正火生产周期短，操作简便，在实际生产中，为提高生产效率及降低产品成本，应尽量采用正火工艺，一般低、中碳结构钢以正火作为预备热处理。如图 2.3 所示，亚共析钢和共析钢的正火加热温度为 Ac_3 线以上 30～50℃，过共析钢的正火加热温度为 Ac_m 线以上 30～50℃。

3. 淬火

淬火是将钢加热、保温，然后快速冷却的热处理方法。淬火的目的是获得高的硬度、强度、耐磨性；获得兼备高强度、高韧性的综合力学性能；改善某些特殊钢的物理性能、化学性能及力学性能。不同钢材及不同表面质量要求的淬火可以使用不同的加热介质，如空气、可控气氛、熔盐、真空等。其冷却介质可以是水、油、聚合物液体、熔盐及强烈流动的气体等。亚共析钢的淬火加热温度为 Ac_3 线以上 $30 \sim 50℃$，共析钢和过共析钢的淬火加热温度为 Ac_1 线以上 $30 \sim 50℃$。

淬火后工件的硬度和耐磨性提高，但脆性大，内应力大，容易产生变形和开裂；且淬火组织不稳定，工作中会缓慢分解，导致精密零件的尺寸变化。为改善淬火后工件的性能，消除内应力，防止零件变形开裂，必须进行回火。

4. 回火

将淬火后的工件重新加热到 Ac_1 线以下某一温度，保温一定时间，然后冷却到室温的热处理工艺称为回火。回火的目的是消除或部分消除淬火应力，降低脆性，稳定组织，调整硬度，以获得所需的力学性能。在实际生产中，往往是根据工件所要求的硬度确定回火温度，常用的回火工艺有低温回火、中温回火和高温回火。一般来说，回火温度越高，硬度、强度越低，而塑性、韧性越高。

1) 低温回火温度为 $150 \sim 200℃$，其目的是消除淬火应力，降低脆性，保持工件高硬度和高耐磨性，如刀具、刃具、模具及要求高硬耐磨的零件，淬火后采用低温回火。

2) 中温回火温度为 $350 \sim 500℃$，其目的是获得一定的韧性、高弹性极限及屈服强度，如弹簧、板簧等要求高弹性的零件，淬火后采用中温回火。

3) 高温回火温度为 $500 \sim 650℃$，其目的是获得适当的强度、足够的韧性和塑性，即优良的综合力学性能。各种机器和机构的结构件，如轴类、连杆、螺栓、齿轮等，在比较大的动载荷作用下工作，承受拉伸、压缩、弯曲、扭转或剪切力作用，要求具有良好的综合力学性能，因此淬火后采用高温回火工艺。淬火后进行高温回火称为调质处理。

5. 表面淬火

表面淬火是将工件表面加热到淬火温度，然后迅速冷却，在表面一定层深范围内达到淬火目的的热处理工艺。表面淬火后，工件表层获得高硬度和高耐磨性，而心部仍为原来的组织状态，具有足够的塑性和韧性。表面淬火适用于承受冲击载荷并处于强烈摩擦条件下工作的工件，如齿轮、凸轮、传动轴等。表面淬火工艺主要有火焰加热表面淬火和感应加热表面淬火。

6. 化学热处理

化学热处理是将工件放在某些化学介质中，加热到一定温度并保温一定时间，使一种或几种元素渗入工件表面，以改变表层化学成分和组织的热处理工艺。它可以更大程度地提高工件表层的硬度、耐磨性、耐热性和耐蚀性，而工件心部仍保持原有性能。化学热处理方法按渗入元素种类分为渗非金属、渗金属、金属和非金属共渗三大类。渗非金属有渗碳、渗氮、渗硼、渗硫、碳氮共渗、氧氮共渗、硼硅共渗等；渗金属有渗铝、渗铬、渗锌及铬铝共渗等；金属与非金属共渗有铝硅共渗、铝硼共渗、钛硼共渗、钛氮共渗等。

2.1.3 热处理工艺案例

（1）案例一　现有低碳钢齿轮和中碳钢齿轮各一个，要求齿面具有高的硬度和耐磨性，问各应进行何种热处理工艺？处理后齿轮性能特点是什么？

低碳钢齿轮和中碳钢齿轮中含碳量不同，含碳量高的材料的强度和硬度高。淬火处理可以提高材料的强度和硬度，但含碳量过低（如低碳钢），则淬硬性差，不能提高所需要的力学性能。因此，在淬火前低碳钢要先进行渗碳处理，以提高钢中的含碳量。低碳钢齿轮和中碳钢齿轮热处理工序如下：

低碳钢齿轮：渗碳＋淬火＋低温回火

中碳钢齿轮：表面淬火＋低温回火

齿轮处理后的性能特点是内韧外刚，即表层具有高的硬度和强度，耐磨性能好，抗弯曲。内部具有良好的塑性和韧性，可以避免服役过程中的脆性断裂。

（2）案例二 对于要求表面具有较高硬度、耐磨性和疲劳强度的轴类零件，应选择哪种淬火工艺？

应选择高频感应淬火。高频感应淬火零件的表层硬度、耐磨性及疲劳强度均高于一般淬火件，这是因为：①由于感应加热速度快，时间短，使奥氏体晶粒细小而均匀，淬火后可在表层获得极细马氏体或隐针马氏体，使工件表层硬度比普通淬火的硬度高 2～3HRC，耐磨性好，且具有较低的脆性。②由于工件表层存在残余压应力，它能部分抵消载荷作用下产生的拉应力，从而提高疲劳强度。③工件表面不易氧化和脱碳，耐磨性好，并且工件变形小。

2.1.4 热处理新技术

1. 真空热处理

在真空进行的热处理称为真空热处理，包括真空淬火、真空退火、真空回火和真空化学热处理。

工件在真空中加热，升温很慢，截面温度梯度小，所以热处理时变形小；真空中氧的分压很低，金属氧化受到有效抑制；在高真空条件下，工件表面的氧化物发生分解，可得到光亮的表面，同时可提高其耐磨性、疲劳强度；另外，溶解在金属中的气体，在真空下长期加热时，会不断逸出，可由真空泵排出炉外，具有脱气作用，有利于改善钢的韧性，提高工件的使用寿命；真空热处理还可以减少或省去清洗和磨削加工工序，改善劳动条件，实现自动控制。

2. 激光热处理

激光热处理是利用高功率密度的激光束扫描工件表面，将其迅速加热到钢的淬火温度，然后依靠工件本身的传热，实现快速冷却淬火。

激光淬火的硬化层较浅，通常为 0.3～0.5mm，但其表面硬度比常规淬火的表面硬度提高 15%～20%，能显著提高钢的耐磨性。另外由于激光能量密度大，激光淬火变形非常小，处理后的零件可直接装配。激光淬火对工件尺寸及表面平整度没有严格要求，可对形状复杂工件进行处理。热处理时，加热速度高，表面不需要保护，靠自激冷却，无需冷却介质，因此工件表面清洁，无污染，操作简单，便于自动化。

3. 可控气氛热处理

在炉气成分可以控制的炉内进行的热处理称为可控气氛热处理。炉气有渗碳性、还原性、中性气氛等几种。仅用于防止工件表面发生化学反应的可控气氛称为保护气氛。

可控气氛热处理能防止工件加热时的氧化和脱碳，提高工件表面质量和耐磨性、耐疲劳性等，实现光亮热处理；可进行渗碳、渗氮、碳氮共渗化学热处理，渗层效果好、质量高，劳动条件好，对于某些形状复杂而又对硬度要求高的工件，可以减少加工工序；对于已经脱碳的工件可使表面复碳，提高零件性能；便于实现机械化、自动化。

2.2 工程材料的强化方法

2.2.1 固溶强化

合金固溶体中的溶质原子溶入溶剂原子晶格点阵，使溶剂原子晶格点阵发生晶格畸变，晶格畸变增大了位错运动的阻力，使材料进一步变形困难，从而使合金固溶体强度和硬度增大，但塑性和韧性有所下降。通常，溶入的溶质原子越多，即合金固溶体中的合金元素含量越高、溶质原子的原子分数越高、溶质原子与溶剂原子半径差越大、价电子数目差越大，强度和硬度提高的幅度越大，即强化效果越显著。

2.2.2 形变强化

金属在外力作用下产生塑性变形，随着变形程度的增加，金属的强度、硬度增加，而塑性、韧性降低的现象，称为形变强化，也称加工硬化。形变强化是因为金属材料在塑性变形过程中，位错密度不断增加，使弹性应力场不断增大，位错间的交互作用不断增强，因而位错运动越来越困难。如图 1.1 所示 sb 阶段，随变形量的增大，需不断增加拉应力，才能使试样继续变形，体现了材料的加工硬化。

对于不能通过热处理强化的材料，如低碳钢、纯铁、Cr-Ni 不锈钢、防锈钢、纯铜等，可采用冷轧、拉拔、挤压等工艺，通过形变强化提高材料强度。如工业上广泛应用的铜导线，由于要求导电性好，不允许添加合金元素，形变强化是提高强度的唯一方法。另外，有些加工工艺也要求金属材料能产生加工硬化现象。如金属线材和丝材的拉拔工艺要求材料在通过拉拔模口处能产生加工硬化，强度和硬度的提高可以保证线材和丝材的拉拔成形，而不致断裂。

2.2.3 细晶强化

绝大多数金属材料是许多晶粒组成的多晶体，晶粒的大小可以用单位体积内晶粒的数目来表示，数目越多，晶粒越细。实验表明，常温下的细晶粒金属材料比粗晶粒金属材料有更高的强度、硬度、塑性和韧性。这是因为细晶粒组织的金属材料受到外力作用时，发生的塑性变形可分散在更多的晶粒内进行，应力集中较小，塑性变形较均匀。此外，单位体积内晶粒越细，晶界面积越大，晶粒间界面结合力增大的同时，阻碍裂纹扩展的能力增强。因此细晶强化不仅可以提高材料的强度，还可以改善材料的塑性和韧性。生产中，常通过增加金属液体的过冷度、变质处理、机械振动与搅拌等方法，实现材料的细晶强化。

2.2.4 弥散强化

在基体材料中均匀分布不溶于基体金属的超细硬质颗粒（强化相），以提高基体材料强度和硬度的强化手段，称为弥散强化。强化相一般为氧化物、碳化物、氮化物等高熔点颗粒。强化相粒子的强度、体积分数、间距、颗粒形状和分布状态等都对强化效果有重要影响。强化相颗粒本身强度硬度越高，颗粒越细小、弥散越均匀，强化效果越好。弥散强化比固溶强化的效果更显著，在提高合金强度和硬度的同时，塑性和韧性下降不多。硬质合金中 WC、TiC，非合金钢中 Fe_3C，高速钢中 W_2C、Mo_2C、VC 等都是第二相，在钢的基体中起弥散强化作用。

2.2.5　复合强化

大多数情况下，工程用金属材料的强化是细晶强化、固溶强化、形变强化和第二相强化等几种强化机制的共同作用，即复合强化的结果。如钢铁材料最经济、最重要的马氏体强化，就是复合强化的效果。

2.2.6　表面强化

利用各种表面处理、表面扩渗和表面涂镀等技术改善材料表面的耐磨性、耐蚀性、抗疲劳性等，或赋予材料表面某些特定的物理性能的方法，统称为表面强化。

(1) 表面处理技术　常见的有表面淬火、喷丸、滚压等表面机械强化处理。其特点是不改变材料表层的化学成分，仅改变表层的组织、结构及应力状态。

(2) 表面扩渗技术　常见的有渗碳、渗氮、碳氮共渗、渗硼及渗金属工艺（即化学热处理）。其特点是改变表层的化学成分、微观组织结构及应力状态。

(3) 表面涂镀技术　常见的有电镀、化学镀、热喷涂、气相沉积等技术。其特点是涂层厚度范围宽，可从微米到毫米级。

2.3　工程材料的强韧化

有些零件与工程结构在服役条件下，要求其具有承受重载和耐磨损的能力，具备高强度和高硬性。但有些零件与工程结构，如桥梁、飞机、电站设备、压力容器、输气管道等在服役过程中，负载远低于材料的屈服极限，但都曾出现过比预期更早的、重大的破坏或灾难性断裂事故。因此，对于大部分结构材料，不仅要具有高强度，还需要提高其韧性。提高基体塑性、减少诱发微裂纹的组成相、增加组织的塑性形变均匀性、避免晶界弱化，防止裂纹沿晶界形核和扩展、细化晶粒、微合金化等都是改善材料韧性的有效途径。

2.3.1　金属材料的强韧化

1. 强韧化途径

(1) 细晶强韧化　细化晶粒既能提高强度，又能优化塑性和韧性，是目前公认的实现材料强韧化的最佳途径。

(2) 纯净化强韧化　通过纯净化冶炼有效降低材料中的杂质元素和夹杂物含量，是提高材料塑性和韧性的有效途径之一。目前，钢铁材料的纯净化已成为当今钢铁工业生产的重要发展趋势。

(3) 合金化强韧化　根据需要，在碳钢的基础上，添加一些微量合金元素，提高材料的塑性、低温韧性、高温蠕变强度、硬度等性能，以达到材料强韧化目的。

（4）球化强韧化　钢铁材料球化退火后，组织内部层状或网状碳化物凝聚为球状，降低了碳化物对基体的割裂作用，在提高基体强度的同时，改善了材料的塑性和韧性。

（5）复相化强韧化　铁素体与奥氏体组成的钢称为双相不锈钢，铁素体与马氏体组成的钢称为双相钢，广义上讲只要含有两种以上组织的钢都可以称为复相钢。此外，引入其他强化手段，如纤维、陶瓷相等，也可以成为复相。钢铁材料的复相化可以平衡材料的强度和韧性，已成为重要的发展方向。

2. 热处理强韧化工艺案例

（1）超高温淬火　中碳合金结构钢的淬火温度为 $1200 \sim 1255℃$（比一般淬火温度高 $300℃$）。合金碳化物完全溶解于奥氏体中，减少了第二相在晶界的形核，减少了脆性，断裂韧性可提高 $70\% \sim 125\%$。

（2）临界区淬火　当钢加热到 $Ac_1 \sim Ac_3$ 时，如图 2.3 所示，淬火回火后可以得到较好的韧性，这种热处理称为临界区热处理或部分奥氏体体化处理。临界区热处理使得组织和晶粒得到细化、P（Sn、Sb）等杂质富集于 α 晶粒，利于降低回火脆性，同时减少了晶界碳化物的沉淀，因此提高了材料韧性。

（3）形变热处理　形变热处理是将塑性变形和热处理有机结合，获得形变强化和相变强化综合效果的工艺方法，分为高温热处理（稳定奥氏体区温度范围内变形）、低温热处理（亚稳奥氏体区温度范围内变形）和复合热处理。塑性变形可以采用轧、锻、挤压、拉拔等形式。形变与相变的顺序可多种多样，可先形变后相变，也可先相变后形变，也可在某两种相变之间进行形变。

热机械控制工艺（Thermo Mechanical Control Process，TMCP），又称控轧控冷工艺，就是在热轧过程中，采用适当控轧、超快速冷却，接近相变点温度时停止冷却，后续进行冷却路径控制，适当提高终轧温度，是生产低合金高强度、高韧性、宽厚板不可或缺的技术。此技术不添加合金元素，也不需要复杂的后续热处理工艺，采用以超快速冷却技术为核心的可控无级调节钢材冷却技术，不仅可以抑制晶粒长大，还可以获得高强度、高韧性所需的超细铁素体组织或贝氏体组织，甚至获得马氏体组织。先进的 TMCP 控轧控冷工艺综合利用固溶、细晶、析出、相变等钢铁材料综合强化手段，实现了在保持或提高材料塑性、韧性及其他使用性能的前提下，80% 以上的热轧板带钢（含热带、中厚板、棒线材、H 型钢、钢管等）产品的强度指标提高了 $100 \sim 200MPa$，冲击韧性得到大幅度提高，合金元素用量节省 30% 以上。

2.3.2　陶瓷材料的强韧化

陶瓷材料是离子键和共价键晶粒构成的多晶材料。同金属材料相比，陶瓷材料具有耐高温、耐腐蚀、耐磨损等优异特性，但也存在脆性大、对内部缺陷敏感、裂纹一经产生便迅速扩展、产生无预兆的突然断裂等缺点。因此，改善陶瓷材料的脆性，增大强度，是提高陶瓷材料应用可靠性的关键，主要有以下几种增韧途径：

1. 微裂纹增韧

由于温度变化引起的热膨胀或相变引起的体积变化，使陶瓷基体相和分散相之间产生内应力，产生弥散均匀分布的微裂纹。当外应力导致断裂主裂纹扩展时，这些均匀分布的微裂纹会使主裂纹分叉，使得主裂纹扩展途径婉转曲折，扩展受到阻碍，扩展速度降低，以增加材料的韧性。

2. 韧性相增韧

韧性相会在裂纹扩展中起到吸收能量的作用，使裂纹进一步扩展所需的能量远超过形成新裂纹表面所需的净热力学表面能。同时，裂纹尖端高应力区的屈服流动消除了部分应力集中，提高了材料的断裂韧性。

3. 纤维增韧

纤维增强陶瓷基复合材料的增韧机制包括纤维脱黏、纤维拔出、纤维桥接、裂纹弯曲和偏转。纤维具有高弹性和高强度，作为第二相弥散分布于陶瓷基体构成复合材料时，纤维承担了大部分外加应力，提高了材料的强度，常用的陶瓷纤维有 SiC、Si_3N_4、碳纤维等。同时，纤维可使裂纹扩展途径曲折，从而增加了材料的断裂韧性。此外，在裂纹尖端附近，由于应力集中，纤维有可能从基体中拔出，拔出时要做功消耗能量，应力集中松弛，从而减缓裂纹扩展。而且在尖端后部，未拔出或未断裂纤维可以起桥接作用，增加了材料的韧性。

4. 晶须增韧

陶瓷晶须是具有很高的强度、一定长径比、且缺陷很少的陶瓷小单晶，是陶瓷基复合材料的增韧增强体。常用的陶瓷晶须有 SiC 晶须、Si_3N_4 晶须和 Al_2O_3 晶须，用于增韧 ZrO_2、Si_3N_4、SiO_2、Al_2O_3 和莫来石等陶瓷基体。陶瓷基体和晶须的选择应考虑二者间的化学相容性、弹性模量及热胀系数匹配等因素。

5. 相变增韧

ZrO_2 增韧是相变增韧的典型实例。ZrO_2 晶粒具有三种同质异构体，即立方晶相、四方晶相、单斜晶相。当 ZrO_2 颗粒弥散在其他陶瓷基体中，受到基体束缚时，其结构随温度发生的转变（即相变）会受到抑制。调整基体性质，可以使四方 ZrO_2 保持到室温。只有在基体受外力作用，基体对 ZrO_2 颗粒的束缚作用松弛后，才可以促发四方 ZrO_2 向单斜晶相转变，从而达到相变增韧的效果。一般认为 ZrO_2 增韧机制是应力诱导相变增韧、微裂纹增韧、压缩表面增韧共同作用的结果，起主导作用的增韧机制取决于相变程度和相变发生的部位。

2.3.3 聚合物材料的强韧化

聚合物材料的强韧化就是将有机或无机大分子或小分子材料，采用物理或化学的方法加入到高分子基体中，以提高其强度、韧性或其他性能，可以通过填料进行填充改性，也可以添加纤维或颗粒进行增强改性，也可以通过形成共聚物合金进行共混改性，或通过产生交联反应进行化学改性等达到强韧化的目的。

1. 弹性体增韧

传统的聚合物增韧改性是以橡胶类弹性体作为增韧剂，分散于塑料基体中以达到增韧的效果，如高抗冲聚苯乙烯（HIPS）、乙丙共聚弹性体增韧聚丙烯，粉末 NBR（丁腈橡胶）增韧 PVC 等。弹性体增韧是目前最有效、最成熟的增韧方法，几乎全部的工业化工程塑料增韧改性都以弹性体为改性剂。

2. 非弹性体增韧

刚性无机粒子（如 $CaCO_3$、$BaSO_4$）、刚性有机粒子（如 AS 丙烯腈-苯乙烯微粒）、液晶聚合物（LCP）纤维等非弹性体替代弹性体改性聚合物材料，可以克服弹性体增韧导致的加工性能及耐热性能的下降，在提高材料强度的同时，提高了材料的刚性、韧性和耐热性能，如 PC/AS 共混体系、HDPE（高密度聚乙烯）/CaCO$_3$、PP（聚丙烯）/CaCO$_3$、PP/BaSO$_4$ 等填充复合体、热致性液晶高分子（TLCP）/热塑性高聚物（TP）合金。

3. 共混改性

将两种或两种以上的聚合物混合，这些聚合物分子链没有达到分子水平的分散，也不像刚性粒子或弹性粒子分散于基体上，而是相互贯穿并以化学键的方式各自交联形成新型聚合物共混网络（Interpenetrating Polymer Networks，IPN）。这种 IPN 网络结构在外力作用下发生大变形，吸收外界能量，起增强增韧的作用。如用 UHMWPE（超高分子量聚乙烯）增韧 PP，UHMWPE 与 PP 分子共同构成"线形互穿网络"，在材料中起骨架作用而增强增韧。

复习思考题

1. 什么是热处理？同其他机械制造工艺方法相比，热处理有何特点？

2. 什么是正火？什么是退火？正火与退火有什么异同？

3. 什么是淬火？淬火的目的是什么？淬火后的工件为什么需要及时回火？

4. 什么是回火？回火的目的是什么？

5. 什么是调质处理？哪些零件需进行调质处理？

6. 表面淬火与普通淬火有何区别？

7. 要获得表面硬度高、心部有足够韧性的低碳钢齿轮，应采用何种热处理方法？为什么？

8. 什么是化学热处理？化学热处理的目的是什么？有哪些方法？

9. 热处理有哪些新技术？

10. 工程材料强化方法有哪些？这些方法中，哪些方法在提高强度的同时，可以保持韧性和塑性指标不下降？

11. 金属材料强韧化途径有哪些？

12. 试举例说明热处理强韧化工艺。

13. 陶瓷材料强韧化途径有哪些？

14. 选择晶须增韧陶瓷基体时，应考虑哪些因素？

15. 聚合物材料强韧化处理时，采用弹性颗粒增韧和采用刚性颗粒增韧，对性能有何不同影响？

第3章

铸　造

3.1　铸造概述

将液态金属浇注到与零件形状尺寸相适应的铸型空腔中，待其冷却凝固后获得毛坯或零件的工艺称为铸造。

铸造是制造毛坯或零件的重要方法之一，常用的铸造合金有铸铁、铸钢及铸造有色金属，其中，铸铁应用最为广泛。在一般机器设备中，铸件占总重量的 40% ~ 90%，在农业机械中占 40% ~ 70%，在金属切削机床中占 70% ~ 80%，在重型机械、矿山机械及水力发电设备中占 85% 以上。与其他成形方法相比，铸造具有以下优点：

1）适应性强，工艺灵活性大。铸件的合金成分、尺寸、形状、重量和生产批量等几乎不受限制。

2）成形能力强。最适于生产复杂形状，特别是具有复杂内腔的毛坯或零件。

3）经济性好。铸造所用的原材料来源广泛、价格低廉，还可以使用废料和废机件，因此铸件的成本低廉。

铸造的缺点是生产工序繁多，工艺过程较难控制，从而使铸件的废品率偏高；铸件的内部组织比较粗大，力学性能远低于锻件；铸造生产条件差，工人劳动强度大。随着科学技术的进步，铸造技术的不断发展，铸件性能和质量逐步提高，现代铸造生产正朝着专业化、集约化和智能化的方向发展。

铸造大致可分为砂型铸造和特种铸造两大类，砂型铸造是最常用和最基本的铸造方法，可分为手工造型和机器造型两大类。

3.2　砂型铸造

砂型铸造的生产工序包括：配制型（芯）砂、制作模样和芯盒、造型、制芯、合箱、金属的熔化与浇注以及落砂、清理与检验等。型砂铸造的工艺过程如图 3.1 所示。

3.2.1　型（芯）砂

砂型是由型砂组成的，型砂的质量直接影响铸件的质量，优质型砂可避免铸件产生气孔、砂眼、黏砂、夹砂等缺陷。

1. 型（芯）砂应具备的主要性能

1）强度。型砂抵抗外力破坏的能力称为强度。足够的强度可保证铸型在铸造过程中不破损、塌落和胀大。但型砂强度过高，会使铸型过硬，退让性、透气性和落砂性较差。

2）透气性。型砂孔隙透过气体的能力称为透气性。当高温金属液浇入铸型时，型内会产生大量气体（水蒸气、液态金属熔炼时吸附的气体、空气等），这些气体必须通过铸型排出。如果型砂透气性差，气体留在型内，会使铸件产生呛火、气孔和浇不到等缺陷。但透气性太高会使砂型疏松，铸件易出现表面粗糙和机械黏砂等缺陷。

3）耐火性。耐火性指型砂经受高温热作用的能力。耐火性主要取决于砂中的 SiO_2 含量（熔点 1713℃），SiO_2 含量越高，型砂耐火性越高。型砂的耐火性好，铸件不易产生黏砂缺陷。

4）退让性。铸件凝固和冷却过程中产生收缩时，型砂能被压缩、退让的性能称为退让性。型砂退让性不足，会使铸件收缩受到阻碍，从而产生内应力、变形和裂纹等缺陷。对于小铸件砂型，不要春得过紧；对于大砂型，可在型（芯）砂中加入锯末、焦炭粒等材料以增加退让性。

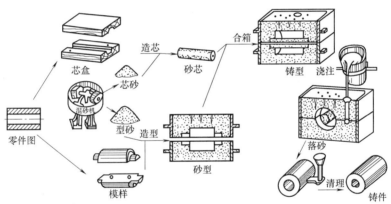

图 3.1　砂型铸造的工艺过程

5）溃散性。铸件冷却凝固后，落砂清理时，用于衡量型砂溃散的难易程度。溃散性好，型砂容易从铸件上清除，可以节省落砂和清理的劳动量，提高生产效率。

除上述性能外，型砂还应具有流动性和可塑性等工艺性能。

2. 型（芯）砂的组成

为了满足对型（芯）砂上述性能的要求，型（芯）砂一般由原砂、黏结剂、水和附加物按一定比例混制而成。

原砂一般采用天然砂，若石英（SiO_2）含量高，杂质少，则耐火性好；若砂粒粗，粒度均匀，则透气性好。

黏结剂可提高型（芯）砂的可塑性和强度。黏结剂主要有普通黏土、膨润土、水玻璃、矿物油、合脂和树脂等。其中，普通黏土及膨润土资源丰富，价格低廉，有一定的黏结强度，一般多用于制作型砂。其他几种黏结剂价格较高，主要用于生产性能要求较高的芯砂。

型砂中常加入的附加物有煤粉、木屑等。煤粉在高温熔融金属作用下燃烧形成气膜，隔离熔融金属与铸型型腔，使铸件表面光洁，防止铸件黏砂；加入木屑能改善型砂的透气性和退让性。

黏土中的水分对型（芯）砂的性能和铸件的质量影响很大。水分少，型（芯）砂干而脆，不利于造型起模；水分多，型（芯）砂强度低，易造成黏模，给造型操作带来困难。通常，黏土与水的质量比为3∶1，型砂可获得最大强度值。

3. 型（芯）砂的制备

型芯在浇注后将被高温金属液包围，故通常要求芯砂具有比型砂更好的综合性能。一般来说，型砂与芯砂应选用不同的材料按不同的比例配制。

铸造生产中，有时为了节省型砂，与铸件接触的面砂可专门配制，以使其具有较高的强度和耐火性。而不与铸件接触，仅作填料用的背砂，则一般用旧砂。大批量生产时，为了提高生产效率和简化操作，往往不分面砂和背砂。

目前生产中一般都使用混砂机配砂。混砂过程是：将新砂、黏土、附加物和旧砂依次投入混砂机内，先干混数分钟，混拌均匀后，加入一定量的水再湿混10min左右。为了使水分渗透均匀，混完的砂通常要放3~8h。最后进行松砂处理，打碎砂团，提高透气性。

型（芯）砂的性能可用专门仪器检验，也可用手握法检验。手握法检验的操作过程是用手攥一把型砂，感到潮湿但不沾手，柔软易变形，印在砂团上的手指痕迹清晰，砂团掰断时断面不粉碎，说明型砂的干湿适宜、性能合格。

3.2.2　造型

用型砂及模样等工艺装备制造砂型的过程称为造型。砂型由上砂型、下砂型、型腔（形成铸件形状的空腔）、型芯、浇注系统和砂箱等部分组成，其结构如图3.2所示。上、下砂型的结合面称为分型面。上、下砂型用泥记号（单件、小批量生产）或定位销（成批、大量生产）定位。

1. 手工造型

手工造型操作灵活、工艺装备简单，但生产效率低，劳动强度大，仅适用于单件、小批量生产。手工造型的方法很多，按砂箱特征分有两箱造型、三箱造型、脱箱造型、地坑造型等。按模样特征分有整模造型、分模造型、活块造型、挖砂造型、假箱造型和刮板造型等。造型方法可根据铸件的形状、大小和生产批量进行选择。

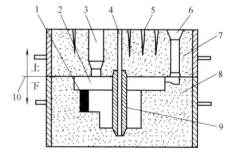

图3.2　砂型结构

1—冷铁　2—型腔　3—冒口
4—排气道　5—出气孔　6—浇
注系统　7—上砂型　8—下砂型
9—型芯　10—分型面

（1）整模造型　整模造型过程如图3.3所示。整模造型的特点是：模样是整体结构，最大截面在模样一端且为平面，分型面多为平面，操作简单。整模造型适用于形状简单的铸件，如盘、盖类。

（2）分模造型　分模造型的特点是：模样是分开的，模样的分开面（称分模面）必须是模样的最大截面，以利于起模，操作简便。两箱分模造型过程与整模造型相似，不同的是造上型时增加放上半模样和取上半模样两个操作，此时分模面与分型面处于同一平面。套筒的分模造型过程如图3.4所示。分模造型适用于形状较复杂的铸件，如套筒、管子和阀体等。

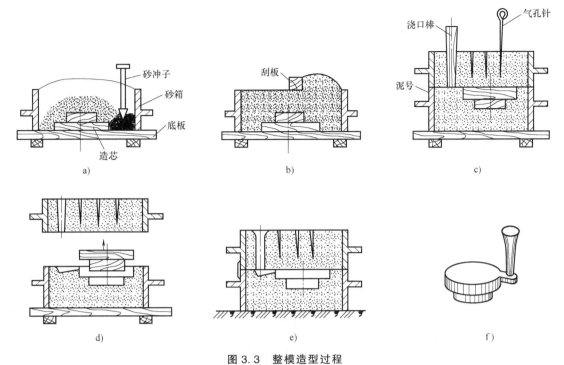

图 3.3　整模造型过程

a）造下型：填砂、舂砂　b）刮平、翻箱　c）造上型、扎气孔、做泥号
d）敞箱、起模、开浇口　e）合型　f）落砂后带浇口的铸件

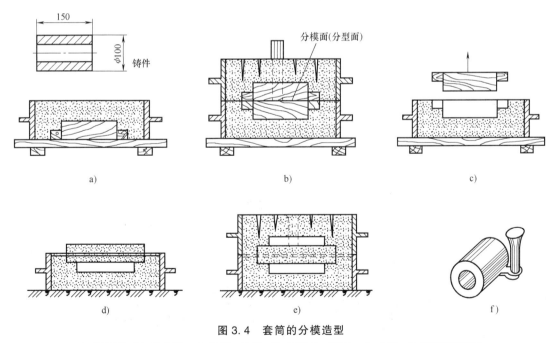

图 3.4　套筒的分模造型

a）造下型　b）造上型　c）敞箱、起模　d）开浇口、下芯　e）合型　f）带浇口的铸件

（3）活块造型　模样上可拆卸部分为活块。当模样上有妨碍起模的侧面伸出部分（如小凸台）时，常将该部分做成活块。起模时，先将模样主体取出（图 3.5b）再将留在铸型

内的活块单独取出（图3.5c），这种方法称为活块造型。图3.5所示为用钉子连接的活块造型时，应注意先将活块周围的型砂塞紧，再拔出钉子。

凸台厚度应小于该处模样厚度的1/2，否则活块难以取出。

活块造型的特点是：模样主体可以是整体的，也可以是分开的；对工人的操作水平要求较高，操作较复杂，生产效率较低。活块造型适用于侧面有无法直接起模的凸台、肋条等结构的铸件。

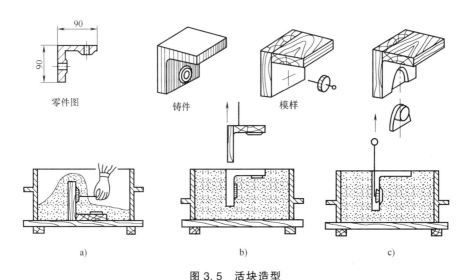

图3.5 活块造型

a）造下型，拔出钉子 b）取出模样主体 c）取出活块

（4）挖砂造型 当铸件按结构特点需要分模造型，但由于条件限制（如模样太薄，制模困难）仍做成整体模样时，为便于起模，下型分型面需挖成曲面或有高低变化的阶梯形状，这种方法为挖砂造型。挖砂造型过程如图3.6所示。

挖砂造型时需要注意的是分型面应是最大截面（A—A），分型面坡度尽量小，并应修抹得平整光滑。

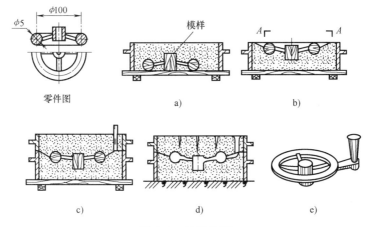

图3.6 挖砂造型

a）造下型 b）翻下型，挖修分型面 c）造上型，敞箱、起模 d）合型 e）带浇口的铸件

挖砂造型的特点：模样多为整体，分型面为曲面或台阶面，挖砂操作技术要求较高，生产效率较低。挖砂造型适用于形状较复杂铸件的单件生产。

当挖砂造型的铸件生产数量增加时，为提高生产效率，可采用假箱造型，如图3.7a～d所示。所谓假箱，是仅参与造型，不用浇注的假上箱。用假箱可多次翻做下箱，然后再用制造好的下箱制作上砂型及浇注系统，这样可大大减少挖砂时间，提高生产效率。

当生产批量更大时，可用木料制成成形底板代替假箱，如图3.7d～f所示，进行成形底板造型。

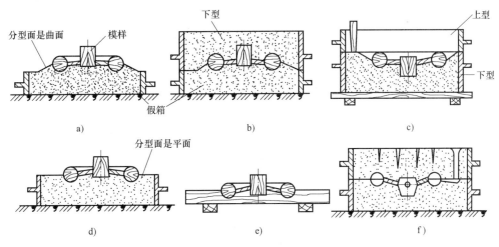

图 3.7　假箱和成形底板造型

a）模样放在假箱上　b）造下型　c）翻下型待造上型　d）假箱　e）成形底板　f）合型图

（5）三箱造型　用三个砂箱制造铸型的过程称为三箱造型。有些形状复杂的铸件，一般是两端截面大而中间截面小，用一个分型面取不出模样。因此，须从小截面处分开模样，铸型有两个分型面，用三个砂箱造型，这种方法称为三箱造型，如图3.8所示。

三箱造型的特点是中箱的上下两面均为分型面，因此要求平整光滑，中箱的高度应与中

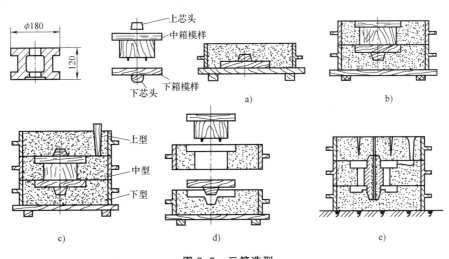

图 3.8　三箱造型

a）造下型　b）翻箱，造中型　c）造上型　d）依次敞箱，起模　e）下芯，合型

箱内的模样高度一致，必须采用分模法。两个分型面处易产生飞边缺陷，铸件高度方向尺寸精度降低；操作较复杂，生产率较低。三箱造型适用于两头大中间小、形状较复杂且不能用两箱造型的铸件。

2. 常用手工造型方法小结

手工造型方法工装简单，操作灵活，成本低廉，特别适合单件和小批量生产，但此类方法劳动强度大，工作环境恶劣，产品质量依赖工人的操作技能，生产效率低。常用手工造型方法的特点和应用范围见表3.1。

表3.1 常用手工造型方法的特点和应用范围

造型方法	特 点	应用范围
整模造型	整体模样,分型面平直,型腔在下箱,造型简单,铸件无错箱缺陷	最大截面为平面,且在一端的铸件
分模造型	模样沿最大截面分割为两部分,型腔由上、下两个砂箱构成,操作较整模造型复杂,需要翻箱操作,且合箱时容易产生错箱缺陷	最大截面在中间,上下两部分对称性较好的铸件
挖砂造型	整体模样,分型面为曲面或台阶面,造型操作复杂,生产效率低	单件、小批量生产,最大截面在中间,分模后易损坏的薄壁铸件
假箱造型	整体模样,将需要挖砂造型的曲面分型面制成可以多次使用的砂型或木型,简化造型操作,提高生产效率和质量	批量生产需挖砂造型的铸件
活块造型	分解模样,将模样上妨碍起模的凸台制成活动的模块,以便于造型和起模	单件、小批量生产带凸台的铸件
三箱造型	分解模样,两端尺寸大,中间小。上、中、下三个砂箱,型腔在2或3个砂箱内,造型时翻箱操作多,容易产生错箱缺陷	单件、小批量生产,两头大中间小、形状较复杂且不能调两箱造型的铸件
刮板造型	依据铸件外形尺寸,制备与之相匹配的刮板代替实体模样,用刮板刮制型砂制型。操作复杂,对操作人员技能水平要求较高,但可降低模样制备成本	单件、小批量生产回转体大型铸件
地坑造型	大部分型腔在下箱,直接在砂坑中造型,避免翻箱操作,可降低砂箱成本	小批量生产大型复杂铸件

3. 机器造型

机器造型是用机器来完成填砂、紧实和起模等操作，与手工造型相比，机器造型可以提高生产效率和铸件质量，减轻工人劳动强度。但机器造型设备及工装模具投资较大，生产准备周期长，仅适用于成批、大量生产。

机器造型一般是两箱造型，采用模板和砂箱在专门的造型机上进行。按砂型的紧实方式，机器造型可分为震压式造型、高压造型、抛砂造型和空气冲击造型等。

3.2.3 造芯方法及浇注系统

1. 型芯制造

为获得铸件的内腔或局部外形，用芯砂或其他材料制成的安放在型腔内部的铸型组元称为型芯。由于型芯表面被高温金属液包围，受到的冲刷及烘烤比砂型严重，因此型芯必须具有比砂型更高的强度、透气性、耐火性和退让性等。

（1）芯砂 简单型芯通常使用黏土芯砂，但芯砂中黏土含量比型砂中黏土含量高，因此有时也用活化膨润土，新砂比例要大并加入木屑以增加型芯的退让性和透气性。对于形状复杂、强度要求高的型芯多用合脂砂；生产批量小、薄壁、形状极复杂的型芯需用桐油砂；大批量生产的复杂型芯宜用树脂砂。

（2）造芯工艺特点　造芯时应采取下列措施以保证型芯能满足各项性能要求。

1）放芯骨。型芯中应放入芯骨以提高强度，小型芯的芯骨可用铁丝，中、大型型芯的芯骨要用铸铁制成，为了吊运型芯方便，常在芯骨上做出吊环。

2）开通气道。型芯中必须做出贯通的通气道，以提高型芯的透气性。型芯通气道一定要与砂型出气孔接通，对一些薄而复杂的型芯，有时可采用蜡线法制作。造芯时，将蜡线埋入型芯中，烘干时，芯中蜡线被烧掉，芯内形成通气道；对于大的型芯，在型芯中心或厚的部位填放焦炭或炉渣，可以提高排气能力，同时退让性也好。

3）刷涂料。大部分的型芯表面要刷一层涂料，以提高耐高温性能，防止铸件粘砂。铸铁件多用石墨粉涂料，铸钢件多用石英粉涂料。

4）烘干。型芯与铸型不同，必须全部烘干使用。型芯烘干后强度和透气性都能得到提高。

5）型芯的固定。型芯的固定依靠芯头，芯头必须有足够的尺寸和适当的形状，能够使型芯牢固地固定在铸型中，以免型芯在浇注时飘浮、偏斜或移动。

芯头按固定方式可分为垂直式、水平式和特殊式（如悬臂式型芯、吊芯等）等，图3.9中垂直式和水平式芯头的定位方式，方便可靠，应用最多。

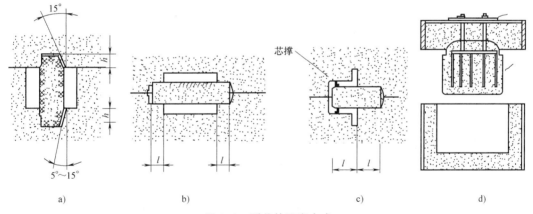

图3.9　型芯的固定方式

a）垂直式型芯　b）水平式型芯　c）悬臂式型芯　d）吊芯

如果铸件的形状特殊，单靠芯头不能使型芯牢固定位，可以采用钢、铸铁等金属材料制成的芯撑加以固定。芯撑在浇注时，和液态金属可以熔合在一起，但影响铸件的致密性。所以，要求承压的铸件或要求密封性好的铸件，不宜采用型芯撑以防渗漏。同时，型芯撑所用材料也应考虑和铸件材料一致。型芯撑表面不允许有锈、油和其他污物。型芯撑的形状是多种多样的（图3.10）力求与铸件支承部位形状、壁厚相一致。

2. 浇注系统

浇注系统是液体金属流入型腔中经过的一系列通道。如果浇注系统设置不合理，铸件易出现气孔、夹渣、砂眼、粘砂、缩孔和缩松、浇不到和冷隔以及变形、裂纹等缺陷。正确设置浇注系统，既能保证铸件质量，也能降低金属材料的消耗，从而降低铸造成本。浇注系统通常由外浇口、直浇道、横浇道和内浇道组成，如图 3.11 所示。

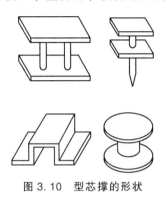

图 3.10　型芯撑的形状

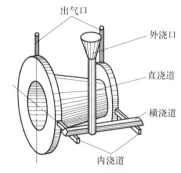

图 3.11　浇注系统

（1）外浇口　又称浇口杯。一般单独制造或直接在铸型中形成，成为直浇道顶部的扩大部分。它的作用是减缓金属液浇入的冲力并分离熔渣。

（2）直浇道　直浇道是浇注系统中的垂直通道，通常带有一定的锥度。利用直浇道的高度产生一定的静压力，使金属产生充型压力。直浇道高度越大，充型压力越大，熔融金属流入型腔的速度越高，就越容易充满型腔的细薄部分。

（3）横浇道　横浇道是浇注系统中的水平通道部分，断面多为梯形。它的主要作用是挡渣。

（4）内浇道　内浇道的作用是控制金属液流入型腔的速度和方向，截面形状一般为扁梯形、月牙形或三角形。

3.2.4　合型

将上型、下型、砂芯、浇口杯等组合成一个完整铸型的操作称为合型，又称合箱。合型是造型的最后一道工序，直接关系铸件的质量。即使铸型和砂芯的质量很好，若合型操作不当，也会产生气孔、砂眼、错箱、偏芯、飞边和跑火等缺陷。

合型工作包括：

1. 合型的步骤

（1）下型芯　下芯前，应先清除型腔、浇注系统和砂芯表面的浮砂，并检验其形状、尺寸是否符合要求，排气道是否通畅，下芯应平稳、准确。

（2）铸型装配　检验下芯后，应用样板对装配尺寸、铸型相对位置及壁厚等进行检查。

（3）将型芯的通气孔与大气连通。

2. 铸型的紧固

熔融金属浇入砂型时，如果金属液对上砂型的浮力超过上型的重量，就会将上型浮起，造成跑火。因此，浇注时必须在上型上安放压铁或用螺杆、卡子等紧固件将砂箱夹紧。

3.2.5　金属的熔炼和浇注

1. 金属的熔炼

熔炼的任务是提供化学成分和温度都适合的金属液。稳定的化学成分可以保证铸件的力学性能和其他使用性能；金属液温度过低，铸件易产生浇不足、冷隔和夹渣等缺陷。金属液温度过高，则导致金属的氧化、烧损，而且铸件易产生气孔、裂纹等缺陷，并降低生产效率，浪费热源。

铸造生产中，使用最多的合金是铸铁，通常用冲天炉或电炉来熔炼。机械零件的强度、韧性要求较高时，可采用铸钢铸造，铸钢的熔炼设备有平炉、转炉、电弧炉以及感应电炉等。有色金属，如铜、铝等合金的熔炼多采用坩埚炉。

2. 浇注

把液体金属浇入铸型的操作称为浇注。浇注不当会产生浇不到、冷隔、跑火、夹渣和缩孔等缺陷。

3.2.6　铸件的落砂、清理和缺陷分析

1. 落砂

从砂型中取出铸件的工作称为落砂。落砂时应注意铸件的温度。落砂过早，铸件温度过高，暴露于空气中急速冷却，易产生过硬的白口组织及形成铸造应力、裂纹等缺陷。但落砂过晚，将过长时间占用生产场地和砂箱，使生产效率降低。一般来说，应在保证铸件质量的前提下尽早落砂，一般铸件落砂温度为 400～500℃。铸件在砂型中合适的停留时间与铸件形状、大小、壁厚及合金种类等有关。形状简单、小于 10kg 的铸铁件，可在浇注 20～40min 后落砂；10～30kg 的铸铁件可在浇注 30～60min 后落砂。

落砂的方法有手工落砂和机械落砂两种，大批量生产采用机械落砂。

2. 清理

落砂后，从铸件上清除表面粘砂和多余的金属等过程称为清理。清理工作主要包括下列内容：

（1）切除浇冒口　铸铁是脆性材料，可用铁锤敲掉浇冒口；铸钢件要用气割切除；有色金属铸件则用锯削切除。大量生产时，可用专用剪床切除。

（2）清除铸件内腔的砂芯和芯骨　可用手工、震动出芯芯机或水力清砂装置去除。水力清砂方法适用于大、中型铸件砂芯的清理，可保持芯骨的完整，便于回收再利用。

（3）粘砂　铸件表面常粘结一层熔融态的砂子，需要清除干净。小型铸件广泛采用滚筒清理、喷丸清理，大、中型铸件可用抛丸室、抛丸转台等设备清理，生产量不大时也可用手工清理。

（4）铸件的修整　它是最后去掉在分型面或芯头处产生的飞边、毛刺和残留的浇、冒口痕迹的操作。一般采用各种砂轮、手凿及风铲等工具进行。

（5）铸件的热处理　由于铸件在冷却过程中难免会出现不均匀和粗大晶粒等组织，同时又难免存在铸造热应力，故清理以后要进行退火、正火等热处理。

3. 铸件缺陷分析

铸造生产中，影响铸件质量的因素很多，有时一种缺陷由多种因素造成，或一种因素可能引起多种缺陷。分析时必须从实际出发，根据具体条件找出产生缺陷的主要原因，采取相应措施，才能有效地防止和消除缺陷。铸件常见缺陷及产生的原因见表 3.2。

表 3.2 铸件常见缺陷及产生的原因

类别	缺陷名称	缺陷特征	产生原因
孔洞	气孔	铸件内部出现的孔洞,常为圆形,孔的内壁较光滑	砂型紧实度过高; 型砂太潮,起模、修型时刷水过多; 砂芯未烘干或通气道堵塞; 浇注系统不正确,气体排不出去
	缩孔	铸件厚截面处出现的形状极不规则的孔洞,孔的内壁粗糙	浇注系统或冒口设置不正确,无法补缩或补缩不足; 浇注温度过高,金属液收缩过大; 铸件设计不合理,壁厚不均匀无法补缩; 合金成分不合理,收缩过大
	缩松	铸件截面上细小而分散的缩孔	
	砂眼	铸件内部或表面带有砂粒的孔洞	型砂强度不够或局部没舂紧、掉砂; 造型时浮砂未吹净; 合型时砂型局部损坏; 浇注系统不合理,冲坏砂型(芯)
	渣眼	孔眼内充满熔渣,孔形不规则	浇注温度太低,熔渣不易上浮; 浇注时没挡住熔渣; 浇注系统不正确,挡渣作用差
表面缺陷	粘砂	铸件表面粘附着一层砂粒和金属的机械混合物,使表面粗糙	砂型舂的太松; 浇注温度过高; 型砂耐火性差
	夹砂	铸件表面有一层突起的金属片状物,表面粗糙,在金属片和铸件之间夹有一层型砂	型砂受热膨胀,表层鼓起或开裂; 型砂湿态强度较低; 砂型局部过紧,水分过多; 内浇口过于集中,使局部砂型烘烤严重; 浇注温度过高,浇注速度太低
形状尺寸不合格	浇不到	铸件未浇满,形状不完整	浇注温度过低; 浇注速度过低或断流; 内浇道截面尺寸过小,位置不当; 未开出气口,金属液流动受型内气体阻碍; 远离浇口的铸件壁过薄
	冷隔	铸件上有未完全融合的缝隙,边缘呈圆角	
	错箱	铸件在分型面处错开	合箱时上、下箱未对准; 定位销或合箱标记不准; 造型时上、下模样未对准
	偏芯	铸件局部形状和尺寸由于型芯位置偏移而变动	型芯变形; 下芯时放偏; 型芯没固定好,浇注时被冲偏
	变形	—	铸件壁厚差太大; 冷却速度不一致; 开箱过早
其他	热裂	铸件裂纹处表面氧化,呈暗蓝色	砂型(芯)退让性差,内应力过大; 浇注系统开设不当,阻碍铸件收缩; 铸件设计不合理,厚薄差别过大
	冷裂	裂纹处表面不氧化,并发亮	

3.3　铸造工艺规程设计的步骤及内容

铸造工艺规程就是企业根据自身的生产条件（如设备能力、原材料供应情况、工人技术水平和生产经验）、生产任务及要求等情况，用文字、表格、图样等说明铸件生产工艺的方法、次序、要求、工艺规范及原材料种类规格等内容，以保证铸件质量的可靠性和稳定性的技术文件，是铸造生产的指导性文件，也是生产准备、生产管理、成本核算和验收的依据。

生产条件不同，铸造工艺规程内容有所不同。单件、小批量生产的一般性产品，铸造工艺可简化，有时只需要一张标注有浇注位置、分型面、浇冒口系统等的铸造工艺图；对于大批量生产的定型产品或者重要的单件产品，铸造工艺应当设计得细致、内容设计要全面，除基本设计内容，还应包括各种工艺装备、造型材料种类、热处理工艺及验收标准等内容。

3.3.1　浇注位置

浇注位置是指浇注时铸件在铸型中的位置，要根据铸件的凝固方式确定浇注位置，以保证铸件质量，避免产生气孔、缩孔、冷隔、浇不足、夹渣等缺陷。浇注位置一般根据以下四个原则确定：

1）铸件的重要表面朝下或侧立。

2）铸件宽大平面朝下。

3）铸件薄壁部位朝下。

4）容易产生缩孔的厚大部位朝上。

3.3.2　分型面

分型面是铸型与铸型之间的接触面，主要作用是分开铸型，便于起模下芯。分型面的正确选择可简化制模、造型、制芯、合型和清理工作，影响浇注系统的开设、机械加工余量和成本。一般根据以下三个原则选择分型面：

（1）保证精度原则　应使铸件全部或大部分位于同一砂箱，尽量避免错箱缺陷，以保证铸件精度。当铸件加工面较多、不可能都与基准面位于同一砂箱时，应尽量使加工的基准面与大部分加工面与分型面同侧。

（2）方便操作原则　分型面一般取最大截面处，以方便起模；型腔及主要型芯位于下箱，以方便下芯、合型和检验时破坏砂型。

（3）工艺简化原则　减少分型面的数量，简化造型操作；分型面应尽量平直，避免曲面分型面；分型面尽量与浇注位置一致，避免合型后翻动铸型。

对于某些铸件，浇注位置和分型面的确定往往难以全面满足上述原则，发生矛盾时，要抓住主要矛盾，在保证铸件质量的前提下，采用简化工艺。如机床立柱、起重机卷扬筒等铸件，采用沿轴线水平分型两箱造型，可简化造型工艺，但圆周面质量要求高，浇注位置要选择立式浇注位置。此生产工艺称为"平做立浇"，既方便造型操作，又能保证铸件的质量。

3.3.3 铸造工艺参数

（1）要求的机械加工余量　在铸件加工表面留出的，准备用机械加工方法去除的金属层厚度，使之达到技术要求的表面特征和尺寸精度而预留的金属余量，称为机械加工余量（RMA）。影响 RMA 的主要因素有合金种类、铸造方法、生产批量、铸件尺寸和精度要求等。

正确选择要求的机械加工余量十分重要。加工余量过大，浪费金属材料和切削加工工时，增加零件成本；加工余量过小，铸件所允许的尺寸偏差超过机械加工余量，切削加工时就不能完全去除铸件表皮，达不到技术要求，可能造成铸件报废；同时，加工余量过小可使刀具切削刃不能深入铸件硬度最高的表层之下，会加快刀具磨损。

铸件的机械加工余量一般用铸件的尺寸公差和要求的机械加工余量代号统一标注在图样上。尺寸公差是允许的铸件尺寸变动量，共分 16 个等级，由精到粗以 CT1～CT16 表示。如铸铁和铸钢的尺寸公差等级：用黏土砂手工造型时，单件、小批量生产为 CT13～CT15 级，大批量生产时为 CT11～CT14 级；砂型铸造机器造型时为 CT8～CT12 级。

对于同一个铸件，不同加工面上要求的机械加工余量数值一般是相同的，即对该铸件上所有需要加工的表面只规定一个值，该值根据最终机械加工后成品铸件（即零件）的最大轮廓尺寸来决定，并按相应的尺寸范围选取。

要求的机械加工余量等级有 A、B、C、D、E、F、G、H、J 和 K，共 10 级。确定铸件的机械加工余量之前，需要先确定机械加工余量等级。铸造合金及铸造方法不同，机械加工余量等级不同。最后，根据已确定的机械加工余量等级和铸件最大轮廓尺寸选取加工余量。

铸件上的孔和槽是否要铸出来，不仅要考虑铸造工艺的可行性，还要考虑必要性和经济性。通常为了节省金属材料，减少机械加工成本，对于尺寸较大的孔和槽、不需要机械加工的孔和槽以及难加工材料铸件上的孔和槽，应尽量直接在铸件上铸出来。如批量生产铸钢件直径为 30～50mm 孔，单件、小批量生产铸钢件直径为 50mm 以上孔可直接铸出来。如孔的同轴度要求比较高，需要机械加工保证精度时，或孔槽深径比较大难以铸造时，就不必铸出。如大批量生产灰铸铁件直径为 12mm 以下孔，铸钢件直径为 30mm 以下孔，可不铸出。

（2）收缩余量　由于合金凝固收缩不但引起合金体积的收缩，而且可以使铸件在尺寸上缩减，因此为了达到铸件尺寸的技术要求，制备模样时，模样尺寸需要放大。收缩余量就是为了补偿铸件收缩，模样尺寸比铸件图样尺寸增大的数值取决于铸件线收缩率。

铸件线收缩率不完全等同于合金本身的线收缩率。铸件的线收缩率不仅与合金种类有关，还与铸件结构和壁厚、铸型退让性及铸型材料导热性能等相关。铸件结构复杂，各部分相互制约，收缩阻力大，铸件收缩率小。铸型退让性好，铸件收缩率增大。此外，浇冒口、芯骨、箱带等都会阻碍铸件的收缩。

（3）起模斜度　为使模样容易从铸型中取出或型芯自芯盒中脱出，在模样或芯盒平行于起模方向的壁上设置的斜度，称为起模斜度。起模斜度取决于造型（芯）方法、模样材料、垂直壁高度及表面粗糙度，通常为 15′～3°。立壁越高，起模斜度越小。铸件加工表面和薄壁非加工表面的起模斜度按照增加壁厚法确定；当非加工表面壁厚足够大时，可按减少壁厚法确定；当铸件在起模方向上具有足够的结构斜度时，不再增加起模斜度。

3.4 特种铸造及铸造新工艺

与砂型铸造不同的其他铸造方法统称为特种铸造。特种铸造方法很多，而且各种新方法还在不断出现。

3.4.1 熔模铸造

熔模铸造是用易熔材料（如蜡料）制成模样，在模样上包覆若干层耐火涂料，制成型壳，加热熔化蜡模，倒出液态蜡料，型壳经高温焙烧净化处理，同时提高强度，然后浇注获得铸件的方法，又称失蜡铸造。

图 3.12 所示为叶片的熔模铸造工艺过程示意图。先在压型中做出单个蜡模（图 3.12a），再把单个蜡模焊到浇注系统蜡模上（统称为蜡模组，图 3.12b）。随后在蜡模组上分层涂挂涂料及撒上石英砂，并硬化结壳（图 3.12c）。熔化蜡模，得到型壳（图 3.12d）。壳型经高温焙烧去掉杂质后埋于砂箱内浇注（图 3.12e）。冷却后，将型壳打碎取出铸件。

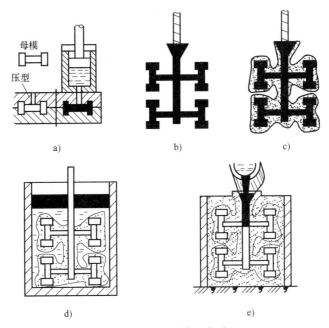

图 3.12 熔模铸造工艺过程

a）压制蜡模 b）蜡模组 c）结壳 d）脱蜡 e）浇注

熔模铸造的特点及应用：

1）铸件的精度和表面质量高。由于熔模铸造所用的蜡模尺寸精确，表面光洁，型腔无分型面，所以铸件的尺寸精度较高，表面粗糙度值较小。尺寸公差等级一般可达 IT11 ~ IT14，表面粗糙度 Ra 值可达 6.3 ~ 2.5μm。

2）可生产各类金属材料的铸件。由于可选用高级耐火材料制型壳，所以许多高熔点的合金铸件都可以用熔模铸造法制造。

3）可制造形状较复杂的铸件。铸出孔的最小直径为 0.5mm，铸件最小壁厚可达

0.3mm，对由几个零件组成的复杂部件，适于用熔模铸造整体铸出。

4）生产批量不受限制。中、小批量或大批量均可，特殊需要时也可单件生产。在大批量生产条件下，可采用机械化流水作业。

5）工艺过程较复杂，生产周期长，铸件成本高。受蜡模和型壳强度、刚度的限制，铸件不宜过大，多用于小型零件（从几十克到几千克），一般不超过25kg。

熔模铸造是少、无切削加工工艺的方法之一，在机械制造业中，对于形状复杂、机械加工困难的零件，可考虑熔模铸造。目前应用最多的是生产碳钢和合金钢铸件，如汽轮机叶片、泵的叶轮，切削刀具、仪表元件、汽车、拖拉机、机床和风动工具上的小型零件等。

3.4.2 金属型铸造

在重力作用下把金属液浇入金属型而获得铸件的方法称为金属型铸造。一般金属型用铸铁或耐热钢制成，结构如图 3.13 所示。

金属型铸造的特点和应用：

1）生产效率高。金属型铸造实现了一型多铸，一个铸型可以做几百个甚至几万个铸件。从而大大提高了生产效率，改善了劳动条件，并且易于实现机械化和自动化生产。

2）金属型内腔表面光洁，刚度大，因此铸件精度高、表面质量好。

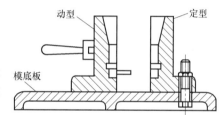

图 3.13 金属型铸造结构

3）金属型导热快，铸件冷却速度快，凝固后晶粒细小，其力学性能得到显著提高。

但是金属型铸造的制造成本高，生产周期长。同时，铸造工艺要求严格，否则容易出现浇不足、冷隔、裂纹等铸造缺陷，而灰铸铁件还容易产生白口组织。此外，金属型铸件的形状和尺寸还有一定的限制，不宜生产大型、薄壁和形状复杂的铸件。

3.4.3 压力铸造

压力铸造简称压铸。它是在高压下（5~150MPa）将液态或半液态合金快速压入金属铸型中，并在压力下凝固，以获得铸件的方法。它是现代金属加工中发展较快、应用较广的一种少、无切削工艺方法。

用于压力铸造的机器称为压铸机。压铸机的种类很多，其生产工艺过程如图 3.14 所示。

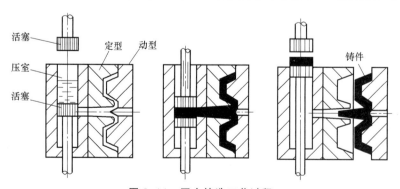

图 3.14 压力铸造工艺过程

压力铸造的特点与应用：

1）高压和高速充型是压力铸造的最大特点，它可以铸出形状复杂、轮廓清晰的薄壁铸件，如铝合金压铸件的最小壁厚可为 0.5mm，最小铸出孔直径为 0.7mm。

2）铸件的尺寸精度高（公差等级可达 IT11～IT13），表面质量好（表面粗糙度值 Ra 为 5.6～3.2μm），一般无需机械加工可直接使用；而且组织细密，铸件强度高。

3）压铸件中可嵌铸其他材料（如钢、铁、铜合金、金刚石等）的零件，以节省贵重材料和机械加工工时，有时嵌铸还可以代替部件的装配过程。

4）生产效率高，劳动条件好。压力铸造是所有铸造方法中生产效率最高的。

压力铸造的不足之处主要是：压铸机造价高、投资大，压铸型结构复杂，制造费用高，生产周期长，而且因工作条件恶劣易损坏。由于液态金属高速充型，型腔内的气体很难排除，厚壁处的收缩也很难补缩，使铸件内部常有气孔和缩松。因此，压铸件不宜进行较大余量的切削加工，以防孔洞外露。同样热处理加热时孔内气体膨胀将导致铸件表面的起泡，所以压铸件不能用热处理方法来提高性能。需要注意的是，随着黑色金属压铸、真空压铸、加氧压铸的出现和发展，以及可溶型芯、超声波等新工艺在压铸上的应用，不仅扩大了压铸的生产范围，也使压铸的某些缺点有了克服的可能性。

目前，压力铸造已在航空、兵器、仪表、车辆、计算机等制造业得到了广泛应用，如气缸体、箱体、喇叭外壳等铝、镁、锌合金铸件的生产。

3.4.4　离心铸造

离心铸造是将金属液浇入旋转的铸型中，然后在离心力的作用下，凝固成形的铸造方法，其原理如图 3.15 所示。离心铸造一般都是在离心机上进行。铸型多采用金属型，可以围绕垂直轴旋转，也可以围绕水平轴旋转。立式离心铸造机宜于生产盘类件，卧式离心铸造机宜于生产管套类零件。

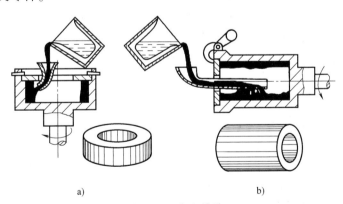

a) b)

图 3.15　离心铸造

离心铸造具有以下特点：

1）铸件在离心力的作用下凝固，组织细密，无缩孔、气孔、渣孔等缺陷，铸件的力学性能较好。

2）铸造圆形中空的铸件可以不用砂芯。

3）不需要浇注系统，提高了金属液的利用率。

4）内孔尺寸不精确，非金属夹杂物较多，增加了内孔的加工余量。

5）易产生比重偏析，不宜铸造比重偏析大的合金，如铅青铜。

离心铸造常用于铸造铸铁管、钢辊筒、铜套，也可用来铸造成形铸件。

3.4.5 实型铸造

实型铸造又称消失模铸造或汽化模铸造。其原理是用泡沫塑料制作的模样代替木模和金属模样，造型后不取出模样，当浇入高温金属液时泡沫塑料模样因燃烧、汽化而消失，金属液填充占据原来模样所具有的空间位置，凝固冷却后即获得铸件（如图3.16所示）。

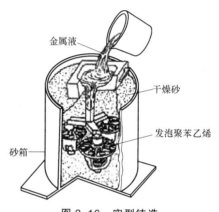

图3.16 实型铸造

实型铸造的型砂有以水玻璃或树脂为黏结剂的自硬砂和无黏结剂的干石英砂。目前应用较为普遍的是无黏结剂干石英砂造型法。先在砂箱中填入部分干砂，然后放入刷过涂料并烘干的泡沫塑料模样，继续在砂箱中填满干砂，填砂的同时进行微震，获得具有一定紧实度的铸型。在砂箱上安放带有孔洞的压板和压铁并安装浇口杯，接负压系统（为提高型砂的强度，通常在真空下浇注），浇注金属液，待铸件凝固冷却后，即可落砂取出铸件。

实型铸造具有以下特点：

1）由于铸型没有分型面，省去起模和修型工序，便于制出凸台、法兰、筋条、吊钩等在普通砂型铸造中需要活块（或型芯）的结构，从而可简化造型工艺，降低劳动强度。

2）加大了铸件结构的自由度，简化了铸件结构和工艺设计。

3）铸件尺寸精度优于普通砂型铸造。铸件无飞边毛刺，减轻了清理工作量。

4）泡沫塑料模汽化产生的烟雾，对生产环境有一定的影响。

5）生产大尺寸的铸件时，由于模样易变形，须采取适当的防变形措施。

实型铸造适用范围较广，几乎不受铸造合金、铸件大小及生产批量限制，尤其适用于形状复杂件。如模具、气缸体、管件、曲轴、叶轮、壳体、艺术品、床身、机座等。近年来，已在此基础上发展出磁型铸造、实型负压造型、实型精密铸造等新工艺。

复习思考题

1. 什么是铸造？有什么特点？用于铸造的金属有哪些？

2. 型砂应具备哪些性能？这些性能如何影响铸件的质量？

3. 芯头的作用是什么？型芯有几种固定方法？

4. 砂型铸造包括哪些主要工序？

5. 浇注系统由哪几部分组成？

6. 试述整体模造型的操作过程。

7. 常用的手工造型方法有哪些？常用的特种铸造方法有哪些？

8. 型（芯）砂的主要组成及作用是什么？

9. 什么是分型面？选择分型面时应考虑哪些问题？

10. 手工造型时，型砂春得过紧或过松，铸件易产生什么缺陷？

11. 铸造清理包括哪些主要工作？

12. 造型芯时放置芯骨与蜡线的作用是什么？

13. 型砂中加入煤粉与木屑的作用是什么？

14. 模样、铸造以及最后加工得到的零件三者之间，形状和尺寸上有何区别？

15. 什么是浇注位置，选择浇注位置应考虑哪些原则？

16. 简述铸造工艺参数的内容。

17. 铸件为什么要确定要求的机械加工余量？

18. 铸件上的孔和槽是否应该铸出来？

19. 铸件的线收缩率是否是合金的线收缩率？为什么？

20. 什么是起模斜度？铸件加工表面和非加工薄壁表面应怎样设计起模斜度？

第4章

锻压成形

4.1　概述

锻压是对金属坯料施加外力，使之产生塑性变形，从而改变尺寸、形状并同时改善性能，制造出机器零件、工具或毛坯的加工方法，是锻造和冲压的总称。

金属的锻造一般是在加热状态下，将金属坯料放在锻造设备的砧铁与模具之间，施加冲击力或静压力获得毛坯或零件的方法。同铸造相比，锻造过程中，金属因经历塑性变形而使其内部组织更加致密、均匀，回复与再结晶使得晶粒细化，力学性能得到一定程度的改善。但由于锻造是在固态下进行的，因此，同铸件相比，锻件的形状不能过于复杂，且加工余量较大，金属材料的利用率较低。因此，锻件主要用于承受重载和冲击载荷的重要机器零件和工具的毛坯，如机床主轴、齿轮、连杆、曲轴、刀具、锻模等。

冲压是利用冲模使金属板料产生塑性变形或分离，而获得零件或毛坯的工艺方法。冲压加工的板料厚度通常在 $1\sim2\,mm$ 以下，一般在常温下进行，习惯称为冷冲压。金属冷变形时内部晶粒破碎，晶格扭曲，产生加工硬化现象，即引起金属的强度、硬度提高，塑性、韧性下降。因此，冲压件具有刚性好、重量轻、尺寸精度和表面质量高等特点，在各类机械、仪器仪表、电子器件、电工器材以及家用电器、生活用品制造中占有重要地位。

4.2　锻造生产过程

锻造生产主要过程为：坯料加热→受力成形→冷却→热处理。

4.2.1　坯料加热

1. 锻造性能

金属的锻造性能是指金属承受锻造成形的能力，通常用塑性与变形抗力这两个性能指标来衡量。塑性是金属产生不能自行恢复其原始形状与尺寸的变形且不破坏的能力；变形抗力是金属抵抗外力作用的能力。金属塑性越高，变形抗力越低，锻造性能越好，越有利于塑性成形。纯金属都有良好的锻造性能，如铜、铝等有色金属是常用的锻造材料；钢的含碳量及合金元素的含量越低，锻造性能越好，如低碳钢、中碳钢及低合金钢具有良好的锻造性能；铸铁属于脆性材料，不能进行锻压加工，则不能采用锻造的方法成形。

通常锻造前要对坯料进行加热，使坯料在一定的变形温度下成形，其目的就是提高坯料的塑性，降低变形抗力，改善锻造性能，使金属材料可以在较小的锻打力作用下产生较大的变形而不破裂。

2. 锻造温度范围

锻造温度范围是指始锻温度和终锻温度之间的温度间隔。始锻温度是金属开始锻造的温度，其选择的原则应是在加热过程中不产生过热和过烧的前提下，取上限；终锻温度是金属停止锻造的温度，其选择原则应是保证金属具有足够的塑性变形能力的前提下，取下限。这样才可以使金属材料具有较大的锻造温度范围，有充裕的变形时间来完成一定的变形量，减少加热次数，降低能源及材料损耗，提高生产效率，并且可以避免金属材料变形过程中产生锻裂和损坏设备等现象。

常用钢材的锻造温度范围见表4.1。

表 4.1 常见钢材的锻造温度范围

种类	始锻温度	终锻温度	种类	始锻温度	终锻温度
碳素结构钢	1200~1250	800	高速工具钢	1100~1150	900
合金结构钢	1150~1200	800~850	耐热钢	1100~1150	800~850
碳素工具钢	1050~1150	750~800	弹簧钢	1100~1150	800~850
合金工具钢	1050~1150	800~850	轴承钢	1080	800

3. 加热设备

按热源的不同，锻造加热炉分为火焰加热炉和电加热炉两大类。

常用的火焰加热炉有手锻炉、反射炉（图4.1）、室式炉，常用燃料有烟煤、焦炭、重油、煤气等。手锻炉、反射炉以烟煤、焦炭为燃料，温度控制较难，炉料氧化、脱碳现象严重，环境污染严重，正逐步淘汰。室式炉（图4.2）以重油、煤气等为燃料，炉体结构简单、紧凑，热效率高，对环境污染小。

电加热炉有电阻加热炉（图4.3）、接触电加热炉和感应加热炉等，具有加热速度快，温度控制准确，氧化、脱碳现象少，易于实现机械化和自动化。

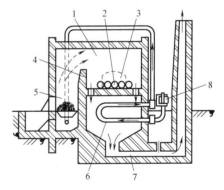

图 4.1 反射炉

1—加热室 2—坯料 3—炉门
4—火墙 5—燃烧室 6—换热
器 7—烟道 8—鼓风机

但电加热炉设备费用较高，电能消耗大，适用于规格品种变化小的锻件的大批量生产。

4. 加热缺陷

（1）氧化 加热时，金属坯料表层与高温的氧化性气体，如氧气、二氧化碳、水蒸气等发生化学反应，生成氧化皮，称为氧化，氧化皮的重量称为烧损量。每加热一次（称为一个火次），就会产生一定的烧损量。加热方法不同，烧损量不同。

（2）脱碳 由于钢是铁元素与碳元素组成的合金，在加热时，碳元素与炉气中的氧或氢元素发生化学反应而烧损，使金属表层碳含量降低，这种现象称为脱碳。脱碳会使金属表层的强度和硬度降低，影响锻件质量，如果脱碳层过厚，会导致锻件报废。

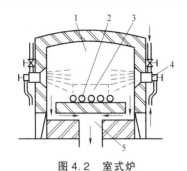

图 4.2　室式炉

1—炉膛　2—坯料　3—炉门　4—喷嘴　5—烟道

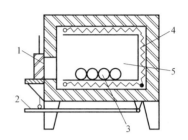

图 4.3　箱式电阻加热炉

1—炉门　2—踏杆　3—坯料　4—电阻丝　5—炉膛

（3）过热　坯料的加热温度超过始锻温度，或在始锻温度下保温时间过长的情况下，金属的内部显微组织会长大变粗，这种现象称为过热。过热组织的力学性能差，塑性降低，脆性增加，锻造时容易产生裂纹。矫正过热组织的方法是热处理（调质或正火），也可以采用多次连续锻打使晶粒细化。

（4）过烧　坯料加热温度超过始锻温度过多，或已产生过热的坯料在高温下保温时间过长，就会造成晶粒边界的氧化和晶界处低熔点杂质的熔化，使晶粒之间可连接力降低，这种现象称为过烧。产生过烧的坯料是无法挽回的废品，锻打时，坯料会像煤渣一样碎裂，碎渣表面呈灰色氧化状。

（5）加热裂纹　尺寸较大的坯料，或高碳钢、高合金钢坯料（导热性差），在加热时，如果升温过快，或装炉温度过高，会导致坯料各部分之间存在较大的温差，产生热应力，而此时高温下材料抗拉强度较低，而产生裂纹。因此加热大的坯料，或高碳钢、高合金钢坯料时要严格遵守加热规范（装炉温度、加热速度、保温时间等）。

4.2.2　锻件的冷却

空冷：碳素结构钢和低合金结构钢的中小型锻件，锻后可散放于干燥的地面上，在无风的空气中冷却，此法冷却速度较快。

坑冷：大型结构复杂件或高合金钢锻件，锻后一般放于有干砂、石棉灰或炉灰的坑内，或堆落在一起冷却，此法冷却速度较慢，可避免冷却速度较快而导致表层硬化，难以进行后序切削加工，也可避免锻件内外温差过大而产生的裂纹。

炉冷：锻件锻造成形后在 500~700℃ 的加热炉内随炉缓慢冷却，此法冷却速度最低，适合于要求较高的锻件。

4.2.3　热处理

锻件成形后，切削加工之前一般都要进行一次热处理。热处理的主要目的是消除锻造残余应力，降低锻件硬度，以便于切削加工，同时还可以细化、均匀内部组织。常用的热处理方法有正火、退火等，具体的热处理方法和工艺要依据锻件的大小、材料种类及形状复杂程度确定。

4.3 自由锻

自由锻是采用通用工具或在锻造设备的上、下砧之间使坯料变形，从而获得所需几何形状及内部质量的锻件的加工方法，坯料受力变形时，沿变形方向可以自由流动，不受限制。根据对坯料施加外力性质的不同，自由锻分为锻锤和液压机两大类。锻锤产生冲击力使坯料变形，由于能力有限，只能锻造中、小锻件。大型锻件只能在水压机上进行。另外，重要锻件和特殊钢的锻造主要以改善内部质量为主。

4.3.1 自由锻工具与设备

1. 工具

自由锻工具种类很多，按用途可分为：①支持工具：如铁砧（图4.4）；②打击工具：如大锤、手锤、平锤等（图4.5）；③成形工具：如冲子、摔子等（图4.6）；④夹持工具：如钳子（图4.7）等；⑤量具：如直尺、卡钳等（图4.8）。

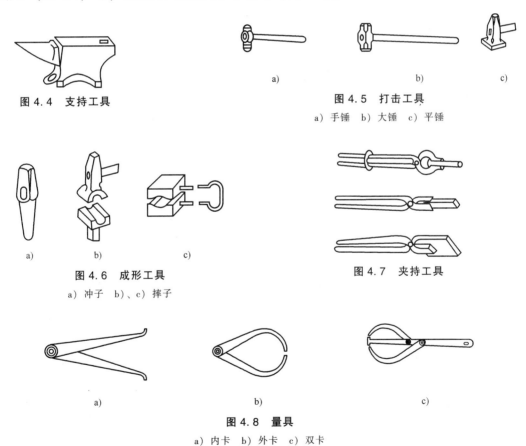

图4.4 支持工具

图4.5 打击工具
a）手锤 b）大锤 c）平锤

图4.6 成形工具
a）冲子 b）、c）摔子

图4.7 夹持工具

图4.8 量具
a）内卡 b）外卡 c）双卡

2. 设备

自由锻设备主要有空气锤、蒸汽空气锤、水压机。

空气锤由锤身、压缩缸、工作缸、传动机构、操纵机构、落下部分及砧座等几个部分组成。锤身和压缩缸及工作缸铸造为一体。传动机构包括电动机、减速机构及曲柄、连杆等。操纵机构包括手柄（或踏杆）、旋阀及连接杠杆。落下部分包括工作活塞、锤杆、锤头和上抵铁等。落下部分的重量也是锻锤的规格参数。例如，150kg 空气锤表示落下部分的重量为 150kg 的空气锤。空气锤的结构及工作原理如图 4.9 所示。

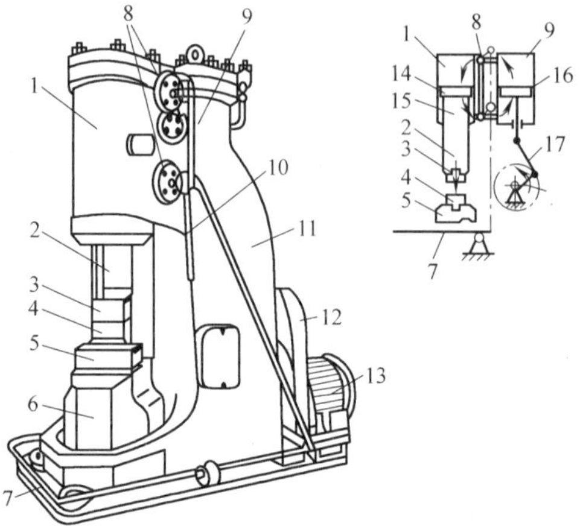

电动机通过传动机构带动压缩缸内的压缩活塞作上下往复运动，将空气压缩，经过旋阀压入工作缸的上部或下部，推动工作活塞向下或向上运动；通过踏杆或手柄操纵旋阀，可实现空转、锤头上悬、锤头下压、连续打击、单次打击等动作。

图 4.9　空气锤的结构及工作原理

1—工作缸　2—锤头　3—上抵铁　4—下抵铁
5—砧铁　6—砧座　7—踏杆　8—旋阀
9—压缩缸　10—手柄　11—锤身　12—减速
机构　13—电动机　14—工作活塞　15—锤
杆　16—压缩活塞　17—连杆

4.3.2　自由锻工序

1. 基本工序

基本工序是实现锻件变形的基本成形工序，包括镦粗、拔长、冲孔、弯曲、切割、扭转、错移等。

（1）镦粗　镦粗是使坯料的横截面积增大、高度减小的锻造工序，分整体镦粗和局部镦粗，如图 4.10 所示。其操作要点如下：

1）坯料的原始高度 H_0 与直径 D_0 之比应小于 3（局部镦粗时，漏盘以上的镦粗部分的高径比也应小于 3）。若高径比过大，易发生镦弯现象，矫正方法如图 4.11 示。

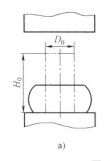
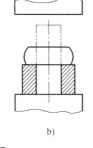

图 4.10　镦粗

a）整体镦粗　b）局部镦粗

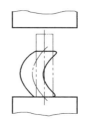
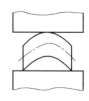

图 4.11　镦弯矫正方法

2）锤击力不足时，易产生双鼓形，若未及时纠正而继续变形，将导致折叠，使坯料报废，如图 4.12 所示。

3）坯料的端面应与轴线垂直，否则易镦歪。

4）局部镦粗时，应选择或加工合适的漏盘。漏盘要有一定的斜度（倾斜角为 5°~7°），且其上口部位应采取圆角过渡，以便于取出锻件。

5）坯料镦粗后，利用余热进行滚圆修整。滚圆修整时，坯料轴线与抵铁表面平行，要一边轻轻锤击，一边滚动坯料。

（2）拔长 拔长是使坯料长度增加、横截面积减小的锻造工序。操作要点如下：

1）拔长时，工件每次向砧铁上送进量 L 应为砧坯料宽度 B 的 0.3~0.7 倍。送进量过大，会降低拔长效率；送进量过小，易产生折叠。如图 4.13 所示。

2）拔长时，每次的压下量不宜过大，否则会产生夹层。

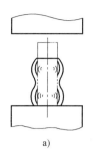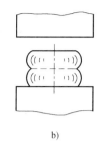

图 4.12 双鼓形和折叠

a）双鼓形 b）折叠

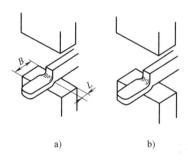

图 4.13 送进量

a）送进量合适 b）送进量太大，拔长效率低 c）送进量太小，产生夹层

3）拔长过程中，要不断翻转锻件，保证各部分温度均匀。翻转方法如图 4.14 所示，分别适合于拔长大型锻件或质量较轻的阶梯轴类锻件。

4）无论锻件的原始坯料截面和最终截面形状如何，拔长变形应在方形截面下进行，以避免中心出现裂纹，并提高拔长效率，拔长顺序如图 4.15 所示。

5）拔长后应进行修整，提高锻件的表面质量与尺寸精度，送进方向为抵铁长度方向。方形、

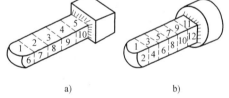

图 4.14 翻转方法

a）拔长大型锻件 b）拔长轻型锻件

矩形截面锻件在砧子上修整，圆形截面锻件在摔子上修整，如图 4.16 所示。

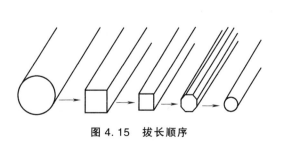

图 4.15 拔长顺序

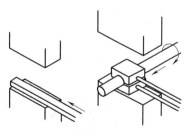

图 4.16 修整

（3）冲孔 冲孔是在坯料上锻出孔的锻造工序，分为单面冲孔（图 4.17）和双面冲孔（图 4.18），操作要点如下：

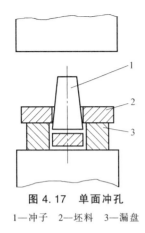

图 4.17　单面冲孔

1—冲子　2—坯料　3—漏盘

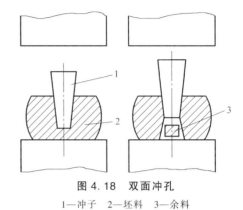

图 4.18　双面冲孔

1—冲子　2—坯料　3—余料

1）直径小于 25mm 的孔一般不冲。

2）为保证孔位正确，应先试冲，即先用冲子压出孔位的凹痕。为顺利拔出冲头，可在凹痕上撒一些煤粉，同时经常冷却冲头。

3）冲孔前坯料必须先镦粗，以减少冲孔深度，使端面平整，防止将孔冲斜。双面冲孔时，先将冲头冲至约坯料高度的 2/3 深度，翻转坯料后将孔冲通，可避免孔的周围冲出毛刺。

4）冲较大的孔时，要先用直径较小的开孔冲头冲出小孔，然后再用直径较大的冲头逐步将孔扩大到所要求的尺寸（图 4.19），或在心轴上扩孔（图 4.20）。

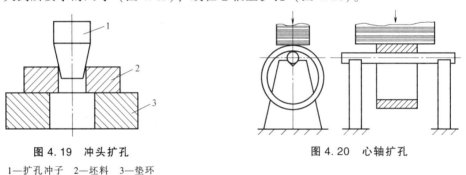

图 4.19　冲头扩孔

1—扩孔冲子　2—坯料　3—垫环

图 4.20　心轴扩孔

（4）弯曲　采用工模具将毛坯弯成一定角度或弧度的工序，有角度弯曲（图 4.21）和成形弯曲（图 4.22）。弯曲主要用于锻造各种弯曲类零件，如起重机吊钩、弯曲轴杆、链环等。需要注意的是，弯曲时只需在受弯部位加热坯料，但要进行弯曲部位的局部镦粗，并修出台肩，在被拉伸部分留出一定的多余金属，弥补弯曲后断面形状改变的需要。

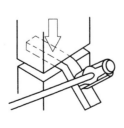

图 4.21　角度弯曲

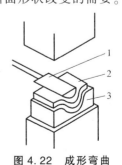

图 4.22　成形弯曲

1—成形压铁　2—坯料　3—成形垫铁

（5）切割 切割是分割坯料或切除锻件余料的工序。步骤是先将剁刀（图4.23）垂直切入工件，快要断开时翻转工件，再用剁刀或克棍（图4.24）截断，其过程如图4.25所示。需要注意的是，切割圆形工件时，需要带有凹槽的剁垫（图4.26）。切割后残留在毛坯端面上的毛刺，应在较低温度下及时去除，以免锻造时锻件内部产生夹层缺陷。

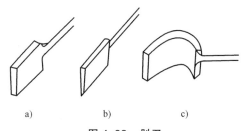

图4.23 剁刀

a）剁刀 b）单面剁刀 c）成形剁刀

图4.24 克棍

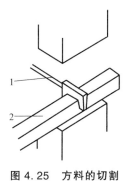

图4.25 方料的切割

1—剁刀 2—工件

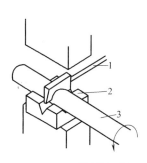

图4.26 圆料的切割

1—剁刀 2—剁垫 3—工件

（6）扭转 扭转是在保持坯料轴线方向不变的情况下，将坯料的一部分相对于另一部分扳转一定角度的工序（图4.27）。操作时应注意受扭部分沿全长横截面积要均匀一致，表面光滑无缺陷，面与面的相交处要有圆角过渡，以免扭裂。扭转工序主要应用于锻造曲轴、麻花钻、地脚螺栓等。

（7）错移 错移是将坯料的一部分轴线相对于另一部分轴线平行错开的工序，用于锻造曲轴类零件。错移前应先在错移部位压肩，错移后还要进行修整。

2. 辅助工序

坯料预先产生少量变形以方便后续加工的工序，如倒棱、压钳口等，如图4.28所示。

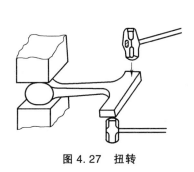

图4.27 扭转

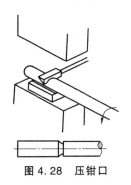

图4.28 压钳口

3. 精整工序

精整工序为进一步修整锻件的形状和尺寸，消除表面凸凹不平，矫正弯曲和扭转等缺陷的工序，如滚圆、摔圆、平整、校直等。

4.3.3　典型自由锻锻件生产工艺实例

1. 齿轮锻件的自由锻工艺过程（表4.2）

表4.2　齿轮锻件的自由锻工艺过程

锻件名称	齿轮	工艺类别	自由锻
材料	45	设备	1t 锤
加热火次	1	锻造温度范围/℃	800~1200

锻件图	坯料图
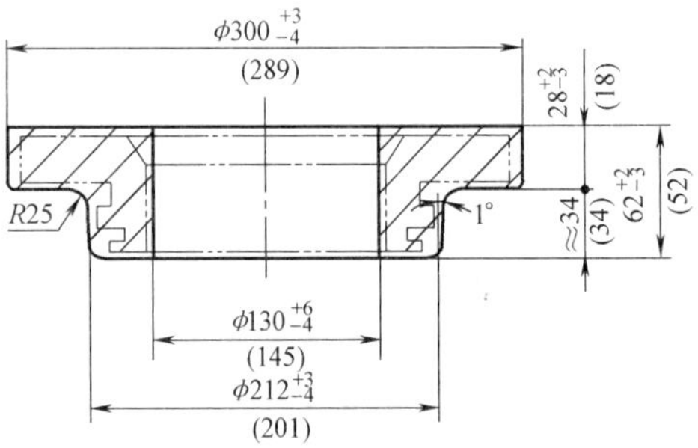	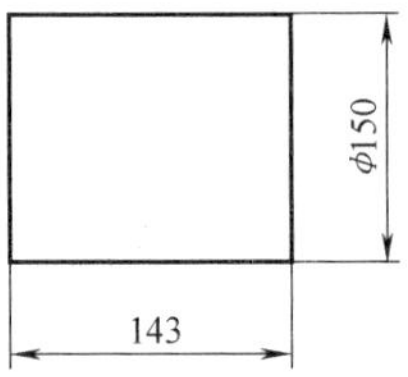

序号	工序名称	工艺简图	使用工具	
1	局部镦粗	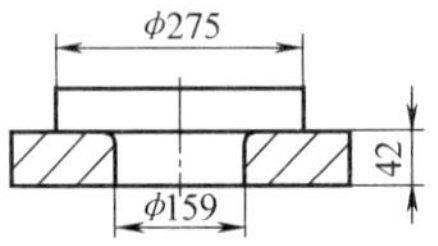	漏盘	
2	冲孔	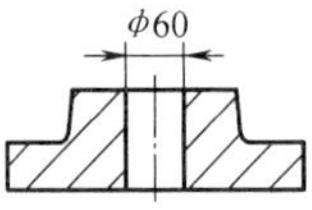	冲子	
3	扩孔	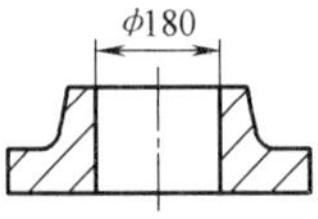	冲子	
4	修整			

2. 5t 吊钩锻件的自由锻工艺过程（表4.3）

表4.3　5t 吊钩锻件的自由锻工艺过程

锻件名称	5t 吊钩	工艺类别	自由锻
材料	20	设备	1t 锤
加热火次	3	锻造温度范围/℃	800~1200

（续）

锻件图	坯料图

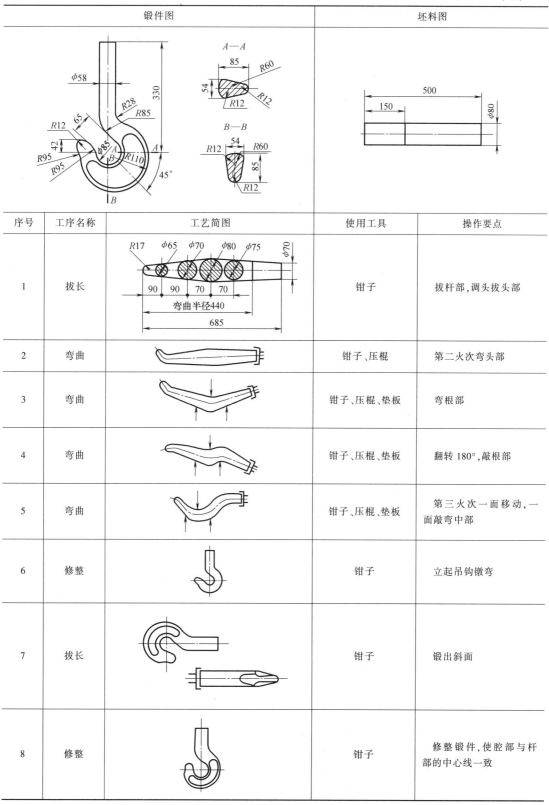

序号	工序名称	工艺简图	使用工具	操作要点
1	拔长		钳子	拔杆部,调头拔头部
2	弯曲		钳子、压棍	第二火次弯头部
3	弯曲		钳子、压棍、垫板	弯根部
4	弯曲		钳子、压棍、垫板	翻转180°,敲根部
5	弯曲		钳子、压棍、垫板	第三火次一面移动,一面敲弯中部
6	修整		钳子	立起吊钩镦弯
7	拔长		钳子	锻出斜面
8	修整		钳子	修整锻件,使腔部与杆部的中心线一致

4.4 模锻与胎模锻

4.4.1 模锻

将坯料加热后放在上、下锻模的模腔内，施加冲击力或静压力，使坯料在模腔所限制的空间产生塑性变形，从而获得锻件的锻造方法称为模锻。

模锻如图 4.29 所示。由专用的模具钢加工制成，具有较高的红硬性、耐磨性和耐冲击性。模腔内所有与分模面相垂直的表面都有 5°~10° 的模锻斜度，其作用是利于锻件出模。并且所有面与面之间的交角都要加工成圆角，以利于金属充满模腔、防止应力过大使模腔开裂。模腔的边缘还设计有飞边槽，飞边槽有桥部与仓部两部分构成，如图 4.30 所示，桥部设计较浅，增大阻力，促进金属流动充满模腔，仓部可容纳下料时考虑烧损量及冲孔损失、估计误差所造成的多余金属。带孔的锻件不可能将孔直接锻出，要留有一定厚度的冲孔连皮。冲孔连皮与飞边可在锻件成形后切除。

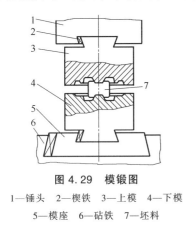

图 4.29　模锻图

1—锤头　2—楔铁　3—上模　4—下模

5—模座　6—砧铁　7—坯料

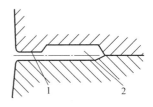

图 4.30　飞边槽

1—桥部　2—仓部

模锻可以在多种设备上进行。常用的模锻设备有蒸汽-空气模锻锤、曲柄压力机、摩擦压力机、平锻机、液压机等。其中在蒸汽-空气锤上的模锻应用最广，又称为锤上模锻。

模锻的生产效率和锻件的精度比自由锻高，但模具制造成本高，周期长，锻锤的打击力要求高，因此模锻只适合大批量生产。

4.4.2 胎模锻

胎模锻是介于自由锻和模锻之间的一种锻造方法，即在自由锻锤上用简单的模具生产锻件的一种常用的锻造方法。胎模锻时模具不固定在锤头或砧座上，根据锻造过程的需要，可以随时放在下抵铁上，或者取下。

胎模分为扣模、套筒模和合模。分别如图 4.31、图 4.32、图 4.33 所示。

胎模锻的模具制造简单方便，在自由锻锤上即可进行锻造，不需要模锻锤，在提高了锻件精度与复杂程度的基础上，提高了生产效率，在中小批量的锻造生产中应用广泛。但由于劳动强度大，胎模锻只适用于小型锻件的生产。

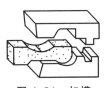

图 4.31　扣模

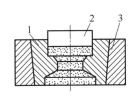

图 4.32　套筒模

1—镶块　2—冲头　3—模筒

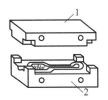

图 4.33　合模

1—上模　2—下模

4.5　板料冲压

通过模具使板料产生分离或变形，从而获得一定形状、尺寸和性能的零件或毛坯的加工方法，分为冷冲压和热冲压（$\delta > 8mm$）。

4.5.1　板料冲压的特点和应用

板料冲压具有如下特点：

1）可生产形状复杂的薄壁件。

2）冲压件精度高，表面质量好，质量稳定，互换性好，不需要进一步加工。

3）冲压生产效率高，成本低，易实现机械化和自动化。

4）冲压件具有质量轻、强度高、刚度大的显著特点。

5）冲压用模具制造费用大，周期长，仅适用于大批量生产。

板料冲压的应用范围非常广，特别适合于制造中空的杯状产品。

4.5.2　冲压设备

冲压生产中，为了适应不同的工作情况，采用各种不同类型的压力机。根据压力机的传动方式、产生压力的方法、结构形式及使用性质不同，压力机主要有：曲柄压力机、摩擦压力机、多工位自动压力机、冲压液压机、冲模回转头压力机、高速压力机、精密冲裁压力机和电磁压力机等。其中曲柄压力机种类较多，可适用于一种或多种冲压工序，应用广泛。

曲柄压力机常按用途和特点命名，有通用压力机、拉深压力机、专用压力机、精冲压力机、精压机和高速压力机。冲床型号根据有关标准分为一列九组。主要的列组如表 4.4 所示。

表 4.4　压力机主要列组

组	列					
	1	2	3	4	5	9
	单柱偏心压力机	开式双柱压力机	闭式曲轴压力机	拉延压力机	摩擦压力机	专用压力机
1	单柱固定台式	开式双柱台式	闭式单点压力机	闭式单动拉延压力机	圆盘式摩擦压力机	分度台压力机
2	单柱活动台式	开式双柱活动台式	闭式侧滑块压力机	—	单盘式摩擦压力机	冲模回转头压力机

（续）

组	列					
	1	2	3	4	5	9
	单柱偏心压力机	开式双柱压力机	闭式曲轴压力机	拉延压力机	摩擦压力机	专用压力机
3	单柱柱形台式	开式双柱可倾式	—	开式双动拉延压力机	双盘式摩擦压力机	—
4	单柱台式	开式转台式	—	底传动双动拉延机	三盘摩擦压力机	—
5	—	开式双点压力机	—	闭式双动拉延机	上移动式摩擦压力机	—
6	—	—	闭式双点压力机	闭式双点双动拉延机	—	—
7	—	—	—	闭式双点四动拉延机	—	—
8	—	—	—	闭式三动压延机	—	—
9	—	—	闭式四点式	—	—	—

压力机的型号编排及各符号代表的意义举例如下：

型号为 JA31-160A 型闭式单点压力机，型号的意义是：

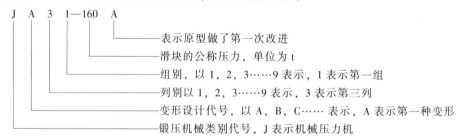

J A 3 1—160 A

表示原型做了第一次改进
滑块的公称压力，单位为 t
组别，以 1，2，3……9 表示，1 表示第一组
列别以 1，2，3……9 表示，3 表示第三列
变形设计代号，以 A，B，C…… 表示，A 表示第一种变形
锻压机械类别代号，J 表示机械压力机

4.5.3　板料冲压的基本工序

板料冲压的基本工序一般分为两大类：分离工序和成形工序。

1. 分离工序

1）冲裁。分为落料和冲孔。落料是将材料以封闭的轮廓分离开，得到平整的零件，剩余的部分为废料（图 4.34）。冲孔是将零件内的材料以封闭的轮廓分离开，冲掉的部分是废料（图 4.35）。

图 4.34　落料

图 4.35　冲孔

2）剪切。剪切是将材料以敞开的轮廓分离，得到平整的零件，如图 4.36 所示。

3）切口。切口是将零件以敞开的轮廓分离开，但仍保持为一个整体，而不是两部分。如图 4.37 所示。

4）切边。切边是将平的、空心的或立体实心件多余外边切掉，如图4.38所示。

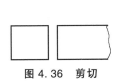

图4.36 剪切

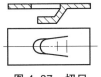

图4.37 切口

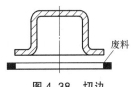

图4.38 切边

2. 成形工序

1）拉深。拉伸是将坯件压成任意形状的空心零件，或将其形状或尺寸作进一步改变，如减小坯件直径或壁厚等，如图4.39所示。

2）弯曲。弯曲是使坯件一部分与另一部分形成一定角度。变形区仅限于曲率发生变化的部分，且内侧受压缩，外侧受拉伸，中间有一层材料既不被压缩也不被拉伸，称为中性层，如图4.40所示。

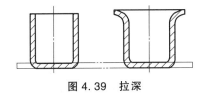

图4.39 拉深

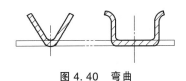

图4.40 弯曲

复习思考题

1. 为什么锻压加工是机械制造中的重要工艺？与铸造相比锻压有哪些特点？

2. 如何衡量材料的锻造性能？常用材料中哪些材料锻造性能好？哪些锻造性能差？哪些材料不能锻造？

3. 金属坯料锻造前为什么要先加热？

4. 什么是锻造温度范围？为什么低于终锻温度以后不易继续锻造？

5. 锻造加热炉有哪些？各有什么特点？

6. 为什么金属坯料加热温度不能高于始锻温度？

7. 加热缺陷对锻造过程和锻件质量有何影响？如何防止或消除？

8. 锻件锻造完成后有哪些冷却方式？各适用于哪些情况？

9. 什么是自由锻？可使用哪些设备？

10. 自由锻工具按用途可分为哪些种类？

11. 空气锤由哪几部分组成？其设备规格是如何规定的？

12. 自由锻基本工序有哪些？

13. 镦粗时，高径比过大，或锤击力不足会产生什么现象？如何纠正？

14. 局部镦粗时为便于取出锻件，漏盘应如何设计？

15. 试说明拔长时有哪些翻转方法，各适用于哪些场合？

16. 拔长时合适的送进量是多少？为什么？

17. 拔长时压下量的大小是如何规定的？为什么？

18. 冲孔的操作要点是什么？

19. 扩孔有哪些方法？

20. 切割时应注意哪些问题？

21. 扭转工序主要应用于哪些零件？

22. 锻模材料应具备哪些特点？

23. 模锻同自由锻相比，有什么优越性？

24. 模锻圆角、模锻斜度和飞边槽的作用是什么？

25. 试叙述冲压的特点与适用范围。

26. 冲压设备有哪些？

27. JA31-160A 型压力机的意义是什么？

28. 冲压的基本工序有哪些？

第 5 章

焊　　接

5.1　概述

焊接是通过加热或加压，或两者并用，并且用或不用填充材料，使焊件达到原子间结合的一种加工方法。

工业生产中，应用的焊接方法种类很多，根据焊接过程中金属所处的状态不同，可以把焊接方法分为熔焊、压焊和钎焊三大类，常见焊接方法如图 5.1 所示。

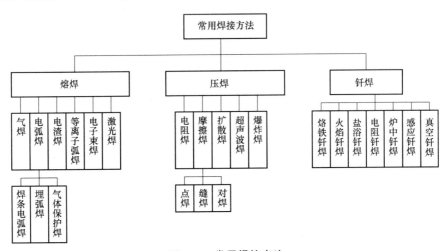

图 5.1　常用焊接方法

1）熔焊。利用局部加热使连接处的母材金属熔化，加入（或不加入）填充金属而结合的方法，是工业生产中应用最广泛的焊接工艺方法。熔焊的特点是焊件间的结合为原子结合，焊接接头的力学性能较高，生产效率高，缺点是产生的应力、变形较大。

2）压焊。在焊接过程中，必须对焊件施加压力，加热或不加热完成焊接的方法。虽然压焊件焊缝结合也为原子间结合，但其焊接接头的力学性能比熔化焊稍差，适合小型金属件的加工，焊接变形极小，机械化、自动化程度高。

3）钎焊。采用熔点比母材金属低的金属材料作为钎料，将焊件和钎料加热到高于钎料熔点、低于母材熔点温度，利用液态钎料润湿母材，填充接头间隙并与母材相互扩散实现连接焊件的方法。钎焊的特点是加热温度低，接头平整、光滑，外形美观，应力及变形小，但是钎焊接头强度较低，装配时对装配间隙要求高。

焊接作为一种不可拆卸的连接方法，已基本取代铆接成为连接成形的主要方法。焊接生产的特点是节省材料，生产效率高，适应性广，连接质量优良，同时易于实现机械化和自动化，并且可以化大为小，以小拼大，以简拼繁，生产要求密封性的构件，特别适合于制造大型或结构复杂的构件，目前已广泛应用于各行各业，如航空航天、海洋工程、石油化工、电力、冶金、建筑和微电子等领域。

5.2 焊接工艺基础

1. 焊接接头

焊接时，被焊的工件材料称为母材（或基本金属），焊条、焊丝、焊剂和钎料称为焊接材料（或填充金属）。熔焊过程中，母材局部熔化与熔化的填充金属形成液态熔池，熔池金属冷却凝固后为焊缝。焊缝两侧某些区域母材金属由于受到焊接时加热和冷却的影响，会发生组织转变，导致力学性能发生变化，这部分区域称为热影响区。热影响区与焊缝的交界处称为熔合区。焊缝、熔合区、热影响区统称为焊接接头，如图 5.2 所示。

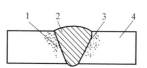

图 5.2　焊接接头
1—热影响区　2—焊缝金属
3—熔合线　4—母材

一个焊接结构是由若干个焊接接头组成。焊接接头可分为对接接头、T 形接头、搭接接头、角接接头、十字接头、端接接头、套管接头、斜对接接头、卷边接头和锁底对接接头 10 种。其中对接接头、T 形接头、搭接接头、角接接头是应用最广的 4 种接头，焊接接头形式如图 5.3 所示。

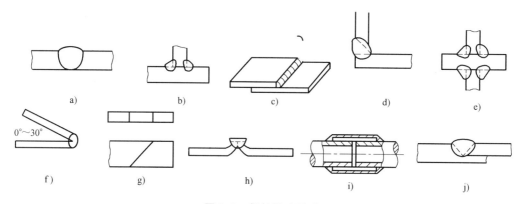

图 5.3　焊接接头形式
a）对接接头　b）T 形接头　c）搭接接头　d）角接接头　e）十字接头　f）端接接头
g）斜对接接头　h）卷边接头　i）套管接头　j）锁底对接接头

2. 焊接位置

1）平焊。平焊是在水平面任何方向进行焊接的一种操作方法。由于焊缝处在水平位置，熔滴主要靠自重过渡，操作技术比较容易掌握，可以选用较大直径焊条和较大焊接电流，生产效率高，因此在生产中应用较普遍。如果焊接工艺参数选择不合理或操作不当，容易造成根部焊瘤或未焊透，如图 5.4a 所示。

2）立焊。立焊是在垂直方向进行焊接的一种操作方法，受重力作用，焊条熔化所形成的熔滴及熔池金属要向下坠落，使焊缝成形困难，影响质量。因此，立焊时选用的焊条直径和焊接电流均应小于平焊，并同时采用短弧施焊，如图 5.4b 所示。

3）横焊。横焊是在垂直面上焊接水平焊缝的一种操作方法。熔化金属受重力作用，容易下淌而产生各种缺陷。因此，应采取短弧焊接，并选用直径较小的焊条和较小焊接电流以及适当的运条方法，如图 5.4c 所示。

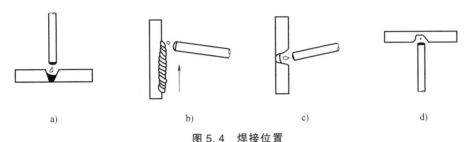

图 5.4 焊接位置

a）平焊位置 b）立焊位置 c）横焊位置 d）仰焊位置

4）仰焊。仰焊是焊缝熔池位于燃烧电弧的上方，焊工在仰视位置进行焊接的一种方式。仰焊劳动强度大，是最难焊的一种焊接位置。仰焊时，熔化金属在重力作用下容易坠落，熔池形状和大小不易控制，容易出现夹渣、未焊透、凹陷现象，运条困难，焊缝表面不易平整。焊接时，必须正确选用焊条直径和焊接电流，以便减小熔池面积。尽量使用厚药皮焊条和维持最短的电弧，利于熔滴在很短时间内过渡到熔池中，促使焊缝成形，如图 5.4d 所示。

3. 坡口形式及尺寸

1）坡口形式。当焊件较薄时，在焊件接头处只要留一定的间隙，就能保证焊透。当焊件较厚时，根据设计或工艺需要，在两个焊件的待焊部位加工成一定的几何形状的沟槽叫坡口。

坡口的作用是为了保证焊缝根部焊透，使焊接热源能深入接头根部，以保证接头质量。同时，坡口还能起到调节基体金属与填充金属比例的作用。

坡口按形状可分为 I 形、V 形、X 形、U 形、单边 V 形、K 形、双 U 形、J 形等，如图 5.5 所示。

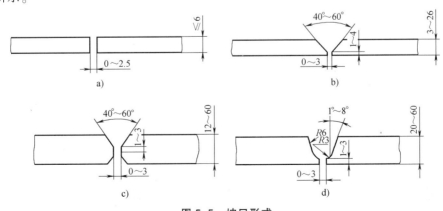

图 5.5 坡口形式

a）I 形坡口 b）V 形坡口 c）X 形坡口 d）U 形坡口

2）坡口尺寸。常用以下参数表示。

① 根部间隙 b。打底焊时，为保证根部可以焊透，焊接前在焊接接头根部之间预留的空隙叫根部间隙。

② 钝边 P。焊件开坡口时，为防止焊缝根部焊穿，沿焊件厚度方向未开坡口的端面部分的高度叫钝边。

③ 坡口面。焊件上的坡口斜面。

④ 坡口面角度和坡口角度。焊件表面的垂直面与坡口斜面之间的夹角叫坡口面角度 β，两坡口面之间的夹角叫坡口角度 α，如图 5.6 所示。

4. 焊缝形式及尺寸

1）焊缝宽度 C。焊缝表面与母材的交界处叫焊趾。单道焊缝横截面中，两焊趾之间的距离叫焊缝宽度，如图 5.7 所示。

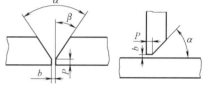

图 5.6　坡口尺寸

2）余高 h。对接焊缝中超出表面焊趾连线上面的那部分金属的高度称为余高。余高使焊缝的截面积增大，强度提高，并能增加 X 射线摄片的灵敏度，但易使焊趾处产生应力集中。所以余高不能太高，国家标准规定焊条电弧焊的余高值为 0~3mm，埋弧自动焊的余高值取 0~4mm，如图 5.8 所示。

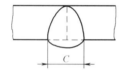

图 5.7　焊缝宽度

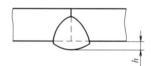

图 5.8　余高

3）熔深 t。母材熔化的深度，当填充金属材料一定时，熔深决定焊缝的化学成分，如图 5.9 所示。

4）焊缝厚度 s。在焊缝横截面中，从焊缝正面到焊缝背面的距离叫焊缝厚度，如图 5.10 所示。

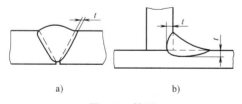

a)　　　　　　　　b)

图 5.9　熔深

a）对接接头熔深　b）T形接头熔深

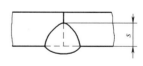

图 5.10　焊缝厚度

5. 焊接工艺参数

为保证焊接质量而选定的各物理量的总称为焊接工艺参数。焊条电弧焊的焊接工艺参数包括焊条直径、焊接电流、电弧电压、焊接速度和焊接层数等。

1）焊接电流。其他工艺参数不变时，增加焊接电流，则焊缝厚度和余高都增加，而焊缝宽度几乎保持不变。

焊接电流的选择应考虑焊条直径的大小。例如，焊接低碳钢时，可根据下面的经验公式选择焊接电流。

$$I = (30 \sim 55)d$$

式中，I 为焊接电流；d 为焊条直径。

焊条直径选择的依据是焊件厚度，可参考相关国标。多层焊的第一层焊缝和在非水平位置施焊时，应采用直径较小的焊条。

需要注意的是，电流强度是决定焊缝厚度的主要因素，在实际生产中，还要根据焊件厚度、接头形式、焊接位置、焊条种类等因素，通过试焊来调整和确定焊接电流的具体取值。

2）电弧电压。其他工艺参数不变时，增大电弧电压，焊缝宽度显著增加而焊缝厚度和余高有所减少。电弧电压由电弧长度决定，是影响焊缝宽度的主要因素。电弧长，电弧电压高；电弧短，电弧电压低。电弧过长时，燃烧不稳定，熔深减小，并且容易产生焊接缺陷。因此，焊接时必须采用短电弧。一般要求电弧长度不超过焊条直径。

3）焊接速度。焊接速度是单位时间内完成的焊缝长度。焊接速度增加时，焊缝厚度和焊缝宽度都会明显下降。这是因为焊接速度增加时，焊缝中单位时间内输入的热量减少了。手弧焊时，焊接速度由焊工凭经验掌握。

总之，焊接工艺参数选择将直接影响焊接质量。如图 5.11 示，通过焊缝成形情况分析可大概判断焊接工艺参数选择是否合适。

如图 5.11a 所示，焊接电流和焊接速度合适时，焊缝外形尺寸符合要求，形状规则，焊波均匀并呈椭圆形，焊缝到母材过渡平滑。

如图 5.11b 所示，焊接电流太小时，电弧不易引出，燃烧不稳定，焊波呈圆形，而且余高增大，熔宽和熔深都减小。

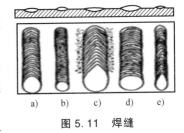

图 5.11 焊缝

如图 5.11c 所示，焊接电流太大时，弧声强、飞溅增多，焊条往往变得红热，焊波变尖，熔宽和熔深增加，焊薄板时，会有烧穿的可能。

如图 5.11d 所示，焊接速度太慢时，焊波变圆而且余高、熔宽和熔深增加，焊薄板时，会有烧穿的可能。

如图 5.11e 所示，焊接速度太快时，焊波变尖，焊缝形状不规则而且余高、熔宽和熔深都减小。

5.3 常用焊接材料

1. 电焊条 （electrode）

焊条电弧焊所用的涂敷药皮的熔化电极就是电焊条，由焊芯及药皮两部分组成，如图 5.12 所示。

1）焊芯。焊芯是焊条内的金属丝，它具有一定的直径和长度。焊接时焊芯有两个作用：一是作为电极传导电流，产生电弧；二是熔化后作为填充金属，与熔化的母材一起组成焊缝金属。焊条的直径和长度就是以焊

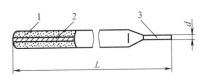

图 5.12 焊条结构

1—药皮 2—焊芯 3—焊条夹持部分

芯的直径 d 和长度来表示的，常用的焊条有 $\phi2mm$、$\phi2.5mm$、$\phi3.2mm$、$\phi4mm$、$\phi5mm$ 等几种。

如果焊芯外面没有涂敷药皮，则称之为焊丝。焊芯和焊丝的牌号用"H"表示，即"焊"字的汉语拼音首字母大写表示，其后的牌号表示方法与钢号表示方法相同，按国家标准规定的"焊接用钢丝"有 44 种，分为碳素结构钢、合金结构钢和不锈钢三大类。

2）药皮。药皮是压涂在焊芯表面上的涂料层，由矿石粉、铁合金粉、粘结剂等原料按一定比例配制而成。药皮的主要作用是：使电弧容易引燃，保持电弧燃烧的稳定性；使熔滴向熔池顺利过渡，减少飞溅和热量损失，改善焊接工艺性，提高生产效率；药皮内"造气剂""造渣剂"可与熔池金属互相发生作用，产生大量气体与熔渣，隔离空气，对液态金属起"渣气"联合保护作用；另外，药皮内加入一定量的合金元素，通过冶金反应去除有害杂质（氧、氢、氮、硫、磷等），同时添加有益的合金元素，使焊缝达到要求的力学性能。

3）焊条的分类。按焊条的用途分类，可分为碳钢焊条、低合金钢焊条、不锈钢焊条、堆焊焊条、铸铁焊条、镍及镍合金焊条、铜及铜合金焊条、铝及铝合金焊条、特殊用途焊条共 9 种。

按焊条药皮熔化后的熔渣特性可分为酸性焊条与碱性焊条。酸性焊条脱氧、脱硫磷能力低，热裂倾向大，但其焊接工艺性较好，对弧长、铁锈不敏感，焊缝成形性好，脱渣性好，广泛用于一般结构的焊接；碱性焊条脱氧完全，合金过渡容易，能有效降低焊缝中的氢、氧、硫、磷，所以焊缝的力学性能和抗裂性能比酸性焊条好，适用于合金钢和重要碳钢的焊接，但其焊接工艺性较差，引弧困难，电弧稳定性差，飞溅较大，不易脱渣，必须采用短弧焊。

4）焊条的牌号与型号。焊条牌号是焊接行业统一的焊条代号，一般用一个大写拼音字母和三个数字表示，如 J422、J507 等。拼音字母表示焊条的大类，如"J"表示结构钢焊条，"A"表示奥氏体焊条等；前两位数字表示焊缝金属抗拉强度的十分之一，单位是 MPa；最后一位数字表示药皮类型和电流种类，其中 1~5 为酸性焊条，6、7 为碱性焊条，如最后一位数字为 2，则表示药皮类型是钛钙型，可使用交、直流两种电源。

焊条型号是国家标准中（如 GB/T 5117—2012 等）的焊条代号，如 E4303、E5015、E5016 等。其中"E"表示焊条；前两位数字表示焊缝金属的抗拉强度的十分之一，单位为 MPa；第三位数字表示焊条的焊接位置，第三和第四位数字组合表示焊接电流的种类和药皮类型，如"03"表示钛钙型药皮，交流或直流正、反接。

5）焊条的选用原则。一般遵循等强度原则、同等性能原则和等条件原则。

① 等强度原则。对于承受静载荷或一般载荷的工件或结构，通常选用抗拉强度与母材相等的焊条。

② 同等性能原则。在特殊环境下工作的结构，如要求耐磨、耐蚀、耐高温或低温等具有较高的力学性能，则应选用能保证熔敷金属的性能与母材相近或相似的焊条。如焊接不锈钢时，应选用不锈钢焊条。

③ 等条件原则。根据工件或焊接结构的工作条件和特点选择焊条。如焊件要求承受冲击载荷的工件，应选用熔敷金属冲击韧度较高的低氢型碱性焊条。

2. 焊剂

埋弧焊时，能够熔化形成熔渣和气体，对熔化金属起保护作用并进行复杂冶金反应的一种颗粒状物质叫焊剂，其所起作用相当于焊条上的药皮。焊剂分为熔炼焊剂、烧结焊剂和黏结焊剂三类。熔炼焊剂的主要优点是化学成分均匀，可以获得性能均匀的焊缝，是目前生产中使用最广的一种焊剂。后两种焊剂属于非熔炼焊剂，化学成分不均匀，容易造成焊缝性能不均匀，但可以在焊剂中添加铁合金，增大焊缝金属合金化能力，灵活调整焊缝金属的合金成分，目前这两种焊剂在国内生产中应用还不广泛。

5.4 熔焊方法

5.4.1 焊条电弧焊

焊条电弧焊是利用电弧产生的热量来熔化母材和焊条的一种手工操作的焊接方法，适用于厚度在 2mm 以上多种金属材料和各种形状结构的焊接。

1. 焊条电弧焊的焊接过程

焊接前，将焊钳和焊件分别连接弧焊机输出端的两极，并用焊钳夹持焊条。焊接时，首先在焊件和焊条之间引出电弧，电弧同时将焊件和焊条熔化，形成金属熔池。随着电弧沿焊接方向前移，熔化金属迅速冷却凝固形成焊缝，使两焊件牢固地连接在一起。焊条电弧焊焊接过程如图 5.13 所示。

2. 对接平焊焊接基本操作技术

1）备料：备厚 3~4mm 低碳钢钢板两块，校直钢板，保证接口处平整。

2）清理：在焊件连接处 20mm 范围内，清除铁锈、油污、水分等。

3）组对：将两块钢板水平对齐放置，间隙为 1~2mm。

4）练习引弧：即使焊条和焊件之间产生稳定的电弧。引弧时，首先将焊条末端与焊件表面接触形成短路，然后迅速将焊条向上提起 2~4mm 的距离，电弧即引燃。引弧方法有敲击法（图 5.14）和摩擦法（图 5.15）两种。

5）点焊。主要目的是定位，固定两块钢板的相对位置，焊后清渣。若焊件较长，可每隔一定距离进行点焊定位。

6）焊接。就是在平焊位置上堆焊焊缝。操作关键是掌握好焊条角度（图 5.16）和运条基本动作（图 5.17）。保持合适的电弧长度（即向下送进焊条速度合适）和均匀的焊接速度。

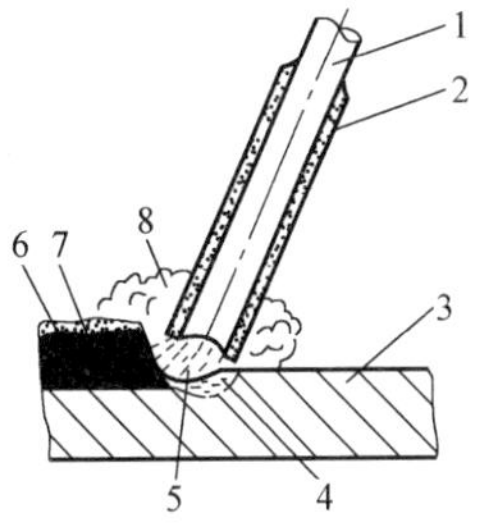

图 5.13 焊条电弧焊焊接过程

1—焊芯　2—药皮　3—焊件
4—熔池　5—电弧　6—焊缝
7—溶渣　8—保护气体

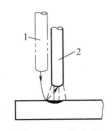

图 5.14 敲击法

1—引弧前位置　2—引弧后位置

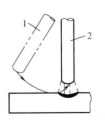

图 5.15 摩擦法

1—引弧前位置　2—引弧后位置

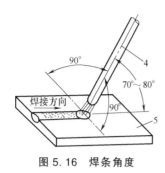

图 5.16　焊条角度

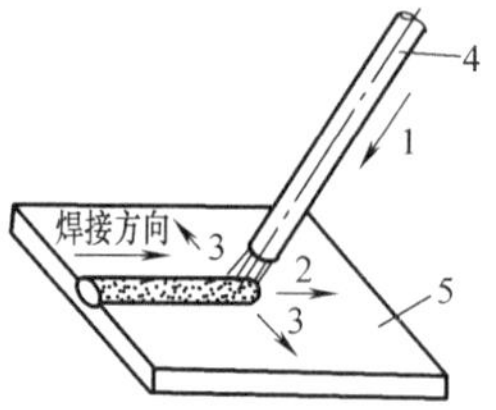

图 5.17　运条基本动作

1—向下送进　2—沿焊接方向移动

3—横向移动　4—焊条　5—工件

焊接操作过程中，应注意保持电弧的长度，电弧的合理长度约等于焊条的直径；同时焊条与焊缝两侧工件平面的夹角应保持相等；焊条的送进速度要均匀。

运条方法有几种（图 5.18），焊薄板时，焊条可作直线移动；焊厚板时，焊条在作直线移动的同时，还要有横向移动，以保证得到一定的熔宽和熔深。

7）焊后清理。清除渣壳及飞溅。

8）检查焊缝质量。检查焊缝外形和尺寸是否符合要求，有无焊接缺陷。

a)　　　　　　　　　　b)

图 5.18　运条方法

a）锯齿形运条法　b）圈形运条法

3. 焊条电弧焊焊接设备

焊条电弧焊机按其供给的焊接电流种类不同，分为交流弧焊机和直流弧焊机两类。交流弧焊机又称为弧焊变压器，弧焊变压器是一种具有下降外特性的降压变压器，有分体式弧焊机、同体式弧焊机、动铁漏磁式弧焊机、动圈式弧焊机和抽头式弧焊机等类型。直流弧焊机分为直流弧焊发电机和弧焊整流器。

我国焊机型号是按统一规定编制的，焊机型号采用汉语拼音字母及阿拉伯数字组成，其编排次序如图 5.19 所示。

如 BX1—500，B 表示弧焊变压器，X 表示下降外特性，1 表示动铁心式，500 表示额定焊接电流为 500A。

焊条电弧焊机的主要技术参数通常标明在焊机的铭牌上，主要有初级电压、空载电压、工作电压、输入容量、电流调节范围和负载持续率等。

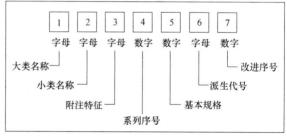

图 5.19　焊机型号

直流弧焊机输出端有正、负极之分，焊接时电弧两端极性不变。弧焊机正、负两极与焊条、焊件有两种不同的接线法：将焊件接到弧焊机正极，焊条接至负极，这种接法称为正接；反之，将焊件接到负极，焊条接至正极，称为反接。焊接厚板时，一般采用直流正接，这是因为电弧正极的温度和热量比负极高，正接能获得较大的熔深。焊接薄板时，为了防止烧穿，常采用反接。但如果使用碱性焊条，均采用直流反接。

4. 焊条电弧焊的工艺特点

焊条电弧焊具有许多优点，其工艺灵活、适应性强，适用于碳钢、低合金钢、耐热钢、低温钢和不锈钢等各种材料的平、立、横、仰各种位置以及不同厚度、不同结构形状的焊接；与气焊和埋弧焊相比，金相组织细小，热影响区小，焊接接头性能好；易于通过工艺调整来控制变形和改善应力，且设备简单、操作方便。

但焊条电弧焊对焊工要求高，焊工的操作技术和经验直接影响产品质量的好坏。同时，在焊接作业中，还要承受高温烘烤及毒、烟、尘和金属蒸气的危害，劳动条件差，生产效率低。

5. 焊条电弧焊的工艺参数

1）焊条种类和牌号的选择：主要依据母材的性能、接头的刚性和工作条件选择焊条，焊接一般碳钢和低合金钢主要是按等强原则选择焊条的强度级别，对一般结构选用酸性焊条，重要结构选用碱性焊条。

2）焊接电源种类和极性的选择。焊条电弧焊时采用的电源有交流和直流两大类，应根据焊条的性质进行选择。通常，酸性焊条可同时采用交、直流两种电源，一般优先选用交流弧焊机，采用直流电源时，通常采用正接（图5.20）。碱性焊条由于电弧稳定性差，所以必须使用直流弧焊机，常采用反接（图5.21）。对药皮中含有较多稳弧剂的焊条，可使用交流弧焊机，但电源的空载电压应较高些。

图 5.20 正接法　　　　　　　　　图 5.21 反接法

3）焊条直径。根据焊件的厚度进行选择。厚度越大，焊条直径应越粗。另外，还要综合考虑接头形式、焊缝空间位置等。

4）电弧电压。焊条电弧焊时，电弧电压主要由弧长决定。电弧长，电弧电压高。焊接时应使弧长始终保持一致，并尽可能采用短弧焊接（弧长不超过焊条直径的0.5~1倍）。

5.4.2 气焊

1. 气焊用焊接材料

1）氧气。氧气为气焊和气割的助燃气体，其纯度直接影响气焊和气割的质量与效率。目前大、中型企业焊割时，氧气主要由管道输送或由氧气瓶提供。

2）乙炔。乙炔为易燃、易爆气体，自燃点为480℃，空气中着火温度为428℃，工业乙炔是通过电石与水反应获得的。

3）气焊丝。气焊丝的化学成分将直接影响焊缝金属的性能。常用的气焊丝有碳素结构钢用焊丝、合金结构钢用焊丝、不锈钢用焊丝、铸铁用焊丝、铜及铜合金用焊丝、铝及铝合金用焊丝、镁合金用焊丝。当无法获得与工件相当成分的焊丝时，可采用剪切工件所使用的原材料来代替。

4）气焊熔剂。气焊熔剂具有很强的反应能力，可迅速溶解某些氧化物或高熔点化合物，改善润湿性。常用的气焊熔剂有气剂101（用于不锈钢和耐热钢气焊）、气剂201（用于铸铁气焊)、气剂301(用于铜气焊)和气剂401(用于铝气焊)。

2. 气焊设备

1)氧气瓶。储存和运输氧气的高压容器,由瓶体、瓶箍、瓶阀、防振圈、瓶帽、底座等构成。氧气瓶外表漆成天蓝色,并表明黑色"氧气"字样。其容积为40L、工作压力为15MPa,常压下内存$6m^3$氧气。氧气瓶应直立使用,若躺放时必须使减压器处于最高位置,操作时氧气瓶应距离乙炔发生器、明火或热源不小于5m。

2)乙炔瓶。储存和运输乙炔的容器,由瓶体、瓶阀、硅酸钙填料、易熔塞、过滤网、瓶帽、瓶座等构成。乙炔瓶外表漆成白色,并标明红色"乙炔"、"不可近火"等字样。其容积为40L、工作压力为15MPa,常压下内存$5.3 \sim 6.3m^3$乙炔气。乙炔瓶应直立使用,不得卧放,当卧放的乙炔瓶直立使用时,必须静置20min后方可使用。

3)减压器。是将高压气体降为低压气体的调节装置,使输送给焊炬的气体压力稳定不变,以保证火焰能够稳定燃烧。对不同性质的气体,必须选用符合各自要求的专用减压器,各种气体专用的减压器,禁止换用或替用。减压器在专用气瓶上应安装牢固。

4)回火保险器。正常气焊时,火焰在焊炬的焊嘴外面燃烧,但当气体供应不足、焊嘴阻塞、焊嘴太热或焊嘴距离焊件太近时,火焰会沿乙炔管路往回燃烧。这种火焰进入喷嘴内逆向燃烧的现象称为回火。如果回火蔓延到乙炔发生器,就可能引起爆炸。回火保险器的作用就是截留回火气体,保证乙炔发生器的安全。

5)焊炬。又称焊枪,作用是用于控制气体混合比例、流量以及火焰结构,它是焊接的主要工具。所以对焊炬的要求是能方便地调节氧与乙炔的比例和热量的大小,同时要求结构重量轻、安全可靠。焊炬按可燃气体与氧气混合方式不同分为等压式(图5.22)与射吸式(图5.23)两种。

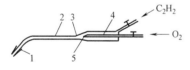

图 5.22 等压式焊炬

1—焊嘴 2—混合气体通道 3—射吸管 4—喷射管 5—喷嘴

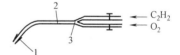

图 5.23 射吸式焊炬

1—焊嘴 2—混合气通道 3—混合室

3. 气焊火焰

改变氧气和乙炔的混合比例,可获得三种不同性质的火焰,如图5.24所示。

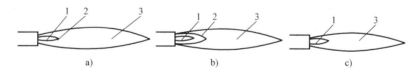

图 5.24 气焊火焰

a)中性焰 b)碳化焰 c)氧化焰

1—焰心 2—内焰 3—外焰

1)中性焰。如图5.24a所示,氧气和乙炔的体积混合比为$1.1 \sim 1.2$时燃烧所形成的火焰称为中性焰,又称为正常焰。它由焰心、内焰和外焰三部分构成。中性焰在距离焰心前面$2 \sim 4mm$处温度最高,可达3150℃。中性焰适用于焊接低碳钢、中碳钢、普通低合金钢、不锈钢、纯铜、铝及铝合金等金属材料。

2）碳化焰。如图5.24b所示，碳化焰是指氧气和乙炔的体积混合比小于1.1时燃烧所形成的火焰。由于氧气较少，燃烧不完全，过量的乙炔分解为碳和氢，碳会渗到熔池中造成焊缝增碳。碳化焰比中性焰的火焰长，也由焰心、内焰和外焰构成，其明显特征是内焰呈乳白色。碳化焰最高温度为2700~3000℃，适用于焊接高碳钢、铸铁和硬质合金等材料。

3）氧化焰。如图5.24c所示，氧气和乙炔的体积混合比大于1.2时燃烧所形成的火焰称为氧化焰。氧化焰比中性焰短，分为焰心和外焰两部分。由于火焰中有过量的氧，故对熔池金属有强烈的氧化作用，一般气焊时不采用。只有在气焊黄铜、镀锌铁板时才采用轻微氧化焰，以利用其氧化性，在熔池表面形成一层氧化物薄膜，减少低沸点的锌蒸发。氧化焰的最高温度为3100~3300℃。

4. 气焊工艺

1）焊丝直径的选择应根据焊件的厚度和坡口的形式、焊接位置、火焰能率等因素来决定。焊丝直径过细易造成未熔合和焊缝高低不平、宽窄不一；过粗容易使热影响区过热。

2）火焰性质应根据焊件材料的种类及性能来选择。火焰能率是以每小时可燃气体的消耗量来表示的，它主要取决于混合气体的流量。材料性能不同，选用的火焰能率就不同。焊接厚件、高熔点、导热性好的金属材料时应选较大火焰能率，才能保证焊透，反之应小。实际生产中，在确保焊接质量的前提下，应尽量选用较大的火焰能率。

3）焊嘴倾角。焊嘴倾角是指焊嘴中心线与焊件平面之间的夹角。焊嘴倾角与焊件的熔点、厚度、导热性以及焊接位置有关。焊倾角越大，热量散失越少，升温越快。焊嘴倾角在气焊过程中是要经常改变的，起焊时大，结束时小。

4）焊接速度。焊接速度直接影响产品的质量与效率。通常焊件厚度大、熔点高则焊接速度应慢，以避免未熔合的缺陷；反之应快，以避免烧穿和过热。

5. 气焊基本操作技术

1）点火、调节火焰与灭火。点火时，先微开氧气阀门，再打开乙炔阀门，然后点燃火焰，这时的火焰为碳化焰。随后逐渐开大氧气阀门，将碳化焰调节成中性焰。同时根据需要把火焰大小也调整合适。灭火时，应先关乙炔阀门，再关氧气阀门。

2）焊接。左手拿焊丝，右手拿焊炬，两手动作协调，沿焊缝向左或右焊接。焊嘴轴线的投影应与焊缝重合，同时要掌握好焊嘴与焊件的夹角。焊炬向前移动的速度应能保证焊件熔化并保证熔池具有一定的大小。焊件熔化形成熔池后，再将焊丝适量地点入熔池内熔化。

5.4.3 气体保护焊

用外加气体作为保护介质的一种电弧焊方法称为气体保护电弧焊，简称为气体保护焊。分为惰性气体保护焊和二氧化碳气体保护焊。惰性气体保护焊中使用最普遍的是氩弧焊。

1. 氩弧焊

氩弧焊是以氩气作为保护气体的气体保护焊，按电极不同分为熔化极氩弧焊（图5.25）和钨极（非熔化极）氩弧焊（图5.26）两种。

熔化极氩弧焊以连续送进的焊丝作为电极进行焊接，可采用自动或半自动方式（焊丝送进采用机械控制，电弧移动由手工操作）。熔化极氩弧焊采用直流反接，使用电流强度较大，因此可焊接厚度小于25mm的工件。

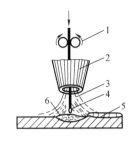

图 5.25　熔化极氩弧焊

1—送丝滚轮　2—喷嘴　3—气体　4—焊丝

5—焊缝　6—熔池

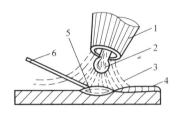

图 5.26　钨极氩弧焊

1—喷嘴　2—钨极　3—气体　4—焊缝

5—熔池　6—填充焊丝

钨极氩弧焊焊接过程可以手工进行，也可以自动进行。手工焊接时，操作与气焊相似，在钨极和焊件之间产生电弧，焊丝从一侧送入，在电弧热的作用下，焊丝与焊件熔化形成熔池，熔池金属冷却凝固后形成焊缝。整个焊接过程中，钨极不熔化，但有少量损耗。因此，焊接钢材时，多用直流电源正接，以减少钨极的烧损，所以适合焊接较薄的材料。若焊接厚度小于 3mm 的薄件时，常采用卷边接头直接熔合。若焊接铝、镁合金时，则希望用直流反接或交流电源，利用"阴极破碎"作用清除氧化物，同时减少钨极损耗。

氩弧焊适于焊接各类合金钢、易氧化的非铁金属及锆、钽、钼等稀有金属材料。电弧燃烧稳定，飞溅小，焊缝致密，表面没有熔渣，成形美观。电弧在气流压缩下燃烧，热量集中，熔池小，焊接速度快，焊接热影响区窄，工件焊后变形小。容易实现全位置自动焊接。由于氩气价格较高，氩弧焊目前主要用于焊接铝、镁、钛及其合金，也用于焊接不锈钢、耐热钢和一部分重要的低合金结构钢焊件。

2. 二氧化碳气体保护焊

二氧化碳气体保护焊简称 CO_2 焊，是利用 CO_2 作为保护气体的电弧焊。采用可熔化的焊丝作为电极，有自动和半自动焊接两种方式。

CO_2 焊的焊接设备主要由焊接电源（只能采用直流电源）、焊枪及送丝机构、供气装置、控制系统等部分组成，如图 5.27 所示。焊丝由送丝机构送入送丝软管，再经导电嘴送出。CO_2 气体从焊炬喷嘴中以一定流量喷出。电弧引燃后，焊丝端部及熔池被 CO_2 气体包围，能防止空气对高温金属的侵害。按照焊丝直径不同，CO_2 焊分为细丝 CO_2 焊和粗丝 CO_2 焊两类。细丝 CO_2 焊的焊丝直径为 $0.6 \sim 1.2mm$，用于焊接厚度为 $0.8 \sim 4mm$ 的薄板；粗丝 CO_2 焊的焊丝直径为 $1.6 \sim 5.0mm$，用于焊接板厚在 3mm 以上的焊件。实际生产中，直径大于 2.0mm 的粗丝采用较少。

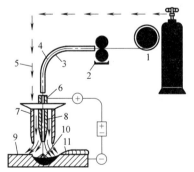

图 5.27　CO_2 焊的焊接设备

1—焊丝盘　2—送丝机构　3—软管

4—焊丝　5—CO_2 气体　6—焊枪

7—喷嘴　8—导电嘴　9—焊件

10—熔池　11—焊缝

CO_2 焊适用于低碳钢和普通低合金钢的焊接。由于 CO_2 是一种氧化性气体，焊接时会使部分金属元素氧化烧损，所以它不适用于焊接高合金钢和有色金属。CO_2 焊采用廉价的 CO_2 气体进行焊接，生产成本低；采用的电流密度大，生产效率高；焊接薄板时，比气焊速度快，变形小；操作灵活，适宜进行各种位置的焊接。但焊接过程中飞溅大，焊接成形性差，焊接设备也比焊条电弧焊焊机复杂。

5.4.4 埋弧自动焊

埋弧自动焊是电弧在焊剂层下燃烧进行焊接的方法，电弧的引燃、焊丝的送进和电弧沿焊缝的移动，是由设备自动完成的。

埋弧自动焊设备由焊车、控制箱和焊接电源三部分组成。小车式埋弧自动焊机如图5.28所示。

埋弧自动焊焊接时，焊接机头上的送丝机构将焊丝送入电弧区并保持选定的弧长。电弧在颗粒状熔剂层下面燃烧，使焊丝、焊件熔化形成熔池。焊机带着焊丝均匀地沿坡口移动，或者焊机机头不动，工件匀速运动，在焊丝前方，焊剂从漏斗中不断撒在被焊部位。电弧周围的焊剂被电弧熔化形成液态熔渣，使电弧和熔池与外界空气隔离。随着电弧不断前移，熔池后部开始冷却凝固形成焊缝，相对密度轻的熔渣冷却后形成渣壳。大部分没有熔化的焊剂可重新回收使用。

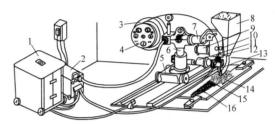

图5.28 小车式埋弧自动焊机
1—焊接电源 2—控制箱 3—焊丝盘 4—操纵盘
5—车架 6—立柱 7—横梁 8—焊剂漏斗
9—焊丝送进电动机 10—焊丝送进滚轮
11—小车电动机 12—机头 13—导电嘴
14—焊剂 15—渣壳 16—焊缝

埋弧自动焊焊丝和焊剂选配原则：根据母材金属的化学成分和力学性能，选择焊丝，再根据焊丝选配相应的焊剂。如焊接16Mn或20时，焊丝选用H08MnA（H08A），焊剂选用HJ301（原HJ431）。

埋弧自动焊保护效果好，没有飞溅，冶金反应充分，性能稳定，成形美观。焊接电流大，热量集中，散失少，焊缝熔深大，焊接速度快，中小焊件可不开坡口，节省填充金属和电能。另外电弧在焊剂层下燃烧，弧光、有害气体对人体危害小。但是埋弧自动焊只适合水平位置焊接长直焊缝或具有较大直径的环焊缝，由于其对气孔的敏感性大，不适合焊接厚度小于1mm的薄板，难以焊接铝、钛等氧化性强的金属和合金。

5.5 现代先进的焊接方法

5.5.1 等离子弧焊接

等离子弧是经过压缩的高温（24000～50000K）、高速（数倍于声速）、高能量密度（10^5～10^6W/cm^2）的电弧。

等离子弧发生装置的原理如图5.29所示。在钨极和工件（正极）之间加一较高电压，经过高频振荡器的激发，使气体电离形成电弧，此电弧在通过特殊孔形的喷嘴时，受到机械压缩，称为机械压缩效应，使电弧截面积缩小；当向发生装置内通入一定压力和流量的气体后（如氮气、氩气、氦气等），电弧进一步压缩。这是因为高速流动的气体通入后，弧柱外围受到强烈冷却，弧柱外围的电离度大大减弱，电弧电流只能从弧柱中心通过，这时电弧的电流密度急剧增加，即电弧被进一步压缩，这种作用称为"热收缩效应"。另外，电弧内的带电粒子在弧柱内的运动，受其自身磁场所产生的电磁力的影响，结果使弧柱进一步被压缩，称为电磁收缩效应。在以上三种效应的作用下，弧柱内的气体高度电离，当压缩效应与电弧内部的热扩散达到平衡后，这时电弧便成为稳定的等离子弧。等离子弧是对电弧压缩后得到的，故又称为压缩电弧。

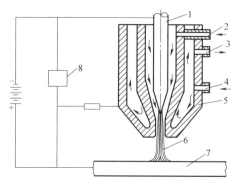

图 5.29　等离子弧发生装置

1—钨极　2—进气管　3—出水管　4—进水管
5—喷嘴　6—等离子弧　7—工件
8—高频振荡器

等离子弧焊是利用特殊构造焊炬所产生的高温、高电离度、高能量密度及高焰流速度的电弧来熔合金属的一种焊接方法。应用于难熔、易氧化、热敏感性强的特种金属材料的焊接，如 W、Mo、Be、Cu、Al、Ni、Ti 等难熔金属、不锈钢、超高强度钢。等离子弧焊是在钨极氩弧焊的基础上发展起来的一种新型焊接方法。其焊接示意图如图 5.30 所示。与钨极氩弧焊不同，钨极氩弧焊焊炬内的电极是伸出气体保护罩外的，电弧是可见的，而且电弧不受压缩，呈圆锥形；而在等离子焊接的焊炬内，电极是在压缩喷嘴以内，电弧被压缩成圆柱形。因此，等离子弧焊接有如下特点：能量密度大，温度高，弧流流速快，穿透力强，12mm 以下焊件不开坡口，一次焊透，单面焊双面成形。钨极缩于喷嘴内，避免污染。热影响区小，变形小。电流强度在 15A 以下的等离子弧焊称为微束等离子弧焊。电流小到 0.1A 时，等离子弧仍很稳定，可以保持良好的电弧挺度和方向性。等离子弧焊主要用于焊接厚度为 0.01~1mm 的箔材和薄板。

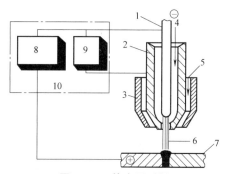

图 5.30　等离子弧焊

1—电极　2—压缩喷嘴　3—保护气罩
4—等离子气　5—保护气体　6—电弧
等离子体　7—工件　8—焊接等离子
弧电源　9—启动电弧电源　10—控制箱

5.5.2　电子束焊

随着科学技术的发展，尤其是原子能和导弹技术的发展，大量应用了 Zr、Ti、Mo、Nb、Po、Ni，焊接这些稀有和难熔金属，用一般的气体保护焊不能得到满意的结果，而以电子束为能源的电子束焊可顺利解决上述金属的焊接问题。

电子束焊是利用高速、集中的电子束轰击焊件表面所产生的热量进行焊接的一种熔焊方法。按工作室的真空度不同，分为真空电子束焊（真空度在 6.66×10^{-4} Pa 以上），低真空电子束焊（1~13Pa）和非真空电子束焊。由于真空电子束焊是在压强低于 10Pa 的真空环境中进行，因此，易蒸发的金属及其合金和含气量较多的材料，会妨碍焊接的进行。因此，一般含 Zn 量较高的铝合金（Al-Zn-Mg）和铜合金（黄铜）以及未脱氧处理的低碳钢，不能用真空电子束焊接。

特点：

1）保护效果好，焊接质量高。适于化学性质活泼，纯度高易被大气污染的金属，如 Al，Ti，Zr，Mo，Be，Ta，高强钢，高合金钢和不锈钢。

2）能量密度大，可焊难熔金属及厚大工件。如 Nb，Ta，W 等；板厚可达 200~300mm。

3）焊接变形小。

4）不用填充焊丝，如要保证焊缝正面和背面有一定堆高时，可在焊缝上预加垫片。焊前必须严格除锈和清洗，不允许有残留有机物。对接缝隙约为板厚的 0.1 倍，不超过 0.2mm。

5）工艺参数调节范围广，适应性强。可焊 0.1mm 厚的薄板，也可焊 200~300mm 厚的厚板；可焊难熔、易氧化金属，复合材料，异种材料及难以焊接的复杂形状件。设备复杂，造价高，尺寸受真空室限制，装配要求高，但要注意 X 射线防护。

5.5.3　激光焊接

激光是一种强度高、单色性好、方向性好的相干光，聚焦后的激光束能量密度极高，可达 $10^{12}\mathrm{W/cm^2}$，在千分之几秒甚至更短的时间内，光能转变为热能，其温度可达 1 万摄氏度以上，极易熔化和汽化，各种对激光有一定吸收能力的金属和非金属材料都可以用来焊接和切割。

产生激光的装置称激光发生器。常用的有固体（红宝石、钕玻璃）和气体（CO_2，He—Ne）两种，利用其受激辐射效应而产生激光。

激光焊分为连续激光焊和脉冲激光焊。

脉冲输出的红宝石激光器和钕玻璃激光器特别适用于电子工业和仪表工业微型件的焊接，可实现薄片（0.2mm 以上）、薄膜（几微米到几十微米）、丝与丝（直径 0.02~0.2mm）、密封缝焊和异种金属、异种材料的焊接，如集成电路外引线的焊接，集成线路内引线（硅片上蒸镀有 1.8μm 厚的铝膜与 50μm 厚的铝箔间）的焊接，零点几毫米的不锈钢，Cu，Ni，Ta 等金属丝的对接、重叠、十字接、T 形接、集成电路块、密封微型继电器、石英晶体等器件外壳、航空仪表零件的密封焊接，而连接输出的 CO_2 激光发生器适合缝焊，可进行从薄板精密焊到 50mm 厚的厚板深穿入焊的各种焊接，激光焊如图 5.31 所示。

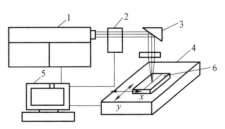

图 5.31　激光焊

1—激光器　2—光束检测系统
3—偏转聚焦系统　4—工作台
5—控制系统　6—焊件

特点：

1）能量密度大。适合高速加工，能避免"热损伤"和焊接变形，故可进行精密零件、热敏感性材料的加工，在电子工业和仪表工业中有广阔前途。

2）灵活性好。焊接时，焊接工件和焊接装置无需接触，通过偏转棱镜或光导纤维，可引导激光束到难以接近的部位进行焊接，且可穿透透明材料进行焊接，如真空管中电极的焊接。

3）激光辐射能量极其迅速。生产效率高，被焊工件不易氧化，可在大气中焊接，无需真空环境和气体保护，可焊接各种金属和异种材料。

4）设备复杂，投资大，功率小，可焊接厚度受到一定限制，多用于薄板焊接。

5.6 切割

5.6.1 等离子弧切割

利用等离子弧的高温将割件熔化，并借助弧焰的机械冲击力把熔融金属强制排除，从而形成割缝实现切割称为等离子弧切割。适用于高合金钢，铸铁、铜、铝、镍、钛及其合金，以及现有的任何难熔金属和非金属，且切割速度快（每小时切割几十米甚至上百米），热影响区小，切口窄，切割边质量高，切割厚度可达 $150\sim200mm$。

5.6.2 激光切割

1. 激光汽化切割

利用激光束使材料局部在极短时间内被加热到沸点以上，并以蒸汽形式逸出，形成割口，多用于极薄金属材料的切割。

2. 激光熔化切割

局部加热到熔化状态，并借助惰性气体将熔化物吹掉，形成割口。多用于非金属材料切割，如纸、布、木材、塑料、橡胶、岩石、混凝土等，也用于不锈钢，易氧化的 Ti、Al 及其合金。

3. 激光燃烧切割

加热到燃点，喷射纯氧使金属连续燃烧，氧化物被氧气流吹走，形成割口。多用于金属材料的切割，如碳钢、钛钢、不锈钢、双面涂塑钢板和非铁合金等。

特点：速度快，割缝窄，切割表面光洁，热影响区小。

5.7 焊接变形和焊接缺陷

1. 焊接变形

焊接过程中，焊接接头区域受不均匀的加热和冷却，而其周围的母材金属则对焊接接头产生一定的刚性拘束。焊接加热时，焊接接头区域不能自由膨胀，焊后冷却过程又不能自由收缩，必然会产生焊接应力和焊接变形。在焊接结构生产中，焊接应力和焊接变形同时存在，又相互制约。当结构拘束度较小时，焊接过程中能够比较自由地膨胀和收缩，则焊接应力较小而焊接变形较大；反之，当结构拘束度较大或外加较大刚性拘束时，焊接过程中难以自由膨胀和收缩，则焊接变形较小而焊接应力较大。

焊接变形的基本形式有收缩变形、角变形、弯曲变形、扭曲变形和波浪形变形等，如图 5.32 所示。焊接变形降低了焊接结构的尺寸精度，严重的变形还会造成焊件的报废。实际生产过程中，可通过选

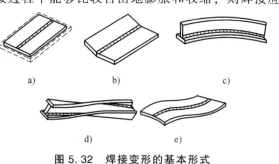

图 5.32　焊接变形的基本形式

a）收缩变形　b）角变形　c）弯曲变形
d）扭曲变形　e）波浪形变形

择合适的焊接方法和合理的装配-焊接顺序、刚性固定、散热、反变形等方法控制焊接残余变形的产生。对于已经产生焊接变形的构件，可通过下列方法来矫正变形：

（1）机械矫正 机械矫正如图 5.33 所示。

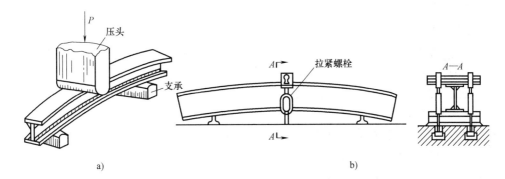

图 5.33 机械矫正方法

a）压力机矫正　b）拉紧螺旋矫正

（2）火焰矫正 火焰矫正如图 5.34 所示。

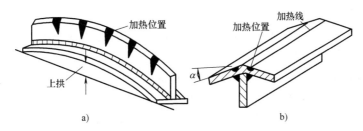

图 5.34 火焰矫正方法

a）T形梁三角形加热矫正　b）T形梁角变形的线装加热矫正

2. 焊接缺陷

常见的焊接缺陷按其在焊缝中的位置不同，可分为内部缺陷和外部缺陷两类。外部缺陷位于焊缝表面，用肉眼或低倍放大镜就可看到，如焊缝外形尺寸不符合要求、咬边、焊瘤、内凹、弧坑、表面气孔、表面裂纹及表面夹渣等。内部缺陷位于焊缝内部，必须经过无损探伤等方法才能被发现，如焊缝内部的夹渣、未焊透、未熔合、气孔、裂纹等。

1）焊缝表面尺寸不符合要求。焊缝表面高低不平、焊缝宽窄不齐、尺寸过大或过小、角焊缝单边以及焊脚尺寸不符合要求均属于焊缝表面尺寸不符合要求。产生的原因主要是焊件坡口角度不对，装配间隙不均匀，焊接速度选择不当或运条手法不正确，焊条和角度选择不当等。

2）焊接裂纹。在焊接应力或焊接残余应力的作用下，或者焊材本身具有较大的淬硬倾向，以及焊缝中的有害杂质的含量较高等因素的影响，焊接接头局部地区的金属原子结合力遭到破坏而形成的新界面所产生的缝隙称为焊接裂纹。焊接裂纹的特征是具有尖锐的缺口和大的长宽比。

3）气孔。焊接时，熔池中的气泡在凝固时未能逸出，残存下来形成的空穴称为气孔。

4）咬边。沿焊趾的母材部位产生的沟槽或凹陷叫咬边，主要是由于焊接参数选择不当，或操作工艺不正确造成的。

5）未焊透。焊接时接头根部未完全熔透的现象叫未焊透。

6）未熔合。熔焊时，焊道与母材之间或焊道与焊道之间，未完全熔化结合的部分叫未熔合，其主要是焊接电流太小，层间清渣不干净，焊条偏心，焊条摆动幅度太窄等因素造成的。

7）夹渣。焊后残留在焊缝中的熔渣叫夹渣。

8）焊瘤。焊接过程中，熔化金属流淌到焊缝之外未熔化的母材上，所形成的金属瘤叫焊瘤。产生的主要原因是操作不熟练和运条角度不当。

9）塌陷。单面熔化焊时，由于焊接电流或装配间隙过大，造成焊缝金属过量透过背面，使焊缝正面塌陷、背面凸起。

10）烧穿。焊接过程中，熔化金属自坡口背面流出，形成穿孔的缺陷，主要是焊件过热造成的。选择适当的焊接电流和焊接速度，严格控制焊件的装配间隙，或采用衬垫、焊剂垫等方法可有效防止烧穿现象的出现。

5.8 焊接检验

1. 焊接接头破坏性检验方法

破坏性检验是从焊件或试件上切取试样，或以产品的整体破坏做试验，以检查其各种力学性能、耐蚀性能等的检验方法。

1）力学性能检验。力学性能试验就是采用材料、坡口形式、焊接工艺等均与产品实际情况相符的焊接试板，对焊接试板进行拉伸、弯曲、冲击、硬度和疲劳等试验，以测定焊缝金属的抗拉强度、屈服强度、延伸率、断面收缩率、韧性及疲劳强度等力学性能指标。

2）金相检验。金相检验分为宏观检验和微观检验两种。宏观检验是在焊接试板上截取试样，经过刨削、打磨、抛光、侵蚀和吹干，用肉眼或低倍放大镜观察，检验焊缝的金属结构、未焊透、夹渣、气孔、裂纹、偏析等缺陷。微观检验是将试样的金相磨片在显微镜下观察以检验焊缝、热影响区、母材的金相组织和确定内部缺陷。

3）焊缝金属的化学分析。用直径为6mm的钻头，从焊缝中或堆焊层上钻取50～60g的焊缝金属碎屑，检验焊缝的化学成分，必要时，需分析焊缝中氢、氧或氮的含量。

4）腐蚀试验。一般用于不锈钢焊件，确定其在给定条件下，金属抵抗腐蚀的能力，估计使用寿命，分析引起腐蚀的原因并找出解决办法。

5）焊接性试验。评定母材焊接性的试验叫焊接性试验。焊接性试验的种类和方法很多，如碳当量法、根部裂纹敏感性评定法、热影响区最高硬度法、小铁研法、刚性板拘束法等。由于焊接裂纹是焊接接头中最危险的缺陷，所以用得最多的是焊接裂纹试验。通过焊接性试验，可以选择适合作为母材的焊接材料；确定合适的焊接工艺参数，如确定焊接电流、焊接速度、预热温度等；研究和发展新型材料。

2. 焊接接头非破坏性检验方法

非破坏性检验又称无损检验，是指在不破坏被检查材料或成品的性能、完整性的条件下进行检测缺陷的方法。

1）外观检查。外观检查主要依据相关国家标准、行业标准、产品技术条件以及考试规则等文件，用肉眼或不超过30倍的放大镜，借助量规、样板及专用测量工具，测定焊缝的外形尺寸和鉴定焊缝有无气孔、咬边、焊瘤、裂纹等表面缺陷，来判断焊接接头外表质量，是一种最简单而不可缺少的检查手段。

2）密封性检验。检查有无漏水、漏气和漏油等现象的试验，分为气密性试验和煤油渗漏检验。气密性试验是在容器内部通入一定压力（远低于工作压力）的压缩空气，在焊缝外表面涂刷肥皂液，观察是否出现肥皂泡。煤油渗漏检验是在低压薄壁容器的焊缝一面涂上白垩粉水溶液，待干燥后，在另一面涂上煤油，当焊缝有穿透性缺陷时，干燥的白垩粉一面会形成明显的油斑或带条。

3）耐压检验。将水或油充入容器内缓慢加压，检查其是否泄漏、耐压或破坏等的试验，分为水压试验和气压试验。

4）磁粉探伤。磁粉探伤适合于发现薄壁工件、导管的表面裂纹、一定深度和一定大小的未焊透，但很难发现气孔、夹渣和隐藏较深的缺陷。按磁粉分类，磁粉探伤有干法和湿法两种。其原理是：将被检的工件放在较强的磁场中，磁力线通过工件时，形成封闭的磁力线。由于铁磁性材料的导磁能力很强，如果工件表面或近表面有裂纹、夹渣等缺陷存在，将阻碍磁力线通过，磁力线不但会在工件内部产生弯曲，而且会有一部分磁力线绕过缺陷而暴露在空气中，而产生磁漏。这个漏磁场能吸引磁铁粉，其形状与缺陷形状和长度近似，其中，磁力线若垂直于裂纹时，显示最清楚。特别要注意的是，磁粉探伤过的工件有剩磁存在，必须采取去磁措施。

5）渗透探伤。渗透探伤是利用带有荧光染料或红色染料的渗透剂的渗透作用，显示缺陷痕迹的无损检验法。其中，荧光法适用于小型零件，着色法适用于大型非铁磁性材料的表面缺陷检验，其灵敏度比荧光检验高。

6）超声波探伤。超声波传播到两介质的分界面上时，能被反射回来，超声波探伤就是利用这一性质来检测焊缝中的缺陷。超声波在金属中可以传播很远（达10m），因此可探伤厚大工件；同时超声波在介质中的传播速度恒定不变，因此可进行缺陷的定位，但其判断缺陷类型和定位的准确性较差，最好与射线探伤配合使用，先超声波探伤，再射线探伤透视核实，检验效果更好。

7）射线探伤。X射线和γ射线能不同程度地透过金属材料，利用这种性能，当射线通过被检查的焊缝时，因焊缝内的缺陷对射线吸收能力不同，使射线落在胶片上的强度不一样，胶片感光程度不一样，这样就能准确地显示缺陷的形状、位置和大小。X射线设备复杂，费用大，穿透能力比γ射线小，但透照时间短、速度快，适合检查厚度小于30mm的工件。γ射线透照时间长，不宜于厚度小于50mm工件的透视，能透照厚板，透照时无需电源，方便野外工作。

复习思考题

1. 根据焊接过程中金属所处的状态，把焊接分为哪三大类？每类具体有哪些方法？
2. 什么是焊缝和焊接接头？
3. 常用焊接接头有哪些形式？焊接位置有哪些？
4. 什么是坡口？坡口的作用是什么？坡口形式有哪些？
5. 解释名词：余高、熔深、钝边、根部间隙、焊缝厚度、焊缝宽度、坡口面角度、坡口角度。

  6. 开坡口的目的是什么？简述常见的坡口形式。

  7. 什么是焊接工艺参数？包括哪些内容？如何正确选择？

  8. 简述焊接电流和焊接速度对焊缝的余高、熔深和熔宽的影响。

  9. 焊条由哪两部分组成？各有什么作用？

  10. 按用途分类，焊条有哪几类？

  11. 酸性焊条与碱性焊条有什么区别？

  12. 什么是焊条的型号？什么是焊条的牌号？请举例说明。

  13. 如何选择焊条？

  14. 简述对接平焊焊接操作的步骤？

  15. 如何引弧？运条时有哪三个基本动作？

  16. 说明电弧的构造，并标注各个区域的温度。

  17. 焊机型号是如何编排的？

  18. 弧焊机与焊条、焊件有哪两种不同的接线法？如何选择？

  19. 简述实习时，你所使用的焊机型号、焊条规格及焊接母材牌号与尺寸。

  20. 焊条电弧焊的焊接规范包括哪些内容？

  21. 简述气焊用材料及设备，在使用过程中应注意哪些问题？

  22. 氧气和乙炔的体积混合比分别为多少可获得氧化焰、中性焰、乙炔焰？三种火焰各适用于哪些材料的焊接？

  23. 什么是气体保护焊？有哪些具体方法？

  24. 氩弧焊与 CO_2 焊有何异同？

  25. 如何区别氧乙炔焰的种类？

  26. 为什么等离子弧又称为压缩电弧？

  27. 切割方法有哪些？

  28. 常见的焊接缺陷有哪些？如何检验？

  29. 焊接接头非破坏检验方法有哪些？

第6章

切削加工的基础知识

6.1 切削加工概述

切削加工是使用切削工具（包括刀具、磨具和磨料），通过工具和工件的相对运动，从毛坯（铸件、锻件和条料等）上切去多余材料，以获得零件的尺寸精度、形状精度、位置精度和表面粗糙度完全符合图样要求的机器零件加工方法。

切削加工分为钳工和机械加工两大类。

钳工，一般是通过工人手持工具进行的切削加工。钳工的劳动强度大，生产效率低，但是加工方式多种多样，使用的工具简单、方便灵活，在某些场合，钳工比机械加工更经济更方便，是装配和修理工作中不可缺少的加工方法。钳工操作主要包括划线、錾削、锯削、锉削、刮削、研磨、钻孔、扩孔、铰孔、攻螺纹和套螺纹等。

机械加工是通过工人操作金属切削机床进行的切削加工方法。它能够高效率地加工出各种形状、各种精度的零件，例如圆柱、圆锥、孔、平面、螺纹、齿轮和沟槽等。常见的机械加工方法有车削、刨削、铣削、磨削和钻削等，所用的机床分别称为车床、刨床、铣床、磨床和钻床等。几种加工方式如图 6.1 所示。

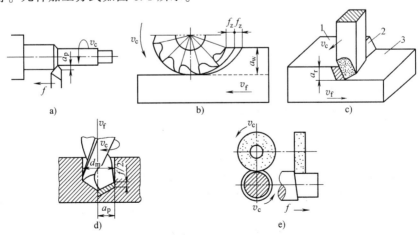

图 6.1 切削加工的种类

a）车外圆 b）周铣 c）刨削 d）钻孔 e）磨外圆

1—待加工表面 2—过渡表面 3—已加工表面

6.2 切削运动和切削用量

6.2.1 切削运动

切削加工过程中，为了从工件上切下多余的材料，获得所需的表面，刀具与工件之间必须有一定的相对运动，即切削运动，按其所起作用可分为主运动和进给运动。

1) 主运动。使刀具与工件产生相对运动，以切除工件上多余材料的基本运动称为主运动。其速度最快，消耗的功率也最大。每一种加工方法中只有一个主运动。例如车削时工件的旋转运动、磨削时砂轮的旋转运动、牛头刨床刨削时刨刀的往复直线运动都是主运动。

2) 进给运动。不断地将多余材料层投入切削，以保证切削连续进行的运动称为进给运动。其速度较低，消耗的功率也较小。切削加工中进给运动可能是一个或几个，例如磨削外圆时就需要多个进给运动。

6.2.2 加工表面

在切削过程中，工件上形成三个变化的表面，分别是待加工表面、过渡表面和已加工表面。以车削外圆为例，如图 6.2 所示。

1) 待加工表面：工件上待切除的表面。

2) 过渡表面：主切削刃正在切削的表面。

3) 已加工表面：经刀具切削后形成的表面。

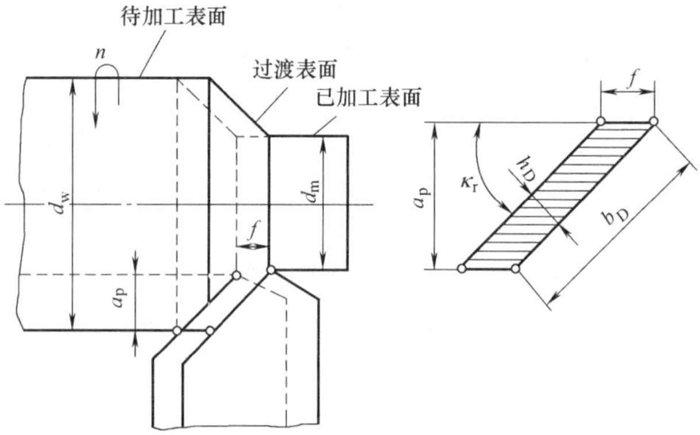

图 6.2　车削外圆时的切削要素

6.2.3 切削用量

切削用量是描述切削运动大小的参数。在一般的切削加工中，切削用量包括切削速度、进给量和背吃刀量三个要素。

1. 切削速度 v_c

切削速度是指在单位时间内，工件和刀具沿主运动方向的相对位移，单位为 m/s 或 m/min。

当主运动为旋转运动时，切削速度为

$$v_c = \frac{\pi d_w n}{1000 \times 60} (\text{m/s})$$

式中，d_w 为待加工表面的直径或刀具直径，单位为 mm；n 为工件或刀具的转速，单位为 r/min。

当主运动为往复直线运动时，则切削速度为

$$v_c = \frac{2L n_r}{1000 \times 60} (\text{m/s})$$

式中，L 为往复直线运动的行程长度，单位为 mm；n_r 为主运动每分钟的往复次数，单位为行程次数/min。

2. 进给量 f

进给量是指在单位时间内或主运动的一个工作循环内，刀具与工件沿进给运动方向相对移动的距离。车削、钻削、铣削的主运动是旋转运动，工件或刀具每转一圈为一个工作循环，进给量的单位为 mm/r。刨削的主运动是往复直线运动，每一往复（双行程）为一个工作循环，进给量的单位为 mm/str。铣削时常用的进给量为工件每分钟沿进给方向移动的距离，即进给速度 v_f（mm/min）、进给量 f（mm/r）和每齿进给量 f_z（mm/z）。

3. 背吃刀量（切削深度）a_p

背吃刀量又称切削深度，一般指工件待加工表面与已加工表面间的垂直距离。车削外圆时，背吃刀量为

$$a_p = \frac{d_w - d_m}{2} \quad (mm)$$

式中，d_w 为待加工表面直径；d_m 为已加工表面直径。

6.2.4 切削层参数

切削层：在各种切削加工中，刀具相对于工件沿进给运动方向每移动一个进给量 f（mm/r）或移动一个每齿进给量 f（mm/z）后，一个刀齿正在切削的材料层称为切削层。

1）切削层公称厚度：$h_D = f \cdot \sin k_r$
2）切削层公称宽度：$b_D = a_p / \sin k_r$
3）切削层公称横截面积：$A_D = h_D \cdot b_D = f \cdot a_p$

6.3 刀具材料及刀具的几何形状

6.3.1 刀具材料

1. 对刀具材料的性能要求

刀具材料是指刀具上直接参与切削部分的材料。因它在切削过程中要承受高压、高温、摩擦、冲击和振动，所以刀具材料应具备以下基本性能：

（1）较高的硬度 常温下一般应达到 60HRC 以上。

（2）良好的耐磨性 以抵抗切削过程中的磨损，保持正确的刀具角度，维持一定的切削时间。

（3）良好的耐热性 又称红硬性或热硬性，指刀具材料在高温下仍保持较高硬度、强度、韧性的性能。

（4）足够的强度和韧性 以承受切削力、冲击和振动。

（5）良好的工艺性 以便于制造各种刀具。工艺性包括锻造、轧制、焊接、切削加工、磨削加工和热处理性能等。

2. 常用刀具材料的性能和用途

（1）碳素工具钢 碳素工具钢是碳质量分数为 0.7%~1.2% 的优质或高级优质钢。淬火后常温硬度为 60~65HRC，价格比其他材料低廉。耐热性不好，耐热温度为 200~250℃，允许的切削速度 $v_c \leqslant 8$m/min（0.13m/s），热处理变形大，形状复杂的刀具易淬裂，用于制造

切削速度低、形状简单的手工工具，如锉刀、锯条、刮刀等。常用的牌号有 T8、T8A、T10、T10A、T12、T12A 等。

（2）合金工具钢　合金工具钢是在碳素工具钢中加入 Cr、W、Mn、Si 等合金元素形成的。热处理变形小，淬透性好，淬火后硬度达 61~65HRC，能够适应复杂形状刀具的要求，耐热温度达 300~400℃。常用于制造低速切削刀具，如铰刀，丝锥、板牙等。常用的材料有 9SiCr 和 CrWMn 等。

（3）高速工具钢　高速工具钢又称白钢、锋钢，是含 W、Cr、Mo、V 等合金元素较多的高合金工具钢。高速工具钢具有较全面的优良性能，淬火硬度为 62~65HRC，耐热性可达 600℃，允许的切削速度为 30~50m/min（0.5~1.08m/s），热处理变形小，刃磨性能比硬质合金好，广泛用于制造各种复杂的刀具，如钻头、铣刀、拉刀和齿轮刀具等。常用的牌号有 W18Cr4V、W6Mo5Cr4V2 等。

（4）硬质合金　硬质合金是以高硬度、高熔点的金属碳化物（如碳化钨 WC、碳化钛 TiC）为基体，以钴 Co 为结合剂，利用粉末冶金工艺制成的合金。其硬度可达 89~93HRA（相当于 74~82HRC），有较好的耐磨性和热硬性，耐热温度达 800~1000℃，允许的切削速度高达 100~300m/min。但其抗弯强度低，冲击韧性差，工艺性能不如高速工具钢，刃口也不如高速工具钢锋利。通常制成各种型式的刀片，将其焊接或夹固在刀体上使用。

常用的硬质合金有钨钴合金和钨钛钴合金。

钨钴合金是由 WC 和 Co 组成的合金，相对于钨钴钛合金，韧性较好，常用于加工脆性材料（如铸铁）或冲击性较大的工件。但由于它的热硬性不如钨钴钛类，一般不用于加工塑性材料，如碳钢。常用牌号有 YG3X（代号 K01）、YG6（代号 K20）、YG8（代号 K30）等。数字表示 Co 的质量分数，钴含量越高，则强度、韧性越高，硬度、耐磨性越低，牌号后面加 X 的为细晶粒硬质合金。K30 用于粗加工，K20 和 K01 用于半精加工和精加工。

钨钛钴合金是由 WC、TiC 和 Co 组成的合金。它的热硬性较好，高温下比钨钴合金耐磨，常用于加工钢料或其他韧性较好的塑性材料。但因其脆性较大，不耐冲击，不宜加工脆性材料，如铸铁等。常用牌号有 YT5（代号 P30）、YT15（代号 P10）、YT30（代号 P01）等。数字表示 TiC 的质量分数，数字大，表示 TiC 含量多，则硬度和耐磨性高，但抗弯强度和抗冲击韧性低。P30 用于粗加工，而 P10 和 P01 用于半精加工和精加工。

此外，对硬质合金进行改进、增添合金元素和细化晶粒，例如加入碳化钽（TaC）和碳化铌（NbC）可形成万能硬质合金 YW1 和 YW2，既适于加工铸铁等脆性材料，又适于加工钢等塑性材料。

（5）涂层刀具材料　涂层刀具材料是在韧性较好的硬质合金或高速工具钢的基体上，涂一层几微米厚的高硬度、高耐磨性的金属化合物（TiC，TiN，Al_2O_3 等）而构成的。用物理或化学沉积的方法得到的涂层硬质合金刀具的耐用度比不涂层的至少可提高 1~3 倍，涂层高速工具钢刀具的耐用度比不涂层的可提高 2~10 倍。国内涂层硬质合金刀片牌号有 CN，CA，YB 等系列。

（6）超硬刀具材料

1）陶瓷材料。它的主要成分是 Al_2O_3，Al_2O_3 刀片硬度可达 86~96HRA，耐 1200℃高温，耐磨性好，允许用较高的切削速度，且价格低廉，原料丰富。我国制成的 AM、AMF、AMT、AMMC 等牌号的金属陶瓷，成分除 Al_2O_3 外，还含有多种金属元素，抗弯强度比普通陶瓷刀片高。

2）人造金刚石。硬度极高，接近于 10000HV（硬质合金为 1300~1800HV），耐热温度为 700~800℃。可加工硬质合金、陶瓷、玻璃、有色金属及其合金等，但不宜加工铁族金属材料，因铁和碳原子的亲和力较强，易产生黏结作用加快刀具磨损。

3）立方氮化硼。是人工合成的一种高硬度材料，硬度达 8000~9000HV，耐热温度达 1300~1500℃，强度低，焊接性差，适用于半精加工和精加工高硬度、高强度的淬火钢及耐热钢，也可用于精加工有色金属。

6.3.2 刀具的几何形状

切削刀具的种类虽然很多，但它们切削部分的结构要素和几何角度有着许多共同的特征。各种多齿刀具或复杂刀具，就其一个刀齿而言，都相当于一把车刀的刀头。下面以车刀为例，分析和研究刀具的几何形状。

1. 车刀的组成

车刀由刀杆和刀头组成，刀杆是刀具的夹持部分，用于将车刀夹固在车床方刀架上，刀头是刀具上夹固和焊接刀条、刀片的部分，或由它形成切削刃的部分。车刀切削部分由三面两刃一尖组成，如图 6.3 所示。

1）前面 A_γ。刀具上切屑流出时所经过的表面，一般指车刀的上面。

2）主后面 A_α。刀具上与工件加工表面（即过渡表面）相对着的表面。

3）副后面 A_α'。刀具上与已加工表面相对着的表面。

4）主切削刃 S。前面与主后面的交线，它担负主要的切削工作。

5）副切削刃 S'。前面与副后面的交线，它担负少量的切削工作。

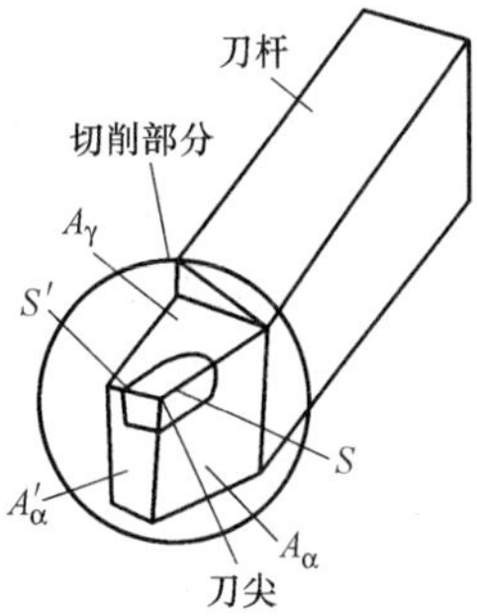

图 6.3 外圆车刀的组成

6）刀尖。主切削刃与副切削刃的相交部分，通常磨成一小段过渡圆弧或直线，目的是提高刀尖强度和改善散热条件。

2. 车刀的几何角度及其作用

（1）确定刀具角度的静止参考系 为了确定刀具角度，必须建立一定的参考系。参考系由坐标平面，即辅助平面构成。刀具静止参考系的主要坐标平面有基面、切削平面、正交平面、假定工作平面和背平面等，如图 6.4 所示。

1）基面是通过切削刃上选定点且垂直于该点假定主运动方向的平面，用 P_r 表示。车刀的基面一般为水平面，即平行于车刀底面。

2）切削平面是通过切削刃上选定点且与切削刃相切，并垂直于基面的平面，用 P_s 表示。车刀的切削平面一般是铅垂面。

3）正交平面是通过切削刃上选定点并同时垂直于基面和切削平面的平面，用 P_o 表示。车刀的正交平面一般也是铅垂面。

4）假定工作平面（原称进给平面）是通过切削刃上选定点与基面垂直，且与假定进给方向平行的平面，用 P_f 表示。

背平面是通过切削刃上选定点并同时垂直于基面和假定工作平面的平面，用 P_p 表示。

（2）车刀的几何角度及其作用　车刀的主要角度如图6.5所示。

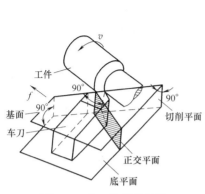

图 6.4　车刀的辅助平面

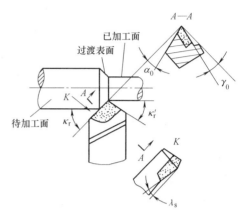

图 6.5　车刀的主要角度

1）前角是前面与基面间的夹角，在正交平面中测量，用 γ_0 表示。前角的主要作用是使刃口锋利，切削轻快，同时影响切削刃的强度，常取 $-5° \sim 25°$。

2）后角是主后面与切削平面间的夹角，在正交平面中测量，用 α_0 表示。后角的作用是减少刀具与工件之间的摩擦和磨损，常取 $4° \sim 12°$。

3）主偏角是切削平面与假定工作平面间的夹角，在基面内测量，用 κ_r 表示。主偏角影响切削层截面的形状和几何参数，如图6.6所示，并和副偏角一起影响已加工表面的表面质量。同时主偏角的大小还影响背向力 F_p 与进给力 F_f 的比例以及刀具寿命，如图6.7所示。外圆车刀的主偏角通常有 $90°$、$75°$、$60°$ 和 $45°$ 等。当加工刚度较差的细长轴时，常取 $\kappa_r = 90°$ 或 $75°$。

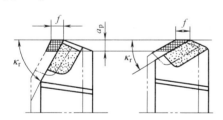

图 6.6　主偏角对切削层的影响

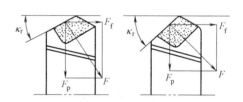

图 6.7　主偏角对切削分力的影响

4）副偏角是副切削平面与假定工作平面间的夹角，在基面内测量，用 κ_r' 表示。副偏角的作用是减少副切削刃与工件已加工表面的摩擦，减少切削振动。副偏角的大小影响工件表面残余面积的大小，进而影响已加工表面的表面粗糙度值 Ra，如图6.8所示。常取 $5° \sim 15°$。

5）刃倾角是主切削刃与基面间的夹角，在切削平面内测量，用 λ_s 表示。刃倾角的大小不仅影响刀尖的强度，还影响切屑的流向，如图6.9所示。常取 $-5° \sim 5°$。

（3）刀具的工作角度　刀具在切削过程中的实际切削角度，称为工作角度。车刀安装高低对工作前角、后角的影响如图6.10所示。刀柄倾斜安装对工作主、副偏角的影响如图6.11所示。

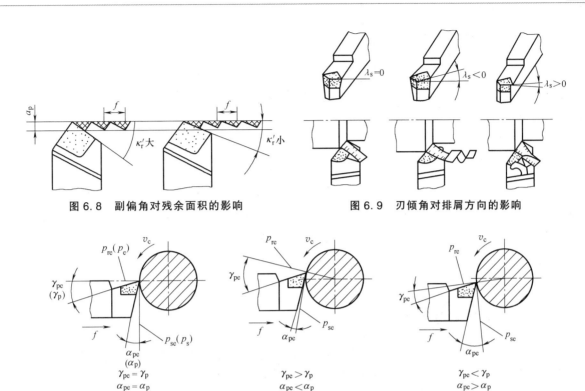

图 6.8 副偏角对残余面积的影响　　图 6.9 刃倾角对排屑方向的影响

图 6.10　车刀安装高低对工作前角、后角的影响

a）刀尖与工件轴线等高　b）刀尖高于工件轴线　c）刀尖低于工件轴线

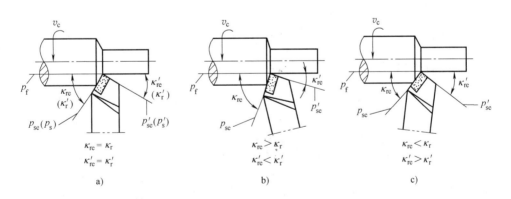

图 6.11　刀柄倾斜安装对工作主、副偏角的影响

a）刀柄垂直安装　b）刀柄右倾安装　c）刀柄左倾安装

6.4　金属切削机床的分类与编号

　　金属切削机床简称为机床，它是用刀具对金属进行切削加工的机器，是机械制造的主要加工设备。

6.4.1 机床型号的编制方法

为了方便使用和管理机床，每一种机床都赋予一个型号，即机床型号。机床型号是用于表示机床的类别、主要参数和主要特性的代号。我国的机床型号由汉语拼音字母和阿拉伯数字按一定规律组合而成，如：

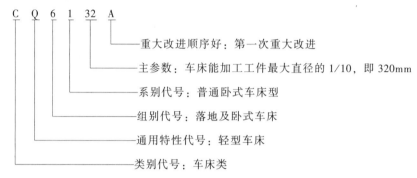

```
C Q 6 1 32 A
```

重大改进顺序好：第一次重大改进

主参数：车床能加工工件最大直径的 1/10，即 320mm

系列代号：普通卧式车床型

组别代号：落地及卧式车床

通用特性代号：轻型车床

类别代号：车床类

6.4.2 机床的类别及其代号

机床分 11 类，类别代号以机床名称首字汉语拼音第一个字母大写表示，并按名称读音。其中磨床由于种类较多，又分 3 类，分类号用数字表示，第一分类不予标注。机床类别及代号见表 6.1。

表 6.1 机床类别及代号

类别	车床	钻床	镗床	磨床			齿轮加工机床	螺纹加工机床	铣床	刨插床	拉床	锯床	其他机床
代号	C	Z	T	M	2M	3M	Y	S	X	B	L	G	Q
读音	车	钻	镗	磨	二磨	三磨	牙	丝	铣	刨	拉	割	其

6.4.3 机床通用特性代号

机床的各种通用特性及其代号见表 6.2。特性代号代表机床所具有的特殊性能，并按特性用汉语拼音首字母的大写表示。机床特性代号在机床型号中列在机床类别代号的后面。

表 6.2 机床通用特性及代号

通用特性	高精度	精密	自动	半自动	数控	加工中心（自动换刀）	仿形	轻型	加重型	简式或经济型	柔性加工单元	数显	高速
代号	G	M	Z	B	K	H	F	Q	C	J	R	X	S
读音	高	密	自	半	控	换	仿	轻	重	简	柔	显	速

6.4.4 机床的组别和系别代号

每类机床按用途、性能、结构相近或有派生关系分为若干组。机床在类下细分出 10 个组别，组别下细分出 10 个系别（型别），以阿拉伯数字表示。

6.4.5 机床主参数及其表示

主参数代表机床规格的大小。各类机床的主参数有统一规定，主参数的值为主参数乘以其折算系数。常用机床的主参数及其折算系数见表 6.3。

表 6.3 常用机床的主参数及其折算系数

机床名称	主参数名称	主参数折算系数
卧式车床	床身上最大回转直径	1/10
立式车床	最大车削直径	1/100
转塔车床	最大车削直径	1/10
落地车床	最大工件回转直径	1/100
摇臂钻床	最大钻孔直径	1
台式钻床	最大钻孔直径	1
立式钻床	最大钻孔直径	1
卧式升降台铣床	工作台面宽度	1/10
龙门铣床	工作台面宽度	1/100
卧式铣镗床	镗轴直径	1/10
坐标镗床	工作台面宽度	1/10
牛头刨床	最大刨削长度	1/10
龙门刨床	最大刨削宽度	1/100
插床	最大插削长度	1/10
万能外圆磨床	最大磨削直径	1/10
内圆磨床	最大磨削孔径	1/10
平面磨床	工作台面宽度	1/10

6.5 常用量具及其使用方法

为了保证零件的加工质量，使之符合图样规定的尺寸、几何精度和表面粗糙度要求，需要用测量工具进行检测，用于测量的工具称为量具。由于零件有各种不同形状，它们的精度也不一样，因此就要用不同的量具去测量。生产加工中常用的量具有钢板尺、卡钳、游标卡尺、百分表、百分尺、内径量表、角尺、塞尺、刀口尺、万能角度尺及专用量具（塞规、卡规）等。

6.5.1 游标卡尺

游标卡尺简称卡尺，其结构简单，是最常用的量具之一，可以直接量出工件的外径、内径、长度、深度和厚度的尺寸。游标卡尺有 0.1mm、0.05mm、0.02mm 三种测量精度，常用的规格有 125mm、150mm、200mm、300mm 等。其结构如图 6.12 所示，由主尺和副尺组成，不仅有外卡爪，还有内卡爪和测深尺。主尺与固定卡脚制成一体，副尺和活动卡脚制成一体，并能在主尺上滑动。游标卡尺应用于半精加工或粗加工中的测量。

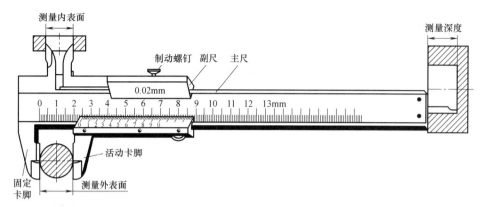

图 6.12　游标卡尺

1. 游标卡尺刻线原理

刻度值为 0.02mm 的卡尺刻线原理如图 6.13 所示。刻度值是主尺和副尺刻线每格间距之差，主尺在 50mm 长度上均分 50 格，每格 1mm。而副尺在 49mm 长度上均分 50 格，每格为 $\frac{49}{50}$mm = 0.98mm。这样，主尺与副尺每格之差为 0.02mm，即为卡尺的刻度值。

2. 游标卡尺读数方法如图 6.14 所示

图 6.13　游标卡尺刻线原理

24mm+13×0.02mm=24.26mm

图 6.14　游标卡尺读数方法

第一步读整数，即读出副尺零线左面主尺上的整毫米数。

第二步读小数，根据副尺上与主尺刻线对准的刻线数乘以 0.02mm 读出小数。

第三步将以上读出的整数和小数相加，即得总的测量尺寸。

3. 使用游标卡尺的注意事项

1）使用前应擦干净卡脚，并闭合卡脚，检查主副尺零线是否重合。若不重合，则应在测量后根据原始误差修正读数。

2）测量时应使卡脚逐渐与工件表面靠近，最后轻微接触。卡脚不得用力紧压工件，以免卡脚变形，影响测量精度。

3）游标卡尺仅用于测量已加工的静止的光滑表面。表面粗糙的工件和正在运动的工件都不能用游标卡尺测量，以免卡脚过快磨损或发生其他事故。

4）测量时游标卡尺必须放正，切忌歪斜，以免测量不准。

除以上讨论的游标卡尺，还有高度游标卡尺和深度游标卡尺，如图 6.15 所示，它们的读数原理与游标卡

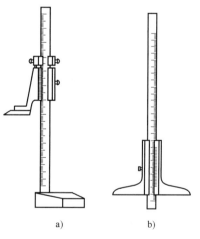

a)　　　　b)

图 6.15　高度游标卡尺和深度游标卡尺

a）高度游标卡尺　b）深度游标卡尺

尺相同。高度游标卡尺除用于测量工件的高度外，还可以用来精密划线。深度游标卡尺专用于测量深度尺寸。

6.5.2 千分尺

千分尺是生产中最常用的精密量具之一。按结构及用途分为外径千分尺、内径千分尺、测深千分尺、螺纹千分尺、壁厚千分尺等。各种千分尺都是利用精密螺旋副原理来测量的，最常用的是外径千分尺（图6.16）。它的刻度值是 0.01mm，测量精度高于游标卡尺。千分尺的螺杆与活动套筒连在一起，当转动活动套筒时，螺杆即向左或右移动，螺杆与砧座之间的距离即为零件的外圆直径或长度尺寸。

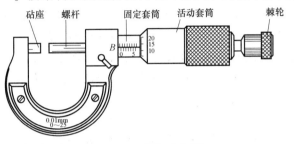

图 6.16 外径千分尺

1. 千分尺的刻线原理

千分尺主要由固定套筒和活动套筒组成（图6.17），固定套筒在轴线方向刻有一条中线，中线的上下方各有一排刻线，刻线每格均为 1mm，但上下刻线相互错开 0.5mm。由轴向刻线可读出整数和 0.5mm 的小数。活动套筒左端圆周上有 50 等分的刻度线，因与活动套筒相连的测量螺杆的螺距是 0.5mm，所以，当活动套筒和螺杆旋转一周时，轴向移动 0.5mm，则活动套筒上每小格的读数是 0.5mm/50＝0.01mm。当千分尺的测量螺杆与砧座接触，活动套筒的边沿与轴向刻度的零线重合，同时，圆周上的零线应与中线对齐。

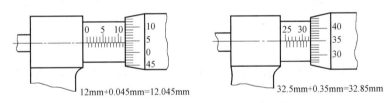

图 6.17 千分尺的刻线原理和读数方法

2. 千分尺的读数方法

1）读出固定套筒上露出刻线的毫米数，它是 0.5 的整数倍。

2）活动套筒上有一条刻度线与固定套筒的中线重合，读出它的格值并乘以刻度值 0.01mm。

3）将以上两部分读数相关即为总尺寸。

3. 使用千分尺的注意事项

1）校正零点线。先将砧座与螺杆接触的测量面用细软干净布擦拭干净并合拢，看圆周刻度零线是否与中线零点对齐，如没有对齐，则百分尺存在误差，应记住此误差值，在测量时根据原始误差修正读数。

2）测量时，若尺口距被测位置有较大距离，可转动套筒调节 当活动测头已接近工件时，必须使用活动套筒后端的棘轮盘（一个恒力装置）控制测量力。当棘轮发出"嘎嘎"打滑声时，表示压力合适，停止拧动，此时读数即为测量值。

3）读数时要注意固定套筒的刻度是 0.5 的整数倍，不能多读或少读。

4）被测工件面必须擦拭干净，以保证测量的准确性。

5）不可测量转动着的工件。

6.5.3　塞尺

塞尺也称厚薄尺（图 6.18），由一组厚度为 0.02~0.5mm 不等的薄钢片组成，每片钢片上都印有厚度标记，用于测量两贴合面之间的缝隙大小。测量时，用塞尺直接塞入间隙，则塞进的所有薄钢片厚度之和为两贴合面之间的间隙值。塞尺测量精度不高，使用前必须先擦干净尺面和工件，测量时不能用力硬塞，以免尺片弯曲和折断。

6.5.4　直角尺

直角尺内侧两个边和外侧两个边分别成 90°角，如图 6.19 所示，常用于检测工件表面间的垂直度。直角尺使用时将一条边与工件的基准面贴合，然后查看另一条边与工件之间的间隙。当工件精度较低时，采用塞尺测量其缝隙大小；当精度较高时，工件与直角尺间的缝隙很小，这时借助从缝隙中衍射出来光的颜色可以测出间隙大小。

图 6.18　塞尺　　　　　　　　　　图 6.19　直角尺

6.5.5　刀口尺

刀口尺用于采用光隙法和痕迹法检验小型平面的平面度和直线度，如图 6.20 所示，间隙大时可用塞尺测量出间隙值。

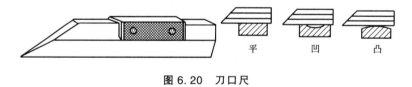

平　　　凹　　　凸

图 6.20　刀口尺

6.5.6　光滑极限量规

在生产中并非所有零件的测量或检验都要读出它的具体数值，有些零件只需要知道所加工的尺寸或形状是否合格。量规就是这样的一类量具，光滑极限量规是专门用于孔或轴及厚度或槽宽测量的专用量具。

光滑极限量规分为卡规和塞规，如图 6.21 所示。塞规用于检验孔和槽宽等内尺寸，它的两端长短不一，长的一端叫"过端"，控制被测孔的最小极限尺寸，过端能插入被测孔内，说明孔的尺寸大于最小极限尺寸。短的一端叫"不过端"（止端），控制被测孔的最大

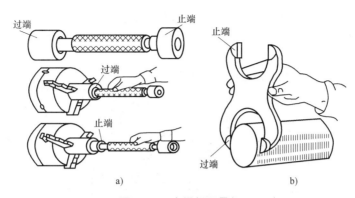

图 6.21 光滑极限量规

a）塞规及其使用 b）卡规及其使用

极限尺寸，不过端不能插入被测孔内，说明孔的尺寸小于最大极限尺寸。若孔的尺寸介于最大和最小极限尺寸，则孔的尺寸合格。即在检验中塞规的"过端"能全部通过被测孔，"不过端"进不去时，则说明被测孔合格，否则不合格。

卡规用于检验轴径和厚度等外尺寸，也是由"过端"和"不过端"（止端）组成，测量原理与塞规相似。

6.5.7 百分表

百分表是一种精度较高的比较测量量具，一般只用于测量相对数值，不用于测量绝对数值，主要用于工件尺寸、形状、几何误差（圆度、平面度、垂直度、跳动等）的检验、机床调试以及安装工件时的精密找正。百分表的结构如图 6.22 所示，当测量杆向上或向下移动 1mm 时，表内齿轮传动系统带动大指针转一圈，小指针转一格。刻度盘在圆周上有 100 个等分刻度线，每一小格读数为 1mm/100 = 0.01mm；小指针每格读数为 1mm。小指针的刻度范围就是百分表的测量范围，通常有 3mm、5mm、10mm 等测量规格。测量时将百分表装在表架上，先使测头压在工件上，读出初始值。初始值不一定为零，百分表的表盘可以自由转动，若希望初始值为零可以转动表盘使指针指向零。测量时，大小指针所示读数之和即为尺寸的变化量。

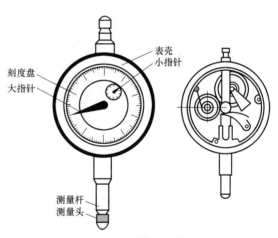

图 6.22 百分表的结构

6.5.8 万能角度尺

万能角度尺是用于测量零件的内、外角度量具，其结构如图 6.23 所示。万能角度尺的读数机构是根据游标原理制成的，主尺刻线每格为 1°，游标的刻线是取主尺的 29°等分为 30 格，因此，游标刻线每格为 29°/30，即主尺 1 格与游标 1 格差值为 1° − 29°/30 = 1°/30 = 2′，即万能角度尺读数准确度是 2′，其读数方法与游标卡尺完全相同。测量时应先校准零位，

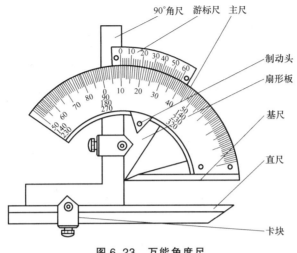

图 6.23　万能角度尺

即角尺与直尺均安装好，角尺的底边及基尺均与直尺无间隙接触，此时主尺与游标的零线对准。调好零位后，通过改变基尺、角尺、直尺的相互位置，可测量 0°~320° 的任意角度。

使用万能角度尺时，要根据测量范围组合量具，图 6.24 为万能角度尺使用实例。

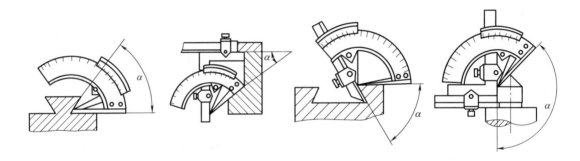

图 6.24　万能角度尺使用实例

6.6　零件加工质量及检测方法

6.6.1　精度

所谓精度，是指零件加工后的实际几何参数与理想参数的符合程度。相符程度越高，即偏差（加工误差）越小，加工精度越高。零件精度包括尺寸精度、形状精度及各表面的相互位置精度。

1. 尺寸精度

尺寸精度包括零件表面本身的尺寸精度（如圆柱面的直径）和表面间尺寸的精度（如孔间的距离）。尺寸精度的高低，用尺寸公差（尺寸允许的变动量）表示。同一基本尺寸的零件，公差值小的精度高，公差值大的精度低。尺寸精度越高的表面，其表面粗糙度值也越小。但表面粗糙度值小的表面，尺寸精度不一定很高，如手柄等非公差配合尺寸表面。

国家标准 GB/T 1800.1—2009 规定，尺寸精度分为 20 级，即 IT0、IT01 和 IT1～IT18，IT 表示标准公差。数字越大，表示精度越低。

2. 形状精度

形状精度是指实际形状相对理想形状的准确程度。类似于尺寸精度，在零件加工中出现不圆、不平等误差不可避免。以图 6.25 所示的轴为例，虽然都在尺寸公差范围内，却可能加工成 8 种不同形状的轴，把这些形状不同的轴装在精密仪器上，效果显然有差别。因此，为了满足产品质量的需要，必须对零件表面的形状加以控制，规定允许的变动范围，即设计者要在图样上给出零件允许的变动范围，即形状公差。

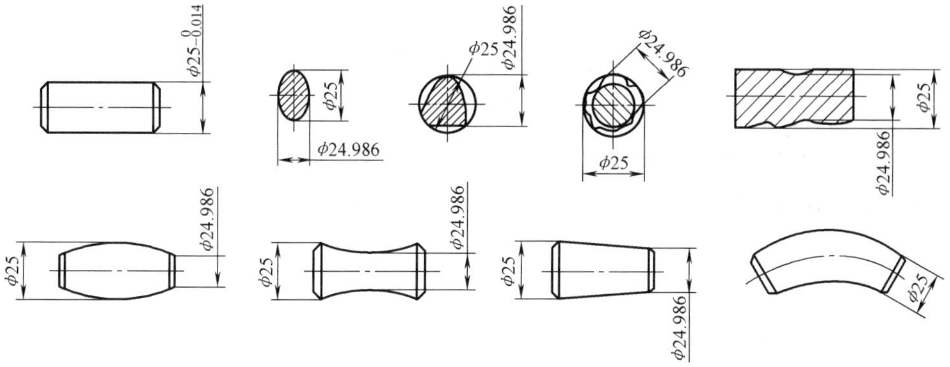

图 6.25　轴加工后可能产生的形状误差

形状公差反映了形状精度，国家标准 GB/T 1182—2008 规定了 6 项形状公差。它们是直线度、平面度、圆度、圆柱度、线轮廓度和面轮廓度。公差等级分为 1～12 级（圆度和圆柱度分为 0～12 级），1 级精度最高，公差值最小。形状公差名称及符号见表 6.4。

表 6.4　形状公差名称及符号

项目	直线度	平面度	圆度	圆柱度	线轮廓度	面轮廓度
符号	—	▱	○	⌭	⌒	⌓

形状公差在图样上用两个框格标注，前一格标注形状公差符号，后一格填写形状公差值。常用的形状公差有：

（1）直线度　直线度是指被测直线偏离理想形状的程度。直线度公差是被测直线相对于理想直线的允许变动量，其标注、公差带及测量方法如图 6.26 所示。

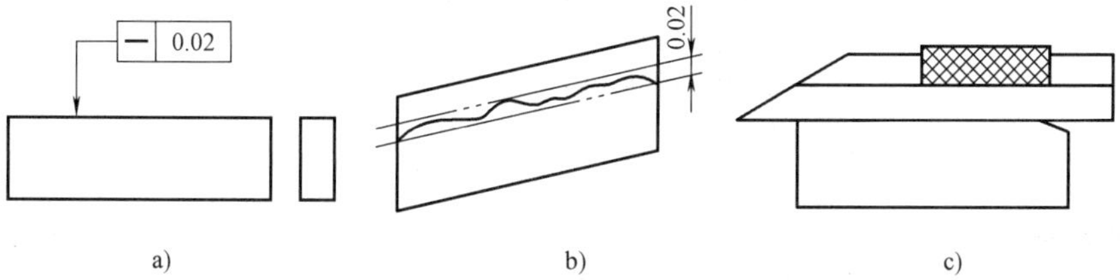

图 6.26　直线度公差的标注、公差带及测量方法

a）标注　b）公差带　c）测量方法

（2）平面度　平面度是指被测平面偏离其理想形状的程度。平面度公差是被测平面相对于理想平面的允许变动量，其标注、公差带及测量方法如图 6.27 所示。

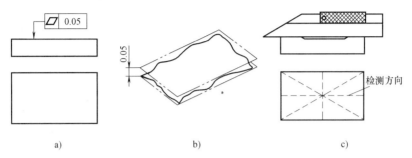

图 6.27　平面度公差的标注、公差带及测量方法
a）标注　b）公差带　c）测量方法

（3）圆度　圆度是指被测圆柱面或圆锥面在正截面内的实际轮廓偏离其理想形状的程度。圆度公差是被测圆相对理想圆的允许变动量，其标注、公差带及测量方法如图 6.28 所示。

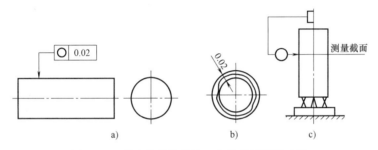

图 6.28　圆度公差的标注、公差带及测量方法
a）标注　b）公差带　c）测量方法

（4）圆柱度　圆柱度是指被测圆柱偏离其理想形状的程度。圆柱度公差是被测圆柱面相对于理想圆柱面的允许变动量，其标注及公差带如图 6.29 所示。

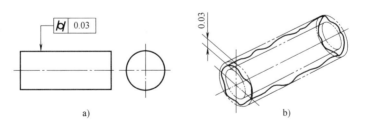

图 6.29　圆柱度公差的标注及公差带
a）标注　b）公差带

3. 位置精度

位置精度是指零件（点、线、面）的实际位置相对理想位置的准确程度，用位置公差表示。国家标准 GB/T 1182—2018 规定的位置公差项目有平行度、倾斜度、垂直度、同轴度、对称度、位置度、圆跳动和全跳动 8 项。位置公差等级分为 1~12 共 12 个等级。其名称及符号见表 6.5。

位置公差与形状公差相类似，常合称为几何公差，但它们有明显的区别。形状公差控制单一几何要素的误差，而位置公差控制多个几何要素的位置关系，其中以某一要素为基准。

表 6.5　位置公差名称及符号

名称	平行度	垂直度	倾斜度	同轴度	对称度	位置度	圆跳动	全跳动
符号	∥	⊥	∠	◎	═	⊕	↗	↗↗

位置公差在图样上用三个框格标注，前一格标注公差符号，中间一格填写位置公差值，后一格标注基准代号。常用的位置公差有：

（1）平行度　平行度是指零件上被测要素（线或面）相对基准平行方向所偏离的程度。平行度公差的标注、公差带及检测方法如图 6.30 所示。

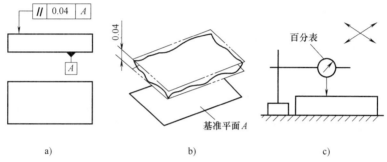

图 6.30　平行度公差的标注、公差带及检测方法

a）标注　b）公差带　c）检测方法

（2）垂直度　垂直度是指零件上被测要素（线或面）相对于基准垂直方向所偏离的程度。垂直度公差的标注、公差带及检测方法如图 6.31 所示。

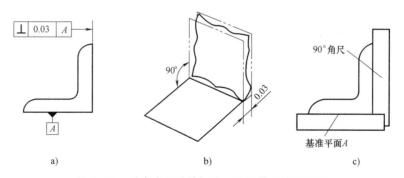

图 6.31　垂直度公差的标注、公差带及检测方法

a）标注　b）公差带　c）检测方法

（3）同轴度　同轴度是指零件上被测轴线相对于基准轴线的偏离的程度。同轴度公差的标注、公差带及检测方法如图 6.32 所示。

（4）圆跳动　圆跳动是指被测圆柱面的任一横截面上或端面的任一直径处，在无轴向移动的情况下，围绕基准轴线回转一周时，沿径向或轴向的跳动程度。圆跳动公差是在上述

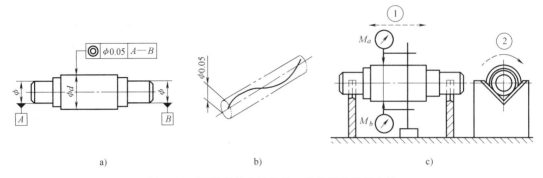

图 6.32 同轴度公差的标注、公差带及检测方法

a）标注 b）公差带 c）检测方法

条件下用百分表测量时，允许的最大与最小读数之差。径向圆跳动和端面圆跳动公差的标注及检测方法如图 6.33 所示。

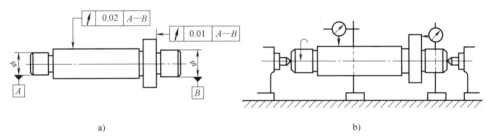

图 6.33 圆跳动公差的标注及检测方法

a）标注 b）在偏摆仪上检测圆跳动的方法

6.6.2 表面粗糙度

由于摩擦、振动、刀痕等原因，机械加工后的工件表面总会留下微小峰谷。这种零件已加工表面具有的较小间距和微小峰谷的不平度，称为表面粗糙度。表面粗糙度体现零件表面的微观几何形状误差。这种误差使零件表面粗糙不平，即使经过精细加工的表面，使用仪器仍能测量其表面的峰谷形态。峰谷越小，则表面粗糙度值越小，外观表现为零件越光洁。国家标准 GB/T 1031—2016 规定，表面粗糙度的评定参数主要有两种，常用的是轮廓算术平均偏差 Ra，单位 μm。Ra 是指在取样长度 L 内轮廓偏距 y 的绝对值的算术平均值，如图 6.34 所示。

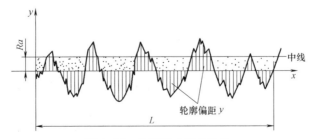

图 6.34 轮廓算术平均偏差

$$Ra = \frac{1}{L}\int_0^L |y|\,\mathrm{d}x$$

Ra 值已经标准化，如 100，50，25，12.5，…，0.4，…，0.012，0.008，表示方法是在符号上标以参数值，见表6.6和表6.7。一般来说，Ra 值越小，零件表面质量越高。

表6.6 表面粗糙度符号的意义及应用

符号	符号说明	意义及应用
∨	基本符号,两条不等长的倾斜细实线组成	单独使用无意义
 ∨̄	基本符号上加一短划	表示表面粗糙度是用去除材料的方法获得,如车、铣等
 ⊘̄	基本符号内加一小圆	表示表面粗糙度是用不去除材料的方法获得,如铸、锻、焊等

表6.7 轮廓算术平均偏差 Ra 的标注

代号	意 义
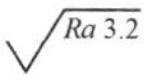 $\sqrt{}^{Ra\,3.2}$	用任何方法获得的表面,Ra 的最大允许值为 3.2μm
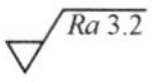 $\sqrt{}^{Ra\,3.2}$	用去除材料方法获得的表面,Ra 的最大允许值为 3.2μm
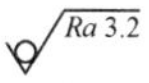 $\oslash^{Ra\,3.2}$	用不去除材料方法获得的表面,Ra 的最大允许值为 3.2μm
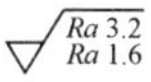 $\sqrt{}^{Ra\,3.2}_{Ra\,1.6}$	用去除材料方法获得的表面,Ra 的最大允许值 $R(\max)$ 为 3.2μm,最小允许值 $R(\min)$ 为 1.6μm

复习思考题

1. 什么是切削用量？切削用量三要素包括哪些内容？单位是什么？

2. 切削速度与主轴转速有区别吗？为什么？

3. 为什么不用碳素工具钢制造车刀？

4. 为什么零件的各加工尺寸要给出公差？公差的大小说明了什么？

5. 零件表面粗糙度值越小是否尺寸精度越高？为什么？

6. 常用的量具有哪些？

7. 零件图中没有标注公差的尺寸有没有公差？

8. 刀具材料应具备的基本性能有哪些？

9. 形状公差和位置公差各有哪几项？写出各项符号。

第7章

车削加工

7.1 概述

车床上，工件作旋转的主运动，刀具作平面直线或曲线的进给运动，以完成机械零件切削加工的过程，称为车削加工。它是机械加工中最基本、最常用的加工方法，各类车床约占金属切削机床总数的一半，所以它在机械加工中占有重要的位置。

车削适用于加工回转零件，其切削过程连续平稳，车削加工的范围很广，可完成的主要工作如图7.1所示。车削加工精度一般为IT11~IT7，表面粗糙度 Ra 值为 12.5~0.8μm。

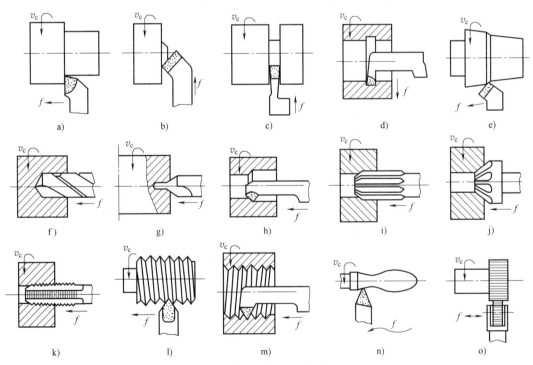

图 7.1 车削的主要工作

a) 车外圆　b) 车端面　c) 切槽、切断　d) 切内槽　e) 车外锥面　f) 钻孔　g) 钻中心孔
h) 镗孔　i) 铰孔　j) 锪锥孔　k) 攻螺纹　l) 车外螺纹　m) 车内螺纹　n) 车成形面　o) 滚花

车床的种类很多，有普通卧式车床、立式车床、转塔车床、自动和半自动车床、仪表车床、数控车床等。随着电子和计算机等技术的发展，车床正朝着高精度、高自动化的方向发展。

7.2　卧式车床

7.2.1　车床的型号及组成

目前实训常用的车床有 C6132、C6136、C6140 等几个型号。C6132 的含义如下：

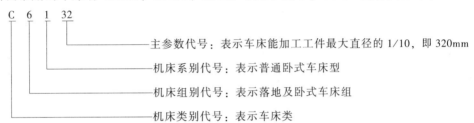

主参数代号：表示车床能加工工件最大直径的 1/10，即 320mm
机床系别代号：表示普通卧式车床型
机床组别代号：表示落地及卧式车床组
机床类别代号：表示车床类

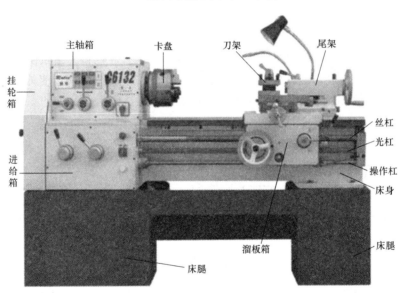

图 7.2　C6132 车床外形图

C6132 机床由床身、主轴箱、进给箱、溜板箱、光杠和丝杠、拖板与刀架、尾架组成，外形图如图 7.2 所示。

（1）床身　用于支承和连接车床各部件并保证各自有正确的相对位置。床身上有供刀架和尾架移动用的导轨。C6132 车床床身内还装有变速箱和电动机等。

（2）主轴箱　又称床头箱，内装主轴和变速机构。它用于支承主轴并使之得到不同的转速。车床主轴为空心结构，可通过小于主轴孔径的毛坯棒料。主轴的前端安装卡盘或其他装夹工件的夹具；前端内锥为莫氏锥度，用于安装顶尖以装夹轴类工件或其他带锥柄的夹具或量棒。主轴箱还把运动传给进给箱，以使刀具实现进给运动。

（3）进给箱　又称走刀箱，内部是一套变速机构。通过进给箱的变换并由光杠或丝杠输出，可以获得不同的进给速度。

（4）溜板箱　又称拖板箱，内装有进给运动的分向机构。用于将光杠输入的转动变成刀架的纵向或横向进给运动输出，将丝杠的转动变成刀架的纵向运动。

（5）光杠和丝杠　通过光杠或丝杠将进给箱运动传给溜板箱。光杠转动使刀具作机动进给运动，用于车削各内外表面，丝杠转动则用于车削螺纹。

（6）拖板与刀架　溜板箱上面有大、中、小三层拖板，在小拖板与中拖板之间有转盘，小拖板上方是刀架。大拖板直接放在床身导轨上，在溜板箱的带动下各拖板和刀架沿导轨作纵向移动。在大拖板上面有一垂直于床身导轨的燕尾导轨，为中拖板，它可以完成横向进给运动。在中拖板与小拖板间的转盘上有刻度，转盘用螺栓紧固在中拖板上，松开螺母转盘可以在水平面一定范围内扳转一定角度，以改变小拖板的进给方向，一般用于车削短锥面。小拖板可以沿转盘上的导轨作短距离移动，刀架用于装夹和转换刀具。

（7）尾架　又称尾座，它的位置可以沿床身导轨调节。尾架莫氏锥度套筒内可以安装顶尖、中心钻、麻花钻、扩孔钻和铰刀，分别用于支承长工件、钻中心孔、钻圆柱孔、扩孔和铰孔。

（8）床腿　用于支承床身，并与地基连接。

7.2.2 卧式车床的传动系统

C6132 卧式车床有两条传动路线，从电动机经变速箱、带轮和主轴箱使主轴旋转，称为主运动传动系统。从主轴箱经挂轮到进给箱，再经光杠或丝杠到溜板箱使刀架移动，称为进给运动传动系统。C6132 卧式车床的具体传动路线如图 7.3 所示。

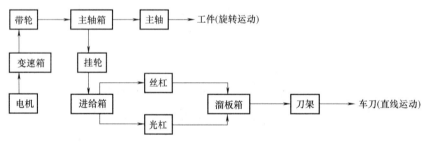

图 7.3　C6132 卧式车床的传动路线

（1）主运动传动系统　C6132 卧式车床主轴共有 12 种转速，它们分别是 45、66、94、120、173、248、360、530、750、958、1380 和 1980 r/min。

（2）进给运动传动系统　车床作一般进给时，刀架由光杠经过溜板箱中的传动机构来带动。对于每一组配换齿轮，进给箱可变化 20 种不同的进给量。

加工螺纹时，车刀的纵向进给运动由丝杠带动溜板箱上的开合螺母，拖动刀架来实现。

7.2.3 车床的维护保养和安全操作规程

1）穿好合适的工作服，扎紧袖口。女同学必须戴帽子并把长发塞入帽中。不允许戴手套操作车床。

2）开车前按指定加油孔注油进行机床润滑，检查各手柄的位置是否正确，检查工具、量具、刀具是否合适，安放是否合理。

3）停车状态或主轴齿轮处于脱空位置，进行装夹工件。装夹好工件，要及时取下卡盘扳手，以免伤人。

4）工件和刀具必须装夹牢固，否则会飞出伤人。

5）工作时必须精力集中，不许擅自离开机床，需要离开时必须关闭电源。工作时操作者的头、手和身体部位不能离旋转机件太近。

6）开车时，变换主轴转速必须停车进行；变换进给箱手柄位置要在低速时进行；不准用手摸工件和用量具测量工件；不准用手拉切屑，要用专用的钩子清除切屑。

7）工作中出现异常情况应立即关闭电源，然后向指导教师反映情况。

8）停车时因惯性工件会继续旋转，不许用手去制动转动的工件或卡盘。

9）工作完毕后，要关闭电源，清理切屑，擦拭干净机床，并将大拖板摇至车尾一端。

10）不允许在卡盘、机床导轨上敲击和校正工件；床面上不准放工件、刀具和量具。

7.3　车刀

7.3.1　车刀的种类和结构型式

车刀的种类很多，按用途可分为外圆车刀、端面车刀、切断刀、镗孔刀、螺纹车刀和成形车刀等；按其形状分为直头、弯头、尖头、圆弧车刀、左偏刀和右偏刀等，图7.4所示为常用车刀的型式。按其结构又可分为整体式、焊接式、机夹式、可转位式，如图7.5所示。

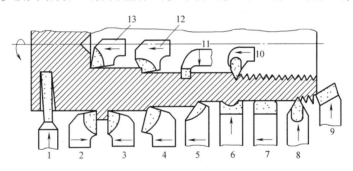

图7.4　车刀的种类

1—车断刀　2—左偏刀　3—右偏刀　4—弯头车刀　5—直头车刀　6—成形车刀　7—宽刃精车刀　8—外螺纹车刀

9—端面车刀　10—内螺纹车刀　11—内槽车刀　12—通孔车刀　13—不通孔车刀

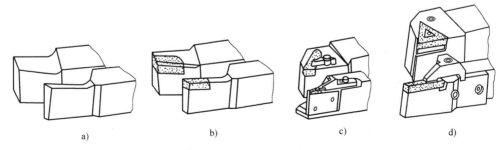

图7.5　车刀的结构类型

a）整体式　b）焊接式　c）机夹式　d）可转位式

整体式车刀一般用高速工具钢制造,刃口可刃磨得较锋利,一般应用在小型车床或有色金属的加工。焊接式一般是将硬质合金或高速工具钢刀片焊接在刀头上,其结构紧凑,使用灵活,应用在各类车刀,特别是小刀具。机夹式车刀可避免焊接产生的内应力、裂纹等缺陷,刀杆利用率高,刀片可集中刃磨获得所需参数,使用灵活方便。常用在外圆、端面、镗孔、切断、螺纹等车刀。可转位式车刀既避免了因焊接而出现的缺陷,刀片可快速转位,提高了生产率,断屑也稳定,且可使用涂层刀片。按车刀刀头材料还可分为高速工具钢车刀和硬质合金车刀。

7.3.2 车刀的刃磨

整体式车刀和焊接式车刀用钝后,必须重新刃磨,以恢复车刀原来的形状和角度,保持锋利。一般在砂轮上采用手工刃磨。白色氧化铝砂轮用于磨高速工具钢和硬质合金刀的刀头部分,绿色碳化硅砂轮用于磨硬质合金刀片。刃磨外圆车刀的步骤如下:

1)磨前面。其目的是磨出车刀的前角 γ_0 和刃倾角 λ_s。

2)磨主后面。其目的是磨出车刀的主偏角 κ_r 和后角 α_0。

3)磨副后面。其目的是磨出车刀的副偏角 κ_r' 和副后角 α_0'。

4)磨刀尖圆弧。其在主切削刃与副切削刃之间磨出刀尖圆弧,以提高刀尖强度和改善散热条件。

刃磨时,人要站在砂轮侧面,双手要拿稳车刀,用力要均匀,倾斜角应合适,要在砂轮圆周表面中间部位磨,并左右移动。磨硬质合金车刀时,刀头磨热后应将刀柄置于水中冷却,避免硬质合金刀片过热沾水急冷而产生裂纹。磨高速工具钢车刀时,刀头磨热后应放入水中冷却,以免刀具因温度过高而软化。在砂轮机上将车刀各面磨好后,可用油石细磨车刀各面,进一步降低各切削刃及各面的表面粗糙度值,从而提高车刀的耐用度和工件加工表面的质量。

7.3.3 车刀的安装

在方刀架上安装车刀时必须注意以下几点:

1)车刀刀尖应与车床的主轴轴线等高,否则前后角会发生变化。

2)车刀刀杆应与车床主轴轴线垂直,否则主、副偏角会发生变化。

3)车刀不能伸出太长,在不影响观察的前提下应尽量短,一般不超过刀杆厚度的两倍或车刀长度的 1/4~1/3,否则易产生振动。

4)刀杆下的垫片应平整稳定,并尽量用厚垫片,以减少垫片叠加数目,从而减小安装误差。

5)车刀至少要用两个螺钉压紧在刀架上,并交替逐个拧紧。

7.4 工件安装及所用附件

在车床上安装工件,要求定位准确,即被加工表面的回转中心与车床主轴的轴线重合,夹紧可靠,能承受合理的切削力,保证工作时安全,使加工顺利,达到预期的加工质量。在车床上常用装夹工件的附件有:自定心卡盘、单动卡盘、顶尖、心轴、中心架、跟刀架、花盘和弯板等。

7.4.1 自定心卡盘安装工件

自定心卡盘是车床上最常用的附件，其结构如图7.6所示。它由一个大伞齿轮、三个小伞齿轮、三个卡爪和卡盘体四部分组成。当使用卡盘扳手转动任何一个小伞齿轮时，均能带动大伞齿轮旋转，于是，大伞齿轮背面的平面螺纹就带动三个卡爪同时向中心收拢或张开，以夹紧不同直径的工件。由于三个卡爪同时移动并能自行对中，故自定心卡盘适宜快速夹持截面为圆形、正三边形、正六边形的工件。自定心卡盘还附带三个"反爪"，换到卡盘体上即可用于夹持直径较大的工件。

使用自定心卡盘装夹工件的步骤如下：

1) 将毛坯轻轻夹持在三个爪之间。

2) 使主轴低速回转，检查工件有无偏摆，若出现偏摆则在停车后用小锤轻敲校正，然后夹紧工件。

3) 检查刀架是否与卡盘或工件在切削行程内有碰撞，并注意每次使用卡盘扳手后及时取下扳手，以免开车时飞出伤人。

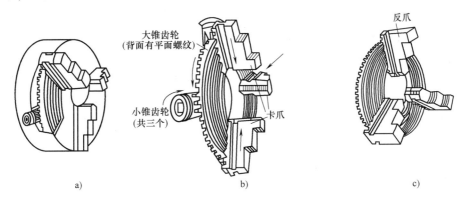

a)   b)   c)

图7.6 自定心卡盘

a) 自定心卡盘外形   b) 自定心卡盘结构   c) 反自定心卡盘

7.4.2 单动卡盘安装工件

单动卡盘的结构如图7.7所示。它由四个互不相关的卡爪均匀地分布在圆周上，每一个卡爪后面均为一个丝杠螺母机构，四个卡爪通过四个调整螺杆独立移动，因此用途广泛。它不仅可以安装截面是圆形的工件，还可以安装截面为方形、长方形、椭圆或其他某些形状不规则的工件。在圆盘上车偏心孔也常用单动卡盘安装。此外，单动卡盘的夹紧力比自定心卡盘大，所以也用来安装较重的圆形截面工件。如果把单动卡爪各自调头安装在卡盘体上，即成为"反爪"，可安装尺寸较大的工件。但四个卡爪不具备自定心功能，为了使工件加工面的轴线与机床主轴轴线同轴就必须找正，找正所用的工具是划针盘或百分表。找正方法如图7.8所示，划针盘用于按工件上毛糙的表面或按钳工的划线去找正，找正精度低。百分表用于已加工表面的找正，通过表针指示的跳动值判断是否对正，找正精度高。

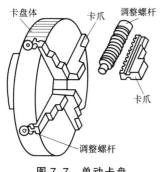

图 7.7　单动卡盘

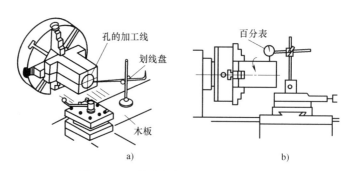

a)

b)

图 7.8　用单动卡盘安装工件时的找正

a）用划线盘找正　b）用百分表找正

7.4.3　双顶尖安装工件

　　较长或细长的轴类零件常采用双顶尖方式安装工件，如图 7.9 所示。安装前将工件端面钻出中心孔，然后把轴架在前后两个顶尖上，将顶尖的圆锥面顶在中心孔中。前顶尖装在主轴锥孔内，并和主轴一起旋转，后顶尖装在尾座套筒内，因此，前后顶尖就确定了轴的位置。将卡箍紧固在轴的一端，卡箍的尾部插入拨盘的槽内，拨盘安装在主轴上（安装方式与自定心卡盘相同）并随主轴一起转动，通过拨盘带动卡箍即可使轴转动。为了防止高速车削时工件与后顶尖强烈摩擦，后顶尖常用活顶尖，即装有滚动轴承的顶尖。而前顶尖随主轴及工件一起转动，与工件间没有相对运动，故采用死顶尖。死顶尖仅是一个 60° 的圆锥面。

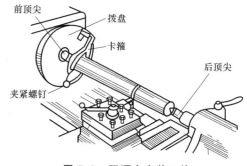

图 7.9　双顶尖安装工件

7.4.4　心轴安装工件

　　盘套类零件在卡盘上加工时，其外圆、孔和两个端面无法在一次安装中加工完成，尤其当外圆轴线与孔的轴线要求同轴时，或者端面与轴线的跳动有要求时，如果把零件调头安装再加工，就无法保证上述位置精度要求。这就需要利用已精加工的孔把零件安装在心轴上，再把心轴安装在前后顶尖之间，当成阶梯轴来加工外圆和端面，即可保证上述位置精度要求。

　　心轴的种类很多，常用的有锥度心轴、圆柱心轴和可胀心轴。

　　锥度心轴如图 7.10 所示，其锥度一般为 1/5000～1/2000，工件压入后，靠摩擦力与心轴固紧。锥度心轴对中准确，装卸方便，但不能承受较大的切削力，多用于盘套类零件的精加工。

　　圆柱心轴如图 7.11 所示，工件装入圆柱心轴后需加上垫圈，再用螺母锁紧。它要求工件的两个端面与孔的轴线垂直，以免螺母拧紧时心轴产生弯曲变形。这种心轴夹紧力大，但因圆柱心轴外圆与孔配合有一定间隙，对中准确度较差，多用于盘套类零件的粗加工、半精加工。

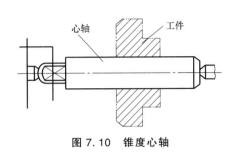

图 7.10 锥度心轴

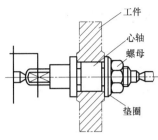

图 7.11 圆柱心轴

可胀心轴如图 7.12 所示，工件装在可胀锥套上，拧紧螺母 1，使锥套沿心轴锥体向左移动而引起直径增大，即可胀紧工件。松开螺母 1，再拧紧螺母 2 推动工件，即可把工件卸下。

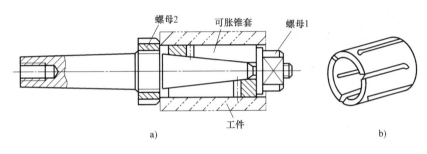

图 7.12 可胀心轴

a）可胀心轴 b）可胀轴套

7.4.5 花盘安装工件

花盘是安装在车床主轴上的一个大圆盘，端面有呈放射状排列的许多长槽用于穿螺栓。对于大而扁且形状不规则的零件，当要求零件的一个面与安装面平行或孔、外圆的轴线与安装面垂直时，可以把工件直接压在花盘上加工，如图 7.13 所示。

对于某些形状不规则的零件，当要求孔的轴线与安装面平行，或端面与安装基面垂直时，可用花盘-弯板安装工件，如图 7.14 所示。弯板要有一定的刚度和强度，用于贴靠花盘和安装工件的两个平面应有较高的垂直度。弯板安装在花盘上要仔细找正，在弯板上安装工件时也要仔细找正。用花盘或花盘-弯板安装工件时，由于重心往往偏向一边，需要在另一边加平衡铁，以减少旋转时的振动。

图 7.13 在花盘上安装工件

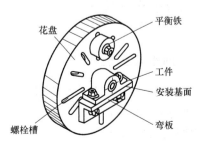

图 7.14 用花盘-弯板安装工件

7.4.6 中心架和跟刀架的使用

加工刚性较差的细长轴时,为防止轴受切削力的作用而产生弯曲变形,需要使用中心架或跟刀架支承工件。

(1) 中心架 中心架用压板和螺栓螺母紧固在床身导轨上。它有三个支承爪夹持工件,来支承工件并提高工件刚度,如图 7.15 所示。支承工件前,先在工件上车出一小段光滑圆柱面(比支承爪宽并留出精车余量),然后调整中心架的三个支承爪与其均匀接触,再分段进行车削。对于又重又长的轴,若要车端面或在端面钻孔、镗孔时,就必须用中心架和卡盘一起支承工件。用中心架车外圆多用于加工长径比大于 25 的细长的阶梯轴。

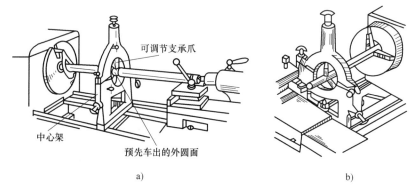

图 7.15 中心架的应用

a) 用中心架车削外圆 b) 用中心架车削端面

(2) 跟刀架 跟刀架与中心架不同,它固定在大拖板上,并随大拖板一起纵向移动。跟刀架上一般只有两个支承爪。使用前需先在工件上靠后顶尖的一端车出一小段外圆,并根据它调节跟刀架的支承,然后再车出工件的全长,如图 7.16 所示。跟刀架多用于加工长径比大于 25 的细长光滑轴。

使用中心架和跟刀架时,工件被支承的部分应是加工过的外圆表面,并要润滑。工件的转速不能过高,以免工件与支承爪之间摩擦过热而烧坏或使支承爪磨损。

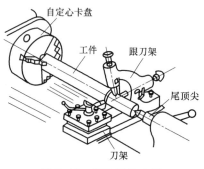

图 7.16 跟刀架的应用

7.5 车床操作基础

7.5.1 刻度盘的使用

普通车床的纵向进给、横向进给以及小刀架的移动量均靠刻度盘指示。车削工件时,要准确、迅速地掌握背吃刀量,就必须熟练准确地使用刻度盘。

控制横向进给量的中滑板刻度盘紧固在横向丝杠轴头上,中滑板与丝杠上的螺母紧固在一起。当中滑板手柄带动刻度盘转一周时,丝杠也转一周,这时螺母带动中滑板移动一个螺

距。因此，中滑板移动的距离可根据刻度盘上的格数来计算，即

刻度盘每转 1 格中滑板移动的距离（刻度盘格值）= 丝杠螺距/刻度盘格数

例如，C6136 车床横向进给，丝杠的螺距为 4mm，刻度盘一周等分 200 格，所以刻度盘每转 1 格，中滑板移动的距离（刻度盘格值）为 4mm/200 = 0.02mm。

由于丝杠与螺母之间存在间隙，所以在进刻度时如果刻度盘手柄转动过量，或者试切后发现尺寸不对而需将车刀退回时，刻度盘不能直接退回到所要求的刻度。因为当刻度盘正转或反转至同一位置时，刀具的实际位置存在由间隙引起的误差。因此，正确的操作是将刻度盘向相反方向退回一圈左右，消除间隙的影响之后再摇到所需位置，如图 7.17 所示。

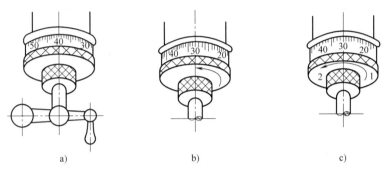

图 7.17 手柄摇过头后的纠正方法

a）要求手柄转至 30，但摇过头成 40　b）错误：直接退至 30　c）正确：反转约一圈后，再转至所需位置 30

小滑板刻度盘的刻度原理及使用方法与中滑板相同，主要用于控制工件长度方向的尺寸。

7.5.2 粗车与精车

车削时往往因加工余量较大而需多次进刀，进刀次数和每次进刀的背吃刀量由加工余量决定。为了保证加工质量和提高生产效率，常把车削加工分为粗车和精车。

粗车的目的是尽快从工件上切除大部分加工余量，使工件接近最后的形状和尺寸，并作为精加工的预加工。粗车要给精车留有合适的加工余量，对其精度和表面质量要求都很低。在生产中，加大背吃刀量对提高生产效率最为有利，同时对车刀寿命的影响又最小。因此粗车时切削用量的选择原则是优先选用较大的背吃刀量；其次适当选择较大的进给量；最后选取中等或中等偏低的切削速度。粗车的切削力很大，切削用量的选择要注意与所使用车床的刚度、强度和功率相适应。

粗车表面有硬皮的铸件或锻件时，如果背吃刀量太小，刀尖反而容易被硬皮碰坏或磨损。因此，第一次的背吃刀量应大于硬皮的厚度。

精车的目的是保证零件的尺寸精度和表面粗糙度要求。粗车留给精车或半精车的加工余量一般为 0.5~2mm。精车要选取较小的背吃刀量和进给量，很高或很低的切削速度为原则。因较小的进给量可使残留面积减少，有利于降低 Ra 值；同时较高的切削速度或较低的切削速度都可获得较小的 Ra 值。例如，切削钢件，如采用硬质合金刀具高速切削时，速度取 100~200m/min；如使用高速工具钢刀具低速切削时，速度可取 5 m/min 以下。但背吃刀量过小（<0.03mm），工件上原来凹凸不平的表面可能没有完全切除而达不到满意的效果。

7.5.3 试切方法及步骤

半精车和精车时，为了准确确定背吃刀量，保证工件的尺寸精度，只靠刻度盘调整进刀量是不行的。因为刻度盘与丝杠都有误差，往往不能满足半精车和精车的要求，而要采用试切法。试切的方法与步骤如图7.18所示。使用精车刀，试切长度为1~3mm，与工件表面轻微接触。

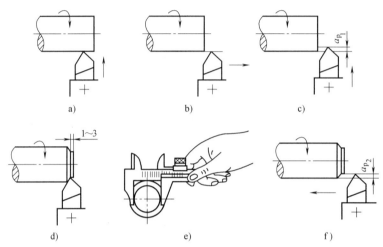

图7.18 试切方法和步骤

a) 开车对刀，使车刀和工件轻微接触 b) 向右退出车刀 c) 横向进刀 a_{p_1}

d) 切削1~3mm e) 退刀并停车测量 f) 如果尺寸不到，再进刀 a_{p_2}

7.6 车削加工

7.6.1 车外圆和台阶

车削外圆及台阶是车削加工中最基本、最常见的工序。技术要求不同，采用的刀具和切削用量都有区别。常见的外圆及台阶车刀有尖刀（直头外圆车刀）、弯头刀、90°偏刀、圆头精车刀和宽刃精车刀等。尖刀主要用于粗车外圆和车没有台阶或台阶不大的外圆（图7.19a），也可用于车倒角。弯头刀用于车外圆（图7.19b）、端面、倒角和有45°斜面的

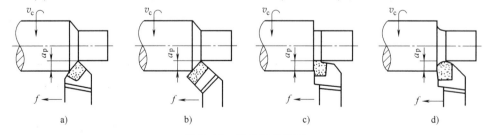

图7.19 车外圆及车刀

a) 尖刀车外圆 b) 弯头刀车外圆 c) 右偏刀车外圆 d) 圆弧刀车外圆

外圆。90°偏刀车外圆（图7.19c）时因背向力很小，常用于车细长轴和带有垂直台阶的外圆，也可以车端面。圆头精车刀的刀尖圆弧半径大，用于精车无台阶的外圆。带垂直台阶的外圆可以用90°精车刀车削，采用宽刃精车刀可以得到极小的表面粗糙度值。车台阶与车外圆相似，主要区别是控制好台阶的长度及直角，一般采用偏刀车削。

车削高度小于5mm的低台阶，如图7.20所示，可在车外圆时同时车出。为使偏刀的主切削刃与工件轴线垂直，可在先车好的端面上对刀，使主切削刃与端面贴平。一般采用直角尺借助工件外圆的母线找正。长度采用刻线痕方法控制，即先用尺子量出所要加工台阶的距离，并用刀尖轻划一个记号，然后参照记号车削。也可以采用大拖板刻度盘控制切削长度。

车削高度在5mm以上的台阶时，应分层进行切削，如图7.21所示。车刀的安装应使主切削刃与工件轴线成93°～95°角，而不再是90°角。台阶的长度依然用刻线痕法控制，但要留出车直角的余量。

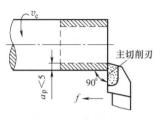

图7.20 车低台阶

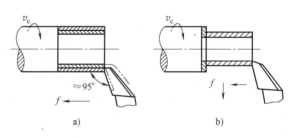

图7.21 车高台阶

a）偏刀主切削刃和工件轴线约成95°，分多次纵向进给车削

b）在末次纵向进给后，车刀横向退出，车出90°台阶

7.6.2 车端面

车端面也是车削加工中最基本、最常见的工序。车端面一般采用弯头刀或右偏刀。弯头刀应用广泛，刀尖强度高，适于车削较大的端面，如图7.22所示。使用右偏刀车端面如图7.23所示。它有两种进刀方法，两种方法所使用的切削刃以及切削力的方向均不同。

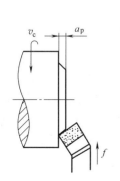

图7.22 弯头刀车端面

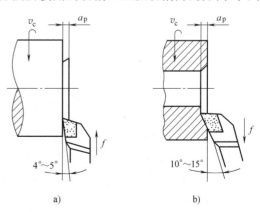

图7.23 右偏刀车端面

a）由外向中心 b）由中心向外

车端面时应注意以下几点：

1）车刀的刀尖应对准工件的中心，以免车出的端面中心留有凸台。

2）偏刀车端面（图7.23a），当由外缘向中心进刀时，若背吃刀量较大则会使车刀扎入工件之中，从而出现凹面。而且到工件中心时，凸台快速车削完成，因此应容易损坏刀尖。弯头刀车端面，凸台是逐渐车削完成的，所以车端面用弯头刀较为有利（图7.22）。

3）端面的直径从外到中心是变化的，切削速度也是变化的，不易车出较低的表面粗糙度值，因此工件的转速可比车外圆时选择得要高一些。为降低端面的表面粗糙度值，可选择由中心向外车削（图7.23b）。

4）车直径较大的端面，若出现凹心或凸起时，应检查车刀、方刀架以及大拖板是否松动。为使车刀准确地横向进给而无纵向松动，应将大拖板锁紧在床面上，此时可用小滑板调整背吃刀量。

7.6.3 孔加工

在车床上可用车孔刀、麻花钻、扩孔钻和铰刀进行车孔、钻孔、扩孔和铰孔等孔加工。

（1）车孔 车孔也称镗孔，是对铸出、锻出或钻出的孔进行进一步加工，如图7.24所示。可以车通孔、不通孔、台阶孔和内环形孔槽。车孔可以较好地纠正原孔轴线的偏差，可以进行粗加工、半精加工和精加工。安装车孔刀时伸出的长度要尽量短，要选刀杆较粗的刀，以免产生弯曲变形或振颤。刀尖要略高于工件中心，留出变形量，以免产生扎刀现象。由于车孔刀刚度差，容易变形与振动，因此车孔时采用较小的进给量和背吃刀量，多次走刀，生产效率较低。但车孔刀制造简单，通用性强，可加工大直径孔和非标准孔。

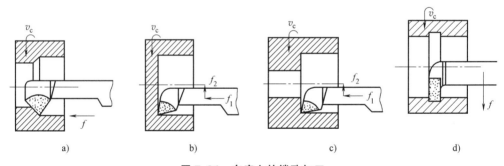

图7.24 车床上的镗孔加工

a）镗通孔 b）镗不通孔 c）镗台阶孔 d）镗内环形孔槽

（2）钻孔 钻孔是在工件实体上用麻花钻加工孔。在车床上钻孔时，工件旋转，钻头装在尾架上纵向进给，如图7.25所示。钻孔前要先车平端面，必要时先用短钻头或中心钻在工件中心预钻出小坑，以免钻偏。由于钻头刚度差，孔内散热和排屑较困难，钻孔时的进给速度不能太高，切削速度也不宜太高。要经常退出钻头排屑冷却，钻钢件时要加切削液，钻铸铁件时一般不加切削液。钻孔的尺寸公差等级为IT10以下，表面粗糙度 Ra 值为12.5μm，属于孔的粗加工。

钻中心孔与钻孔不同的是要使用中心钻，而不是麻花钻。

（3）扩孔 扩孔是在钻孔基础上对孔的进一步加工。在车床上扩孔的方法与车床上钻孔相似，不同的是扩孔使用扩孔钻，而不是用钻头。因扩孔的余量与孔径大小有关，一般为0.5~2mm，余量较小。扩孔的尺寸公差等级可达IT10~IT9，表面粗糙度 Ra 值为6.3~

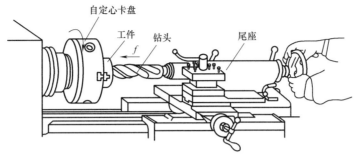

图 7.25　车床钻孔

$3.2\mu m$，属于孔的半精加工。

（4）铰孔　铰孔是用铰刀作扩孔后或半精车孔后的精加工，其方法与车床钻孔相似。

7.6.4　切槽和切断

（1）切槽　切槽分为切窄槽和切宽槽两种。宽度在 5mm 以下的窄槽可以一次切出，切槽刀的宽度和长度由沟槽尺寸决定。切宽槽时可按图 7.26 所示的方法切削。

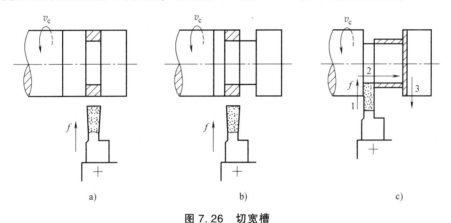

图 7.26　切宽槽

a）第一次横向进给　b）多次横向进给　c）最后精车槽底

（2）切断　切断要用切断刀。切断刀的形状与切槽刀相似，因刀头窄而长，很容易折断。切断时一般由卡盘夹持工件，切断部位应距卡盘稍近，以免产生振动。刀尖必须与工件回转中心等高，否则切断处将剩有凸台，且刀头也容易损坏，如图 7.27 所示。刀具轴线应垂直于工件的轴线，刀头伸出刀架的部分不宜过长。进给量要均匀，不可过大。即将切断时，必须降低进给速度，以免刀头折断。

7.6.5　车锥面

机械制造业中，除采用圆柱体和圆柱孔作为配合表面，还广泛采用圆

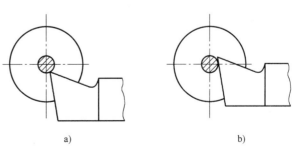

图 7.27　切断刀安装须与工件回转中心等高

a）切断刀安装过低，刀头易被压断　b）切断刀安装过高，刀具后面顶住工件无法切削

锥体和圆锥孔作为配合表面，如车床的主轴锥孔及顶尖、钻头、铰刀的锥柄等。这是因为圆锥面配合紧密，拆卸方便，且多次拆卸仍能保持准确定心。

（1）圆锥的主要参数　圆锥表面有五个基本参数，如图7.28所示。其中，α为圆锥角（$\alpha/2$为圆锥半角，也称斜角），C为锥度，D为圆锥的大端直径，d为圆锥的小端直径，L为圆锥的轴向长度。这五个参数的相互关系可表示为：$C = \dfrac{D-d}{L} = 2\tan\dfrac{\alpha}{2}$

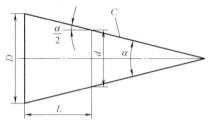

图7.28　圆锥面的主要参数

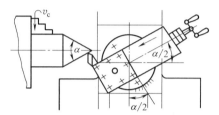

图7.29　小拖板转位法车圆锥面

（2）车锥度的方法　在车床上车锥度的方法有小拖板转位法、偏移尾架法、机械靠模法、宽刀法、轨迹法等。

1）小拖板转位法。根据工件的锥角α，将小拖板转过$\alpha/2$后固定，即可加工，如图7.29所示。该方法简单，不受锥度大小的限制，能保证一定的加工精度，而且还能车内锥面，因此应用广泛。但此法受小拖板行程的限制不能加工较长的圆锥，且不能自动走刀，须手动进给，劳动强度较大，表面质量的高低靠操作技术控制，所以只适宜加工单件、小批量生产中精度较低和长度较短的圆锥面。

2）尾架偏移法。尾架偏移法车圆锥面如图7.30所示，工件安装在前后顶尖之间，将尾座体相对底座在横向向前或向后偏移一定距离S，使工件旋转轴线与车床主轴轴线的夹角等于圆锥半角$\alpha/2$，当刀架自动（也可手动）进给时即可车出所需的圆锥面，劳动强度低。此方法只适宜加工在顶尖上安装的较长的、锥角较小（$\alpha < 16°$）的外圆锥面。

尾座偏移量：$S = L \times \alpha/2 = L \times (D-d)/2l = L\tan\dfrac{\alpha}{2}$

式中，L为工件长度（mm）；l为工件锥度的长度（mm）。

3）机械靠模法。机械靠模法是将机械靠模装置固定在床身后面，如图7.31所示。底座上装有锥度靠模板，它可绕中心轴旋转到与工件轴线交成所需要的角度，在靠模板导轨上滑块可自由滑动，并通过螺钉与中拖板固定在一起。将刀架中拖板螺母与横向丝杠脱开，当大拖板自动（也可手动）纵向进给时即可车出所需锥面。机械靠模法适宜加工成批和大量生产中精度要求较高、长度较长、锥度较小（$\alpha/2 < 12°$）的内外圆锥面。

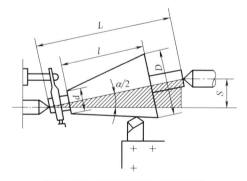

图7.30　尾架偏移法车圆锥面

4）宽刀法。对于长度较短的圆锥成批加工时可将切削刃磨制平直，且与工件轴线夹角等于圆锥半角$\alpha/2$，利用手动进给直接车出，如图7.32所示。此法径向力大，容易引起振动，要求工件和车刀的刚度要好，但生产效率较高。

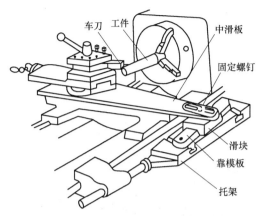

图 7.31 用靠模板装置车圆锥面

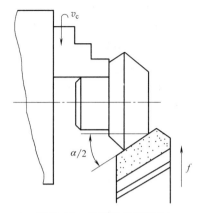

图 7.32 宽刀法车圆锥面

5）轨迹法。数控车床上，车刀可根据编制的程序得到圆锥母线的轨迹，车出工件的圆锥。

7.6.6 车回转成形面

回转成形面是由一条曲线（母线）绕一固定轴线回转而成的表面，如手柄和圆球等。车回转成形面的方法有以下几种：

（1）双手控制法 车削时，可用双手同时摇动中滑板和小滑板（或大拖板）的手柄进行纵向和横向进给，使刀尖的运动轨迹与工件成形面的母线轨迹相符，如图 7.33 所示。加工时需多次车削和度量，最后还需用锉刀进行修整，才能得到所需的精度和表面粗糙度值。车成形面一般使用圆头车刀，用样板反复检验，如图 7.34 所示。此种方法对操作技术要求较高，生产效率低，但不需要特殊的设备，生产中仍被普遍采用，多用于单件、小批量生产。

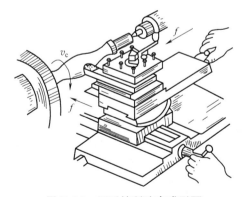

图 7.33 双手控制法车成形面

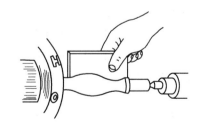

图 7.34 用样板度量成形面

（2）成形车刀法 它与宽刀法车锥面类似，不同的是切削刃不是直线而是曲线，与工件的表面轮廓形状一致，如图 7.35 所示。由于车刀与工件接触面积较大，易振动，应选用较低的转速和小进给量。此方法生产率高，由于成形刀的切削刃不能太宽，刃磨出的曲线形状也不是十分准确，故适用于生产批量大，轴向长度短，形状比较简单、要求不太高的成形面。

（3）靠模法　与靠模法车锥面类似，不同的是靠模槽的形状不是斜槽，而是与成形面母线相符的曲线槽，并将滑块换成滚柱，如图7.36所示。靠模安装在床身后面，中拖板螺母与横向丝杠必须脱开。当大拖板纵向自动进给时，滚柱即沿靠模的曲线槽移动，从而使车刀刀尖也随之曲线移动而车出所需要的成形面。此法操作简单，生产效率高，但需制造专用模具，适用于成批生产，轴向长度长，形状简单的成形面。

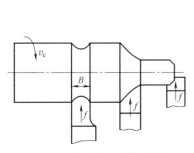

图7.35　成形车刀法车成形面

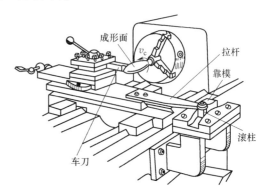

图7.36　靠模法车成形面

7.6.7　车螺纹

螺纹的应用很广，种类也很多。按牙型分有三角螺纹、矩形螺纹、梯形螺纹、锯齿形螺纹和圆弧螺纹等。按螺距分有公制、英制、模数螺纹。螺旋线有左旋和右旋之分。其中以公制右旋三角螺纹应用最广。

1. 普通螺纹三要素

公制右旋三角螺纹简称普通螺纹，基本牙型如图7.37所示。决定螺纹形状尺寸的有牙型角、螺纹中径 d_2（D_2）和螺距 P 三个基本要素，称为螺纹三要素。

（1）牙型角 α　牙型角 α 是在通过螺纹轴线的剖面上，螺纹两侧面间的夹角。牙型角 α 应对称于轴线的垂线，即两个牙型半角 $\alpha/2$ 必须相等。公制三角螺纹的牙型角 $\alpha=60°$；英制三角螺纹的 $\alpha=55°$。

（2）螺距 P　螺距 P 是相邻两牙对应点的轴向距离。公制螺纹的螺距以毫米为单位；英制螺纹的螺距以每英寸牙数来表示。

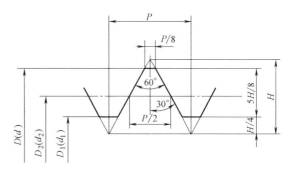

图7.37　普通螺纹的基本牙型和参数

D—内螺纹大径（公称直径）　d—外螺纹大径（公称直径）
D_2—内螺纹中径（公称直径）　d_2—外螺纹中径（公称直径）
D_1—内螺纹小径（公称直径）　d_1—外螺纹小径（公称直径）　P—螺距　H—原始三角形高度

（3）螺纹中径 d_2（D_2）　螺纹中径 d_2（D_2）是螺纹的牙厚与牙间宽相等处的圆柱直径。中径是螺纹的配合尺寸，只有当中径一致时，两者才能很好地配合。

车削螺纹时，必须使上述三个要素都符合要求，螺纹才能是合格的。内外螺纹只有在三个要素一致时，才能配合良好。

2. 车削螺纹

各种螺纹车削的基本规律大致相同，现以车削普通螺纹为例加以说明。

（1）保证牙型　为了获得正确的牙型，需要正确刃磨车刀和安装车刀。刃磨车刀时，必须保证车刀切削部分的形状与螺纹沟槽截面形状相吻合，即车刀的刀尖角等于牙型角 α；同时保证车刀背前角 $\gamma_P = 0°$。粗车螺纹时，可使用带正前角的车刀，以改善切削条件。但精车时一定要使用背前角 $\gamma_P = 0°$ 的车刀。

安装车刀时，车刀刀尖角的平分线必须垂直于工件的轴线，所以常用对刀样板对刀；同时车刀刀尖必须与工件的回转中心等高。内外螺纹车刀的对刀方法如图 7.38 所示。

（2）保证螺距　为了获得所需要的工件螺距 $P_{工}$，必须正确调整车床和配换齿轮，而且在车削过程中要避免乱扣。

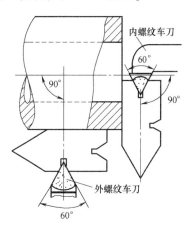

图 7.38　内外螺纹车刀的对刀方法

1）调整车床和配换齿轮的目的是保证工件与车刀的正确运动关系，即保证主轴带动工件转一转时，车刀纵向移动的距离等于工件螺距 $P_{工}$。车刀由丝杠带动，为保证上述关系，要求得到丝杠与主轴的转速比 $P_{工}/P_{丝}$，因 $P_{工} = (P_{工}/P_{丝}) \cdot P_{丝}$，这主要决定于配换齿轮 a、b、c、d 的齿数和进给箱中传动齿轮的齿数。其计算公式为：

$$i = \frac{n_{丝杠}}{n_{主轴}} = i_{配} \quad i_{进} = \frac{Z_a Z_c}{Z_b Z_d} \times i_{进} = \frac{P_{工}}{P_{丝}}$$

加工前根据工件的螺距 $P_{工}$，检查机床上的标牌，然后调整进给箱上的手柄位置及配换挂轮箱齿轮的齿数，以获得所需的工件螺距。

2）车螺纹时，需多次走刀才能切成。多次走刀中，必须保证车刀总是落在第一次切出的螺纹槽内，否则就叫"乱扣"。如果乱扣，工件即成废品。当车床丝杠的螺距是工件螺距的整数倍时，可任意打开开合螺母，当再合上开合螺母时，车刀仍会落入原来已切出的螺纹槽内，不会乱扣。如果车床丝杠的螺距不是工件螺距的整数倍时，则会产生"乱扣"，此时一旦合上开合螺母，就不能再打开，纵向退刀须开反车退回。车削过程中，如果换刀或"乱扣"，则应重新对刀。"对刀"是指闭合开合螺母，移动小刀架，使车刀落入已切出的螺纹槽内。由于传动系统有间隙，对刀须在车刀沿切削方向走一段距离，待平稳停车后再进行。

（3）保证螺纹中径　螺纹中径是靠多次进刀来保证的。进刀的总背吃刀量可根据计算的螺纹工作牙高，由横向刻度盘大致控制，还要借助螺纹量规来测量。测量外螺纹用螺纹环规，测量内螺纹用螺纹塞规。螺纹精度要求不高或单件加工且没有合适的螺纹量规时，也可用配合件进行检验。

（4）车螺纹的方法　车削螺纹最常用的方法是正反车法，以车外三角螺纹为例，其步骤如图 7.39 所示。首先起动机床，使车刀与工件轻微接触，记下刻度盘读数，向右退出车刀（图 7.39a）；合上开合螺母，在工件表面上车出一条螺旋线，横向退出车刀（图 7.39b）；开反车使车刀退到工件右端停车，用钢尺检查螺距是否正确（图 7.39c）；利用刻度盘调整切深，开车切削（图 7.39d）；车刀将至行程终了时，应做好退刀停车准备，先快速退出车刀（图 7.39e）；再次横向进刀，继续切削，其切削过程的路线如图所示然后开反车退回刀架（图 7.39f）。

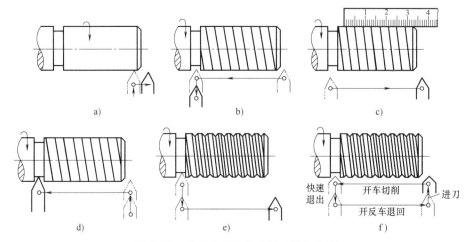

图 7.39 外三角螺纹的车削方法与步骤

车内螺纹的方法和步骤与车外螺纹类似，先车出内螺纹的小径，再车螺纹。对于公称直径较小的内外螺纹，也可以在车床上用丝锥攻螺纹，用板牙套螺纹。

7.6.8 滚花

某些工具和机器零件的手握部分（如绞杠扳手及螺纹量规等），为了便于手握和增加美观，常在表面上滚出各种不同的花纹，称为滚花。

滚花是在车床上用滚花刀挤压工件，使其表面产生塑性变形而形成花纹的工艺，如图 7.40a 所示。花纹有直纹和网纹两种，滚花刀也分单轮滚花刀、双轮滚花刀和三轮滚花刀，如图 7.40b~d 所示。滚花的径向挤压力很大，加工时工件的转速应低些，一般还要加切削液冷却润滑，以免研坏滚花刀和防止细屑堵塞滚花刀纹路而产生乱纹。

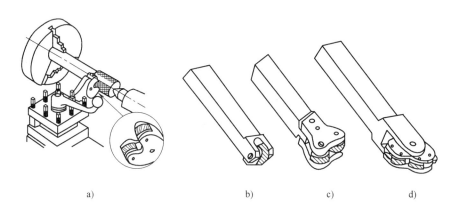

图 7.40 滚花方法及滚花刀

a）滚花方法 b）单轮滚花刀 c）双轮滚花刀 d）三轮滚花刀

7.7 典型零件的车削工艺

切削加工中，由于零件是由多个表面组成的，从毛坯到成品往往需经过若干个加工步骤才能完成。零件形状越复杂，精度、表面粗糙度要求越高，需要的加工步骤也就越多。车削加工的零件，有时还需经过铣、刨、磨、钳和热处理等工种才能完成。因此，制定零件机械加工工艺时，必须综合考虑，合理安排加工步骤。

在轴类零件和盘套类零件的加工中，车削是最基本的加工方法。在精度要求不是十分高的情况下，车削可以完成全部加工内容；对要求很高的零件，常粗车、半精车后再磨削，故车削工艺是整个工艺过程的重要组成部分。下面以轴类为例介绍零件的车削工艺。

轴类零件主要用来支承传动零件（如齿轮、皮带轮）、传递运动和扭矩。各表面的尺寸精度、表面粗糙度和位置精度（主要是各外圆对轴线的同轴度和台肩端面对轴线的垂直度）要求较高，长度和直径的比值也较大，加工时不可能一次加工出全部表面，往往要经过多次调头安装、多次加工才能完成。为了保证零件的安装精度和安装方便可靠，轴类零件一般采用顶尖安装，如图 7.41 所示，其加工工艺过程见表 7.1。

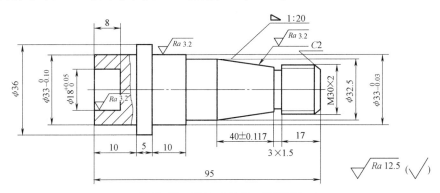

图 7.41　短轴（材料：低碳钢）

表 7.1　短轴的加工工艺过程

加工顺序	加工内容	加工简图	安装方法	刀具
1	下料 $\phi40\times100$			
2	车端面见平；钻 $\phi2.5$ 中心孔		自定心卡盘	45°弯头车刀、中心钻及钻夹头
3	调头，车端面保证总长 95；粗车外圆 $\phi36\times20$，并在离端面 15mm 处用刀尖刻印痕；粗车、半精车外圆 $\phi33_{-0.10}^{\ 0}\times10$；钻孔 $\phi15^{*}\times9$，再镗孔 $\phi18_{0}^{+0.05}\times8$		自定心卡盘	45°弯头车刀、右偏刀、$\phi15$ 的麻花钻、镗刀

（续）

加工顺序	加工内容	加工简图	安装方法	刀具
4	调头，粗车外圆 $\phi35\times79$，粗车 $\phi33.5\times79$，粗车 $\phi32.5\times70$，粗车 $\phi30.5\times20$；依次精车 $\phi30_{-0.15}^{-0.10}\times20$，$\phi33_{-0.03}^{0}\times10$；车圆锥；切槽，倒角；车螺纹 $M30\times2$；去毛刺	10　3×1.5　40　17　C2	自定心卡盘、活顶尖	右偏刀、切槽刀、45°弯头车刀、螺纹车刀、锉刀
5	检验			

复习思考题

1. 车削的运动特点和加工特点是什么？

2. 车削的主运动和进给运动各是什么？

3. 哪些类型的零件选用车削加工？车削能完成哪些表面加工？各用什么刀具？

4. 说明 C6140 型车床代号的意义？

5. 卧式车床主要由哪几部分组成？各部分有何作用？

6. 常用的车刀材料主要有哪几类？每类举出两个牌号。

7. 安装车刀应注意哪些事项？

8. 车床上安装工件的方法有哪些？各适用于加工什么样的零件？（至少写出 3 种）

9. 车外圆时有哪些装夹方法？

10. 车外圆时为什么要分为粗车和精车？粗车和精车应如何选择切削用量？

11. 车窄槽和宽槽的方法有什么不同？

12. 一般阶梯轴上的几个退刀槽的宽度都相等，为什么？退刀槽的作用是什么？

13. 车床上钻孔与钻床上钻孔有什么不同？车床上如何钻孔？

14. 车锥度的方法有哪几种？

15. 在卧式车床上钻孔时为什么要先车平端面？

16. 卧式车床上加工孔的方法有哪几种？（举出 3 种）

17. 卧式车床上车削无内孔工件的端面时，车刀刀尖为什么一定要对准工件的轴线？

18. 卧式车床上加工螺纹时，主轴转速的高低是否影响加工工件螺距的大小？为什么？

19. 常用车床附件有哪些？

20. 加工螺纹时，必须满足的运动关系是什么？怎样满足这个关系？

21. 已知锥度 $C=1:10$，工件长度 $L=100$，若采用偏移尾架法车锥面，试求尾架偏移量？

22. 什么是成形面？车床上加工成形面有几种方法？各适用于什么情况？

23. 车削细长轴时，常采用哪些增加刚性的措施以保证质量？为什么？

24. 车螺纹时能否使用光杠代替丝杠？为什么？

25. 采用尾架偏移法车锥面有什么局限性？

26. 采用小刀架转位法车锥面有什么优缺点？

第8章

钳工与产品拆装

8.1 概述

钳工是以手持工具操作为主，对工件进行加工的方法，是机械制造中装配、调试和维修的重要工种。在某些情况下，钳工加工不但比机械加工灵活、经济、方便，而且更容易保证产品质量。但是钳工劳动强度大，生产效率低，对工人的技术水平要求较高。

钳工加工方法有划线、锯削、錾削、刮削、研磨、孔加工、螺纹加工及设备装配、修理等。

8.1.1 工艺特点及其应用范围

1. 钳工的特点

所用设备和工具简单，加工方式多样灵活。

2. 钳工的应用范围

1）零件加工前的准备工作，如毛坯清理、去毛刺、划线等。

2）单件或小批量生产的零件加工，如钻、扩、铰孔、攻丝、套丝、锉削和锯削等。

3）零件、量具的精密加工，如零件、模具、夹具、量具配合表面的刮削、研磨和修配抛光等。

4）机器产品的装配、调试和维修等。

8.1.2 常用设备

1. 钳工台和台虎钳

钳工工作经常在钳工台和平板上进行，钳工台上装有台虎钳。

（1）钳工台　钳工台是钳工操作的重要设备（图8.1）和场地，由硬木材、钢板、角钢和防护网等组成，台面高度为800~900mm，其上装有台虎钳（图8.2）和防护网。

（2）台虎钳　其主要作用是固定工件，方便钳工操作。台虎钳钳口的最大宽度有100mm、125mm、150mm和200mm等几种。台虎钳多数可旋转，需要旋转时松开夹紧手柄，使上钳体转到合适位置，再锁紧夹紧手柄。安装工件时，应尽可能将工件夹在钳口中部，以使钳口、工件受力均匀。

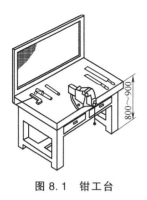

图 8.1　钳工台

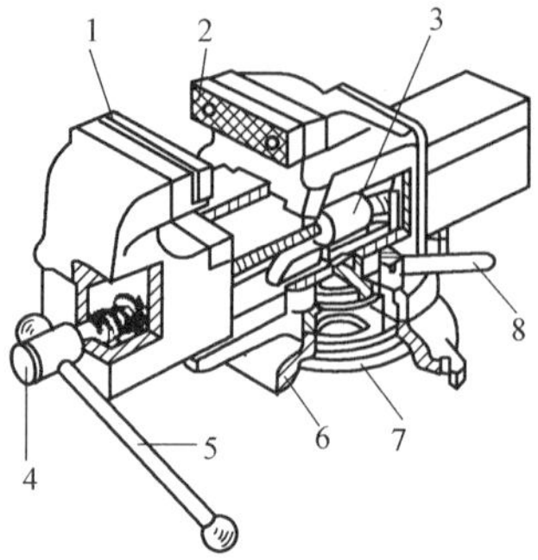

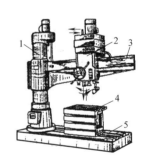

图 8.2　台虎钳

1—活动钳口　2—固定钳口　3—螺母　4—丝杠
5—手柄　6—底座　7—夹紧盘　8—夹紧手柄

2. 钻床

在加工零件时通常需要钻孔，常用的钻床有台式钻床、立式钻床、摇臂钻床和手电钻。

（1）台式钻床（图 8.3）　台式钻床是放在工作台上使用的钻床。钻孔直径一般为 1～13mm。台钻主轴下端带有钻夹头，用来安装钻头。主轴转速通过变换三角带在带轮上的位置来调节，通过手动使钻头可上、下直线运动。台式钻床常用于单件、小件的孔加工。

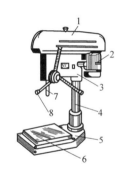

图 8.3　台式钻床

1—带罩　2—电动机　3—主轴箱
4—立柱　5—机座　6—工作台
7—主轴　8—进给手柄

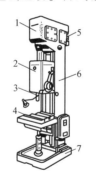

图 8.4　立式钻床

1—主轴变速箱　2—进给箱
3—主轴　4—工作台　5—电动机
6—立柱　7—机座

图 8.5　摇臂钻床

1—立柱　2—主轴箱　3—摇臂
4—工作台　5—机座

（2）立式钻床（图 8.4）　主轴为竖直布局，规格以加工的最大直径表示，常用的有 25mm、35mm、40mm、50mm 等几种。立式钻床电动机的运动常通过主轴箱变速和进给箱得到主轴所需的转速和多种进给运动。进给运动既可手动也可自动，工作台可手动升降调整，由于主轴相对工作台的位置是固定的，加工多孔工件时需通过移动工件来完成。

（3）摇臂钻床（图 8.5）　其主轴箱能沿摇臂导轨作水平移动，而摇臂又能绕立柱旋转 360° 和沿立柱上下移动，工件固定在工作台或机座上。摇臂钻床适用于大型、复杂及多孔工件上各类型的孔加工，可以方便地将刀具调整到所需的位置加工孔。

（4）手电钻　手电钻一般用于不方便使用钻床的场合，钻 ϕ12mm 以下的孔，手电钻的电源有 220V 和 380V 两种，它携带方便，操作简单，使用灵活，应用广泛。

8.2　划线

划线是根据图样和技术要求，在毛坯或半成品上用划线工具划出加工界限或划出作为基准的点、线的操作过程。

8.2.1　划线的用途和种类

1. 划线的用途

1）通过划线判断毛坯的形状和尺寸是否合格。

2）确定工件的加工余量和加工位置，使加工有明显的尺寸界线。

3）当毛坯出现某些缺陷时，可以通过划线借料来补救。

4）板料的划线下料可以正确排版，合理用料。

2. 划线的种类

（1）平面划线　在工件的一个表面上划线称为平面划线（图8.6a）。

（2）立体划线　在工件的几个表面划出所需的线条称立体划线（图8.6b）。多数是在工件的长、宽、高等方向上划线。

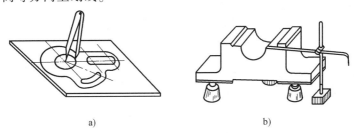

a)　　　　　　　　　　　　　b)

图 8.6　平面划线和立体划线

a）平面划线　b）立体划线

8.2.2　划线工具和划线实例

1. 划线工具

常用的划线工具有平板、千斤顶、V形铁、方箱、划线盘、划卡、划规、高度游标卡尺等，如图8.7所示。

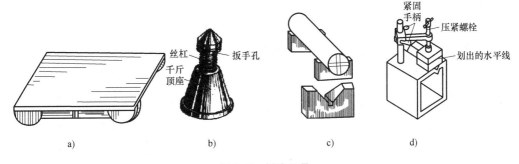

a)　　　　　　　　b)　　　　　　c)　　　　　d)

图 8.7　划线工具

a）平板　b）千斤顶　c）V形铁　d）方箱

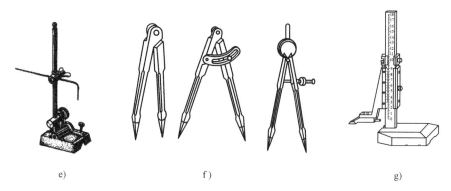

图 8.7　划线工具（续）

e）划线盘　f）划规　g）高度游标卡尺

2. 划线实例 1

（1）划线基准　对照图样确定其他点、线、面的位置，划线基准应尽量与设计基准一致，划中心线如图 8.8 所示。

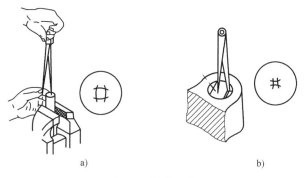

图 8.8　划中心线

a）定轴心　b）定孔心

（2）划线方法

① 划线部位涂上一层薄而均匀的涂料。毛坯用石灰水；已加工面用紫色涂料（龙胆紫加虫胶和酒精）或绿色涂料（孔雀绿加虫胶和酒精），以此为根据来确定其他加工表面的位置。

② 支承工件，常用划线平板（图 8.7a）、千斤顶（图 8.7b）、V 形铁（8.7c）和方箱（图 8.7d）等支承。

③ 立体划线，先划工件同一表面上的水平线，翻转工件划另一表面上的水平线。划完后检查合格，再打样冲眼（图 8.9）。

3. 划线实例 2

以轴承支架划线为例

1）根据图样要求，在待加工表面（X、Y、Z 三个面），即划线部位涂上一层薄而均匀的涂料，把轴承支架放在平板的千斤顶上，采用三个千斤顶便于工件调整水

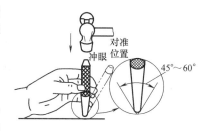

图 8.9　样冲及使用

平，如图8.10a所示。

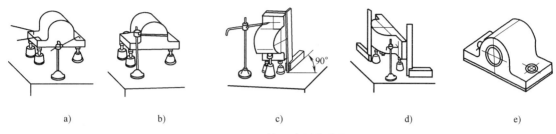

图8.10　轴承座划线步骤

a）找平　b）X面水平线　c）Y面水平线　d）Z面水平线　e）定中心孔

2）先划出各水平线，如图8.10b所示。

3）把工件翻转90°，找正，再划水平线，注意和上个水平线垂直，如图8.10c所示。

4）工件再翻转90°，同理，划水平线，如图8.10d所示。

5）把工件放平，打样冲孔，划圆孔线，如图8.10e所示。

8.3　锯削

8.3.1　手锯与锯削

1. 手锯

手锯是手工锯削的工具，由锯弓和锯条两部分组成（图8.11）。常用锯弓根据锯条的长短可进行调节（图8.11a）。安装锯条时，齿尖应背向手柄，与手锯推进方向一致（图8.11a），松紧要适度，不能歪斜和扭曲，否则锯削时容易折断。

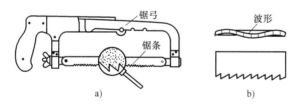

图8.11　手锯的结构

a）手锯　b）锯路

锯条用碳素工具钢和高速工具钢制成，锯齿硬而脆。常用锯条规格为长30mm、宽12mm和厚0.8mm，锯齿按齿距 t 大小分为三种（表8.1）。加工时可参照此表选择锯条，每个齿相当于一把小刨刀，起切削作用。

为防止夹锯，减小工件锯口两侧与锯条间的摩擦并利于排屑，制造时相邻两个锯齿要左右错开排列，并排成一定形状，使锯齿尖端宽度大于锯身厚度，称为锯路。通常，锯齿的排列多为波形，如图8.11b所示。

2. 锯削的步骤和方法

1）根据工件材料选择锯条，可参见表8.1选择。

2）在虎钳上夹紧工件，工件伸出要短，右手握住锯柄，锯条要与锯削工件表面垂直，起锯角小于 15°（图 8.12a）。当锯削出锯口后，锯条应逐渐改作水平直线往复运动（图 8.12b）。

表 8.1　锯齿粗细划分及用途

锯齿粗细	齿距 t/mm	应用
粗齿	1.6	低碳钢、铝、纯铜等软金属，木材、薄板等
中齿	1.2	中等硬度材料，如 45 钢等
细齿	0.8	高碳钢等硬材料

3）锯削时向前推时加压要均匀，返回时锯条从工件上轻轻滑过，不应加压和摆动。当工件快锯断时用力要轻，行程要短，速度要放慢，以防碰伤手和折断锯条。

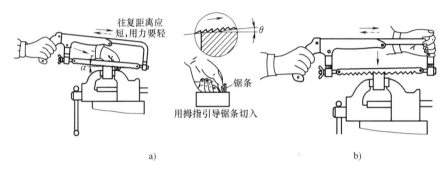

图 8.12　锯削动作

a）起锯操作　b）水平锯削

8.3.2　锯削实例

1. 锯削圆形实心工件

为了得到整齐的断面，锯削应从一个方向锯到结束（图 8.13a）。

2. 锯圆管工件

锯圆管工件时，锯削到管内壁后，将工件旋转一定角度，再继续锯削（图 8.13b）；锯削薄壁管时，须将工件夹持在辅助夹具（如两块 V 形木衬垫）中，且夹紧力不要过大，再进行锯削（图 8.13c）。

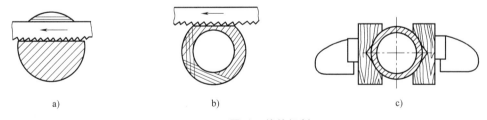

图 8.13　圆形工件的锯削

a）圆形实心件的锯削　b）圆管的锯削　c）薄壁管的锯削

3. 锯削平面工件

锯削平面工件如图 8.14 所示。

1）锯削工件厚度超过锯弓高度时，可根据情况锯削大平面，或者将锯条旋转 90°安装，如图 8.14a 所示。

2）锯薄件应从宽面起锯，以使锯缝浅而整齐。锯削薄板工件时，应将薄板工件夹在两木块之间，如图 8.14b 所示，以防振动和变形。

3）锯削型钢的方法与锯削扁钢基本相同，当一面锯穿后，应改变工件的夹持位置，始终保持从宽面起锯。各类型钢锯削实例如图 8.14c 所示。

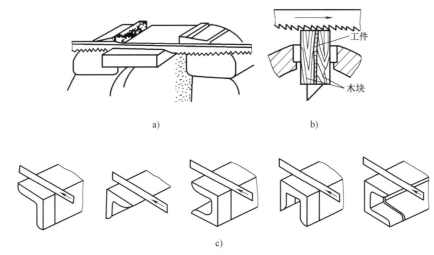

图 8.14 平面工件的锯削
a）锯削厚件 b）锯削薄件 c）型钢的锯削

8.4 锉削

锉削是用锉刀去除工件表面多余材料的加工方法，一般用于錾削和锯削之后或修配零件的加工。锉削表面粗糙度 Ra 值可达到 $1.6 \sim 0.8 \mu m$。锉削是钳工的基本操作，锉削加工范围广，加工余量小，劳动强度大，可加工平面、曲面、内外圆弧面、沟槽和各种复杂表面等。

8.4.1 锉刀结构及种类

1. 锉刀的结构

锉刀常用材料为 T12A 或 T13A，一般采用热处理淬硬锉齿，锉刀的组成如图 8.15 所示，锉刀的齿纹有单齿纹和双齿纹两种，双齿纹的刀齿是交叉排列，一般比较常用，锉齿形状如图 8.16 所示。其规格用工作部分的长度表示，如 100mm，150mm……400mm 等。

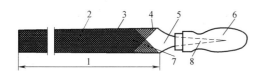

图 8.15 锉刀的组成
1—工作部分 2—锉刀面 3—锉刀边 4—底齿
5—锉刀尾 6—木柄 7—面齿 8—锉刀舌

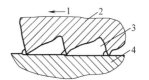

图 8.16 锉齿形状
1—切削方向 2—锉刀 3—存屑空隙 4—工件

2. 锉刀的种类

锉刀按用途分为普通锉、特种锉和整形锉三种。

普通锉按断面形状分为平锉（又称板锉）、方锉、半圆锉和三角锉等，在生产中根据被加工零件的形状来选择锉刀（图 8.17）。

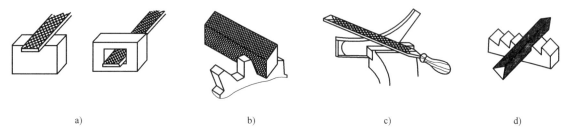

图 8.17 锉刀种类及选用

a）平锉 b）方锉 c）半圆锉 d）三角锉

锉刀的粗细是按每 10mm 长度锉面上齿数的多少来划分的，分为粗齿、中齿、细齿和油光齿。其特点和适用范围见表 8.2。

表 8.2 锉刀刀齿的粗细、特点和应用

锉齿粗细	10mm 长度内齿数	特点和应用	加工余量/mm	表面粗糙度 Ra 值/μm
粗齿	4~12	适宜粗加工或锉铜、铝等有色金属	0.5~1	50~12.5
中齿	13~24	齿间距中，适宜粗锉后加工	0.2~0.5	6.3~3.2
细齿	30~40	锉光表面或锉硬金属(钢、铸铁等)	0.05~0.23	1.6
油光齿	50~62	精加工时,修光表面	0.05 以下	0.8

3. 锉削的操作方法

锉削方法有交叉锉、顺向锉、推锉和滚锉等方法，如图 8.18 所示。

1）交叉锉法。交叉锉法是对工件表面以交叉两个方向顺序进行锉削，如图 8.18a 所示。锉削时依次自左向右进行，完成整个表面的锉削后，进行下一层锉削平面的锉削。交叉锉法去屑快、加工余量大、效率高，常用于较大面积的粗锉。

2）顺向锉法。顺向锉法是顺着锉刀轴线方向的锉削，如图 8.18b 所示。顺向锉法加工余量小，精度高，工件表面平直、光洁，常用于工件的精锉。

3）推锉法。推锉法是垂直于锉刀轴线方向的锉削，如图 8.18c 所示，常用于较窄表面的精锉以及不能用顺向锉法加工的场合。

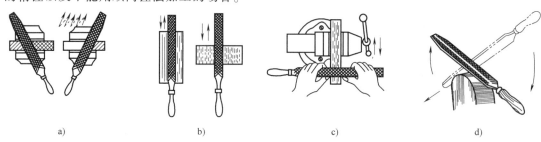

图 8.18 常用的锉削方法

a）交叉锉法 b）顺向锉法 c）推锉法 d）滚锉法

4）滚锉法。滚锉法是用平锉刀顺着圆弧面向前推进且同时绕圆弧面中心转动的方法，如图 8.18d 所示。锉刀前推是完成锉削工作；转动是保证锉出圆弧面形状。

锉削时，不要用手摸正在加工的工件表面，以免再锉时锉刀打滑。

锉削时，滚锯锉刀的大小采用相应的握法，通常右手握刀柄，大拇指放在上面，四指握住锉刀刀柄，左手根据锉刀的大小适当扶住锉刀的另一端，如图 8.19 所示。

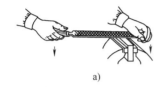 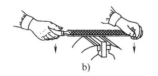 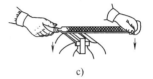

a)　　　　　　　　　　b)　　　　　　　　　　c)

图 8.19　力的变化

a）开始位置　b）中间位置　c）终止位置

8.4.2　锉削质量检查方法

锉削质量检查是根据图样要求，对零件进行相关检查，常用方法如图 8.20 所示。

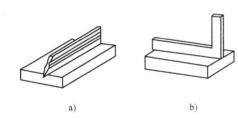 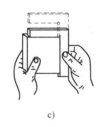 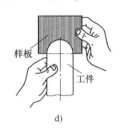

a)　　　　　　　　　　b)　　　　　　　　　　c)　　　　　　　　　　d)

图 8.20　常用的锉削质量检查方法

a）刀口尺检查平面度　b）直角尺检查平面度　c）透光法检查垂直度　d）样板检查型面

1）检查工具。游标卡尺、高度尺、直角尺、刀口尺、样板和表面粗糙度样块等量具。
2）检查项目。尺寸、直线度、垂直度、平面度、形状和表面粗糙度。

例如外六角形物体质量检查是采用样板来检查，如图 8.21 所示。

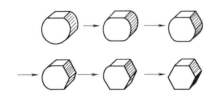 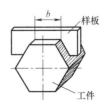

图 8.21　外六角形体的样板测量

8.5　钻孔、扩孔和铰孔

钻孔、扩孔和铰孔都是在板材或零件上进行孔加工的方法，常用设备有钻床、车床、铣床、镗床和加工中心等，钳工通常使用的设备是钻床，常用钻床如图 8.3~图 8.5 所示。

8.5.1 钻孔

用钻头进行孔加工的方法称为钻孔。钻孔时工件用压板或平口钳固定，钻头同时作旋转运动和轴向移动。钻孔一般用于粗加工，其尺寸公差等级为 IT12～IT11，表面粗糙度 Ra 值为 25～12.5μm。

1. 麻花钻

钻孔常用的钻头是麻花钻头，如图 8.22 所示。麻花钻由工作部分、颈部和柄部组成，柄部是钻头的夹持部分，有直柄和锥柄两种类型，直柄传递扭矩小，一般用于直径小于 13mm 的钻头；锥柄传递扭矩较大，用于直径大于 13mm 的钻头。颈部是钻头的工作部分和柄部连接部分；工作部分包括导向和切削部分。导向部分有两条对称的螺旋槽，起排屑和输送切削液的作用。麻花钻的前端为切削部分，有两个对称的主切削刃，两刃之间的夹角通常为 $2\alpha = 116° ～118°$，称为锋角。钻头顶部有横刃，即两主后面的交线，它使切向力和扭矩增大，通常采用修磨横刃的办法缩短横刃，来减小切削向力和扭矩。

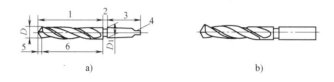

图 8.22 麻花钻

a）锥柄钻 b）直柄钻

1—工作部分 2—颈部 3—柄部 4—扁尾 5—切削部分 6—导向部分

2. 钻头的安装

直柄钻头一般用钻夹头直接完成安装，如图 8.23a 所示，钻头安装深度以夹住钻头为宜。钻头的直柄装夹在钻夹头的三个自动定心的夹爪中，钻夹头锥柄装入钻床主轴锥孔中。

锥柄钻头则根据钻柄的莫氏号来安装，若刀柄锥度与钻床主轴锥孔锥度相同可直接安装，如图 8.23b 所示；若两者锥度不同，则必须使用过渡套安装，如图 8.23c 所示。套筒上端接近扁尾处的长方形横孔，是卸钻头时打入楔铁之用。采用锥面安装其配合牢靠，同轴度高。刀具锥柄末端的扁尾用于增加传递力量，避免刀柄打滑，便于卸下钻头。

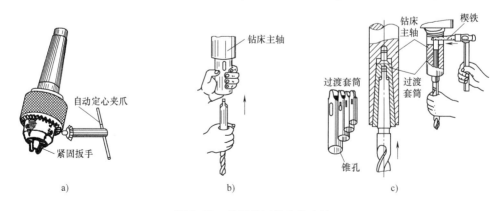

图 8.23 常用的刀具安装方法

a）钻夹头安装 b）直接安装 c）用过渡套安装与拆卸

3. 工件的安装

为保证工件的加工质量和操作安全，钻削时工件必须牢固地安装在夹具或工作台上，小型工件通常用台虎钳或平口钳装夹，如图 8.24a 所示。较大的工件用压板螺栓直接安装在工作台上，如图 8.24b 所示；在圆柱形工件上钻孔可在 V 形铁上进行，如图 8.24c 所示。

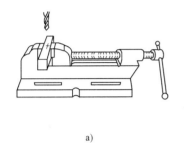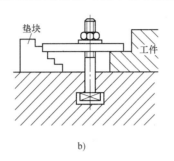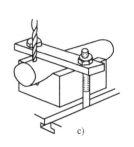

图 8.24　常用的工件安装

a）用平口钳安装　b）用压板螺栓安装　c）用 V 形铁安装

4. 钻孔方法

钻孔前应划中心线，划圆线，在孔中心处打好样冲眼，然后钻孔。钻深孔时，为防止切屑堵塞，要经常退出钻头排屑，否则钻头容易折断，同时要使用切削液进行冷却，降低切削温度，提高钻头的耐用度。直径大的孔，轴向力也大，可先钻出一个直径较小的孔（为加工孔径的 0.5 倍左右），然后再扩孔。

8.5.2　扩孔

用扩孔钻对工件已有的孔进行扩大加工，称为扩孔。扩孔钻如图 8.25 所示，扩孔常作为孔的半精加工，一般用作铰孔前的预加工。扩孔切削运动与钻孔相同，在一定程度上可校正原孔轴线的偏差，并使其获得较正确的几何形状与较低的表面粗糙度值。尺寸公差等级 IT10~IT9，表面粗糙度 Ra 值为 6.3~3.2μm。扩孔钻的形状与麻花钻相似，不同的是扩孔钻有 3~4 个刀齿，没有横刃，螺旋槽较浅，钻心较粗，刚性好，扩孔时自身导向性比麻花钻好，多用于较小加工余量（0.5~4mm）。当加工余量较大时，需分几次扩孔。扩孔的方法和钻孔的方法相同。

8.5.3　铰孔

用铰刀对工件上钻出的孔或扩出的孔进行精加工，称为铰孔。铰孔分为粗铰和精铰，铰孔的尺寸公差等级为 IT8~IT6，表面粗糙度 Ra 值为 1.6~0.2μm。铰刀的形状如图 8.26 所示，铰刀分为机铰刀和手铰刀，手铰刀如图 8.26a 所示，

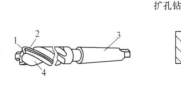

图 8.25　扩孔钻

1—主切削刃　2—刃带　3—锥柄　4—螺旋槽

切削部分较长，导向作用好，易于铰削时的导向和切入。机铰刀如图 8.26b 所示，锥柄部分较长，铰孔时选择较低的切削速度，配合合适的切削液，以降低孔的表面粗糙度值。

铰孔注意事项：

1）铰杠只能顺时针方向带动铰刀转动，不能倒转，否则切屑镶嵌在铰刀后面和孔壁之

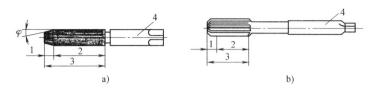

图 8.26　铰刀

a）手铰刀　b）机铰刀

1—切削部分　2—修光部分　3—工作部分　4—直柄

间，划伤孔壁或使切削刃崩刃。

2）手工铰孔时，两手要用力一致，发现铰杠转不动或感到很紧时，不能强行转动和倒转，应在慢慢顺转的同时向上提出铰刀，检查铰刀是否被切屑卡住或碰到硬质点，排除切屑后再进行加工，铰完后仍需顺时针旋转退出铰刀。

3）机铰时，要在铰刀退出孔后再停车，否则孔壁会有刀痕迹，机铰通孔时，铰刀的修光部分不能全露出孔外，否则铰刀退出时会将孔口划伤。

4）铰孔时，应选用合适的切削液。铰铸铁件时使用煤油，铰钢件时使用乳化液。

8.6　螺纹加工

螺纹加工包括攻螺纹和套螺纹，即加工内螺纹和外螺纹。

8.6.1　攻螺纹

攻螺纹就是用丝锥加工内螺纹的方法，又称攻丝。

1. 攻螺纹所用的工具

1）丝锥是加工内螺纹的刀具。丝锥由高速工具钢或碳素工具钢制成，由工作部分和尾柄两部分组成，工作部分是一段开槽的外螺纹，由切削部分和校准部分组成。有 3~4 条窄槽用以形成切削刃和排屑。切削部分呈圆锥状，承担主要切削工作，其牙形不完整，以便每个牙槽都能分层切削，同时使丝锥容易正确切入。校准部分具有完整的齿形，起校准和修光作用（图 8.27a）。每种尺寸的丝锥一般由两支组成一套，分别称为头攻和二攻，两支丝锥

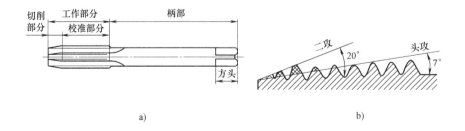

图 8.27　丝锥

a）丝锥的组成　b）头攻和二攻

的外径、中径和内径均相等，只是切削部分的长度和锥度不同，头攻的切削部分长，锥角小；二攻的切削部分较短，锥角较大（图8.27b）。螺距大于2.5mm的丝锥一般三支为一组。

2）铰杠是用来夹持并转动丝锥的手用工具，常用的是可调式铰杠（图8.28）。丝锥头部插入方孔，转动手柄可调节方孔大小，以便夹持不同规格的丝锥。

图 8.28　铰杠

a）固定式　b）活动式

2. 攻螺纹方法

1）攻螺纹前需确定螺纹底孔直径，底孔直径可查相关手册得到，也可用经验公式计算，即

脆性材料（铸铁、青铜、铸铝等）：

$$钻孔直径\ d_0 = D - 1.1P$$

韧性材料（钢材、纯铜等）：

$$钻孔直径\ d_0 = D - P$$

式中，D 为螺纹大径；P 为螺距。

$$钻孔深度 = 要求的螺纹长度 + 0.7D$$

按经验公式计算出的钻头直径，应圆整成标准钻头直径。

由图8.29可知，攻螺纹过程中丝锥除了切削金属，其挤压作用还会使金属凸起并挤向牙尖，使螺纹内径变小，无法与相同尺寸外螺纹顺利旋合。此外，嵌在螺纹牙顶与丝锥牙底之间的凸起金属会将丝锥卡住，甚至折断。但底孔尺寸过大则会降低螺纹牙的高度和强度。

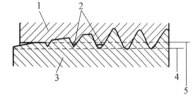

图 8.29　攻螺纹时的金属挤压

1—工件　2—被挤压后高起的金属

3—丝锥　4—丝锥内径

5—钻孔直径

2）使用头锥攻螺纹时，开始必须将丝锥垂直放入孔内，然后用铰杠轻压旋入（图8.30）。当丝锥的切削部分已经切入工件时，即可用手平稳地转动铰杠，不再加压力。使用二锥攻螺纹时，先把丝锥放入孔内，旋入几圈后，再用铰杠转动，此时无需加力。

3）攻螺纹和套螺纹时，刀具每转一圈应反转1/4圈，以使切屑断落（图8.31）。

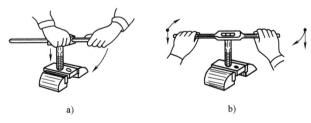

图 8.30　攻螺纹（加工内螺纹）

a）起攻　b）切削

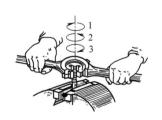

图 8.31　套螺纹（加工外螺纹）

4）加工铸铁件时加煤油润滑，加工钢件时加机油润滑，均会使螺纹牙面光洁，并能延长丝锥使用寿命。

3. 断丝锥的处理方法

当底孔尺寸过小、切削用量选择不当或用力过大时，丝锥往往会折断在孔中，此时应先将内孔清理干净，用图 8.32 所示方法取出折断的丝锥。

8.6.2 套螺纹

套螺纹是用板牙加工外螺纹的方法。

1. 套螺纹工具

（1）板牙 板牙是加工外螺纹的刀具，由高速工具钢或碳素工具钢制成，其外形像一

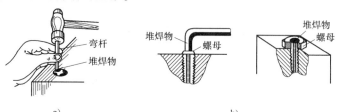

图 8.32 断丝锥的处理方法
a）敲击法 b）焊接法

个圆螺母（图 8.33），端面钻有 3～4 个排屑孔，并形成切削刃。板牙两端有切削锥，是板牙的切削部分，一般锥角为 40°～60°。中间部分的螺纹是板牙的校准部分，起校准牙型和导向作用。板牙的外圈有一条深槽与板牙架螺钉对应。板牙齿需淬火后低温回火。

（2）板牙架 板牙架是用于夹持板牙传递转矩的工具（图 8.34）。转动调节板牙螺钉，可微量调节螺纹直径。

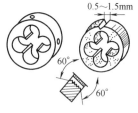

图 8.33 板牙

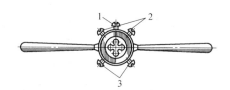

图 8.34 板牙架
1—撑开板牙螺钉 2—调整板牙螺钉 3—紧固板牙螺钉

2. 套螺纹方法

（1）尺寸确定 套螺纹前应确定并检查圆杆直径，板牙太小难以切入，太大则套出的螺纹牙型不完整，圆杆直径 d 的大小可查阅相关手册，也可按以下经验公式计算：

$$d = D - 0.13P$$

式中，d 为圆杆直径，单位为 mm；D 为螺纹公称直径，单位为 mm；P 为螺距，单位为 mm。

（2）操作要领 采取人工完成攻螺纹、套螺纹加工时，其操作步骤、所用辅具、切削液的选用等与手工铰孔基本相同。

批量生产或生产大直径的螺纹时可在机械设备，如车床、挫丝机上完成。

8.7 装配与拆卸

8.7.1 装配概述

机械产品一般是由许多零件和部件组成的。根据规定的技术要求，将若干个零件组装成

部件或将若干个零件和部件组装成产品的过程，称为装配。前者称为部件装配，后者称为总装配。

机器结构越复杂，精度要求越高，则装配工艺过程也就越复杂，工作量也越大。

装配过程是机械制造生产中的一个重要环节，通常根据零件精度和产品精度来确定装配技术和装配方法，提高装配质量和装配生产效率是装配工艺所要解决的关键问题。

8.7.2 装配过程及装配工作

机械装配是产品制造的最后阶段，在装配过程中不是将合格零件简单地组装起来，而是通过一系列工艺措施，最终达到产品质量要求。常见的装配工作有以下几项。

1. 装配前准备

1）研究和熟悉产品装配图，了解产品的结构和零件的作用、技术要求及相互连接的关系。

2）确定装配的方案、方法、程序和所需的工具。

2. 清洗零件，去毛刺

机器装配过程中，零部件的清洗对保证产品的装配质量和延长产品的使用寿命均有重要的意义。清洗的方法有擦洗、浸洗、喷洗和超声波清洗等。常用的清洗液有煤油、汽油、碱液及其他化学清洗液等。

3. 连接

装配过程中有大量的连接工作，连接的方式一般有两种：可拆卸连接和不可拆卸连接。

可拆卸连接的特点是相互连接的零件拆卸时不会受到损坏，且拆卸后还能重新组装在一起。常见的可拆卸连接有螺纹连接（图 8.35a）、键连接（图 8.35b）和销连接（图 8.35c）等。

不可拆卸连接的特点是被连接的零件拆卸时会受到损坏，常见的不可拆卸零件有铆接和过盈连接等。

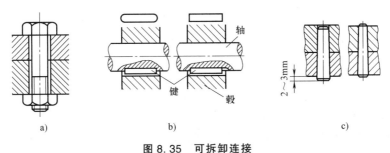

图 8.35 可拆卸连接

a）螺纹连接 b）键连接 c）销连接

4. 装配、校正、调整与配作

装配按组件装配→部件装配→总装配的次序进行，并经调整、试验、检验、喷漆和装箱等步骤完成装配。

在装配过程中，可根据产品结构的特点和批量大小，选择合适的装配组织形式。

1）固定式装配。是将产品或部件的全部装配工作安排在一固定的工作场地上进行装配，装配过程中产品位置不变，装配所需要的部件都汇集在工作场地附近。在单件和中、小批量生产中，对那些因重量和尺寸较大，装配时不便移动的重型机械或机体刚性较差以及装配时移动会影响装配精度的产品，均宜采用固定式装配的组织形式。

2）移动式装配，是将产品或部件置于装配线上，通过连续或间歇的移动以完成全部装配工作。采用移动式装配时，装配过程分得较细，在每个工作地重复完成固定的工序，广泛采用专用的设备和工具，生产效率很高，多用于大批大量生产。

在产品的装配过程中，特别是在单件、小批量生产的条件下，为了保证部件装配和总装配的精度，常需要进行一些校正、调整和配作工作。

校正是指产品中相关零部件相互位置的找正、找平及相应的调整工作；调整是指相关零部件相互位置的具体调节工作，配作是指配钻、配铰、配刮及配磨等。

5．试验、验收

试验前应检查各部件连接的可靠性和运动的灵活性，检查各种变速和变向机构的操纵是否灵活、手柄的位置是否正确。试车时应从低速到高速逐步进行，并根据试车情况进行必要的调整，使其达到正确运转的要求。

机械产品装配工作完成后，应根据有关技术标准和规定，对产品进行较全面的检验和试验，合格后才允许出厂。以金属切削机床为例，验收试验工作通常包括：机床几何精度的检验、空运转试验、负荷试验和工作精度试验等。

8.7.3　装配实例

减速箱组件的装配如图 8.36 所示。装配顺序如下：

1）装配键，将键 4 装入轴 1 键槽内。

2）压装齿轮，齿轮 7 装入轴 1 时，同时使轴上的键与齿轮键槽对中。

3）轴 1 右端装入隔套，压装右轴承。

4）压装左轴承。

5）毡圈放进透盖槽中，将透盖装在轴上。

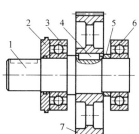

8.7.4　常用轴承的装配方法

1．冷压法

滚动轴承的配合一般为过盈小间隙配合，通常用压力机或手锤装配。为了使轴承圈受力均匀，需采用垫套加压。轴承压到轴颈上

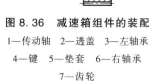

图 8.36　减速箱组件的装配
1—传动轴　2—透盖　3—左轴承
4—键　5—垫套　6—右轴承
7—齿轮

时，应通过套筒施力于内圈端面（图 8.37a）；轴承压到箱体孔中时，应施力于外圈端面（图 8.37b）；当轴承同时压到轴颈上和机体中时，则内外圈端面应同时加力（图 8.37c）。

2．热压法

当轴承与轴颈较大，过盈也很大时，可采用热压法，将轴承加热到 80～90℃，使其内孔膨胀，然后趁热迅速压入轴颈。

8.7.5　机器的拆卸

与装配过程一样，拆卸机器前，应先读图，了解其结构，再确定拆卸方法与步骤。拆卸过程应按与装配过程相反的顺序进行。从装配图上了解装配顺序后，应按先拆后装、后拆先

第8章 钳工与产品拆装

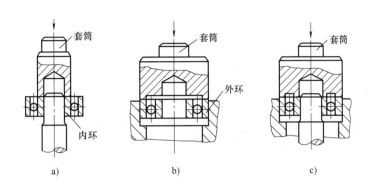

图 8.37　压配轴承的套筒衬垫

a）内圈—轴颈的装配　b）外圈—轴承孔的装配　c）内外圈同时压入轴颈与轴承孔

装的顺序拆卸零、部件。

复习思考题

1. 零件加工前为什么要划线？划线的作用是什么？什么叫划线基准？如何选择划线基准？

2. 什么是平面划线、立体划线？举例说明。

3. 方箱和千斤顶的用途有什么不同？

4. 用 V 形铁支承圆柱形工件有何优点？

5. 选择锯条的依据是什么？

6. 锯条折断和崩齿的主要原因是什么？

7. 锉削有哪些方法？锉刀如何选择？

8. 钻孔、扩孔、铰孔有什么区别？

9. 麻花钻和扩孔钻在结构上有什么不同？

10. 什么是装配？装配过程有哪几步？

11. 交叉锉、顺锉和推锉法各适宜什么场合？

12. 攻螺纹时如何确定钻孔直径？

13. 如何正确使用丝锥和板牙？

14. 如何安装和拆卸钻头？

15. 为什么锯齿按波形排列？

16. 攻螺纹前，底孔直径如何确定？

17. 什么叫锯路？它有什么作用？

18. 什么叫钳工？它包括哪些基本操作？

19. 划线工具有几类？

20. 在锉削平面时，如何操作才能防止锉削平面产生凸、塌边、塌角等缺陷？

21. 什么叫攻螺纹？什么叫套螺纹？

22. 平面锉削时常用的方法有哪几种？每种方法分别适用于什么场合？

第9章

铣削、刨削、磨削和精密加工

9.1 铣削

9.1.1 铣削运动及铣削要素

1. 铣削加工

在铣床上用铣刀对移动的工件进行切削加工叫铣削。铣削是铣刀作旋转运动，工件作进给运动，如图 9.1 所示。铣削主要是加工平面、台阶、沟槽、成形表面、齿轮及切断等。铣削速度较快，因此，除了加工狭长平面，铣削比刨削生产效率高。应用范围较广，在成批大量生产中，一般都采用铣削。

铣削的加工精度一般可达 IT9～IT8 级，表面粗糙度 Ra 值可达 6.3～1.6μm。

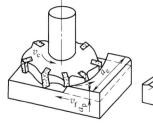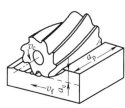

图 9.1　铣削

2. 铣削要素

铣削要素包括铣削速度、进给量、铣削深度和铣削宽度四个要素。

（1）铣削速度 v_c　铣削速度为铣刀切削最大直径处的线速度。

$$v_c = \pi d n / 1000$$

式中，v_c 为铣削速度，单位为 m/min；d 为铣刀直径，单位为 mm；n 为铣刀每分钟转速，单位为 r/min。

（2）进给量　铣削进给量有三种表示方法：

1）进给速度 v_f（mm/min）。指工件每分钟沿进给方向移动的距离。

2）每转进给量 f（mm/r）。指铣刀每转一圈工件沿进给方向移动的距离。

3）每齿进给量 f_z（mm/齿）。指铣刀每转过一个刀齿时，工件沿进给方向移动的距离。

它们三者之间的关系式为：

$$v_f = f \cdot n = f_z \cdot z \cdot n$$

式中，n 为铣刀每分钟转速，单位为 r/min；z 为铣刀齿数。

（3）铣削深度 a_p　铣削深度 a_p 为平行于铣刀轴线方向上测量的切削层尺寸，如图 9.1

所示。切削层是指工件上正被切削刃切削的那层金属。

（4）铣削宽度 a_e　铣削宽度 a_e 为垂直于铣刀轴线方向上测量的切削层尺寸，如图 9.1 所示。

9.1.2　铣床及其附件

1. 铣床

铣床分为卧式铣床、立式铣床、龙门铣床、数控铣床和工具铣床等。生产中常用卧式万能铣床（图9.2）和立式铣床（图9.3）。

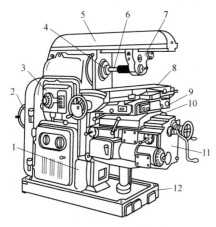

图 9.2　卧式万能铣床

1—床身　2—电动机　3—变速机构　4—主轴
5—横梁　6—刀杆　7—吊架　8—纵向工作台
9—转台　10—横向工作台　11—升降台　12—底座

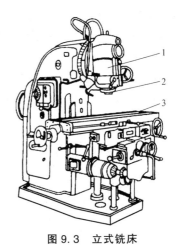

图 9.3　立式铣床

1—立铣头　2—主轴　3—工作台

两者在结构上的最大区别是卧式万能铣床的主轴与工作台台面相互平行，而立式铣床的主轴与工作台台面相互垂直。

万能卧式铣床主轴由电动机经装置在床身内的变速箱传动而获得旋转运动。铣刀紧固在刀杆上，刀杆的一端夹紧在主轴的锥孔内，另一端支持于横梁上的吊架内。吊架可沿横梁导轨移动。横梁也可沿床身顶部的导轨移动调整其伸出长度，以适应不同长度的刀杆。工件安装在工作台上，工作台可在转台的导轨上作纵向进给运动。转台与横向溜板连接。松开连接螺栓，使工作台在横向溜板上作±45°以内的转动，以使工作台作斜向进给运动。横向溜板在升降台的导轨上作横向进给运动。升降台连同其上的横向溜板、转台及工作台沿床身的导轨作上下移动。

立式铣床的立铣头可以在垂直面内偏转一定的角度使主轴对工作台倾斜成一定的角度，用于加工斜面等。立式铣床的工作台结构和万能卧式铣床的相同。

2. 铣床附件及工件安装

使用铣床附件能有效扩大工件的安装范围，进行特殊表面的加工，常用的附件有：

（1）回转工作台　回转工作台又称为转盘、平分盘或圆形工作台，内部有一套蜗轮蜗杆传动机构，使转台转动；转台周围有刻度，可用于观察和确定转台位置；转台中央有一孔，利用它可以方便地确定工件的回转中心。较大工件的分度工作和非整圆弧面的加工，通常在回转工作台上进行。转动回转工作台使工件作圆周进给运动，从而实现内、外圆弧表面的加工，如图9.4所示。

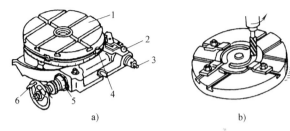

（2）万能立铣头 在卧式铣床床身垂直导轨上安装万能立铣头，可扩大卧式铣床的加工范围。铣刀安装在立铣头的主轴上，铣削时铣刀可随壳体2和壳体1转动任意角度，从而完成空间不同方位的各种铣削工作，如图9.5所示。

图9.4 回转工作台及其工作举例

a）回转工作台 b）利用回转工作台铣圆弧槽

1—回转台 2—离合器手柄 3—传动轴

4—挡铁 5—刻度盘 6—手轮

（3）分度头 分度头是铣床的重要附件，主要功能是：

1）使工件绕自身的轴线实现分度，完成铣削多边形、齿轮、花键等的分度工作。

2）工作台带动工件直线运动的同时，分度头带动工件旋转运动，以完成螺旋面加工，如图9.6所示。

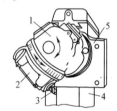

图9.5 万能立铣头

1、2—壳体 3—铣刀

4—床身导轨 5—底座

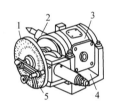

图9.6 万能分度头

1—分度盘 2—主轴 3—回转体

4—基座 5—扇形叉

3）可把工件轴线安装成水平、垂直或倾斜的位置进行铣削。

铣削平面工件的安装方法与刨削相同。铣轴类件时，常用的安装方法如图9.7所示。

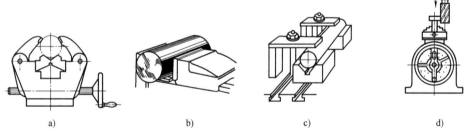

图9.7 常用轴类工件的安装方法

a）用虎钳安装 b）用平口钳安装 c）用V形块安装 d）用分度头尾架安装

9.1.3 铣削加工方法

实际生产中，铣床的加工范围很广，仅次于车床。铣削时，工件可用压板螺钉直接装夹在工作台上，也可通过平口钳、分度头和V形铁间接地装夹在工作台上。在成批大量生产中，广泛采用各种专用夹具。

1. 铣平面

平面铣削时，按加工所处位置分为水平面、垂直面和斜面铣削，一般用圆柱铣刀在卧式铣床上铣平面。有时也在卧式铣床上铣侧面，也可用端铣刀在立式铣床上铣平面，铣平面分周铣、端铣以及周铣与端铣两者兼用三种方法。在卧式铣床上用刀齿分布在圆周表面的铣刀铣削平面的方法称为周铣，如图9.8所示。周铣又分为顺铣和逆铣。铣刀的旋转方向和工件的进给方向相同时，为顺铣；相反时，为逆铣，如图9.9所示。

用端铣刀的端面切削称为端铣，如图9.10所示。由水平面和垂直面组成的台阶面，常用周铣和端铣并用的方法（图9.11）完成铣削。此时，圆周上的刀齿和端部刀齿同时参加切削。

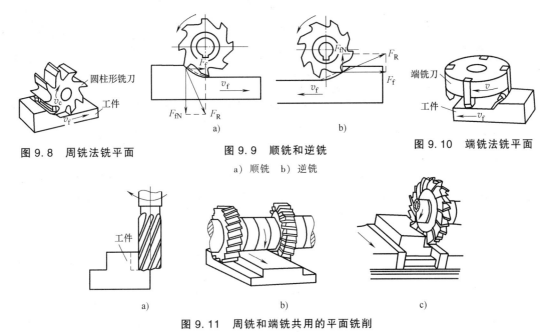

图9.8　周铣法铣平面　　　图9.9　顺铣和逆铣　　　图9.10　端铣法铣平面
　　　　　　　　　　　　　　a）顺铣　b）逆铣

图9.11　周铣和端铣共用的平面铣削
a）用立铣刀铣外台阶面　b）用组合铣刀铣台阶面　c）用三面刃铣刀铣台阶面

2. 铣斜面

1）根据划线安装工件铣斜面，划出斜面加工线的工件，装夹时按划线找正（图9.12），平口钳放置在与进给方向垂直，防止工件受切削力的作用发生松动，该方法用于单件生产。

2）用垫铁。工件倾斜在工件定位的基准面上，垫一块与工件角度相同的斜垫铁，使工件倾斜成要求角度（图9.13）。该方法用于小批量生产。

3）用万能分度头铣斜面。将万能分度头旋转需要的角度（图9.14），万能分度头装有

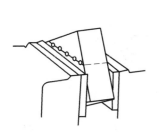

图9.12　按划线铣斜面

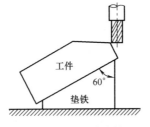

图9.13　用垫铁铣斜面

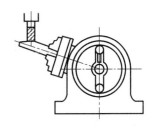

图9.14　用万能分度头铣斜面

自定心夹盘，常用于圆柱形工件铣斜面。

4）用万向平口钳夹工件。铣斜面用万向平口钳扳转一定角度铣斜面（图9.15）。

5）用专用夹具铣斜面（图9.16）铣斜面，适宜批量加工。

6）扳转立铣头角度铣斜面。将立式铣床的立铣头或在卧式铣床装立铣头扳转一定角度，用端铣刀或立铣刀铣斜面（图9.17）。

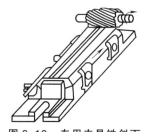

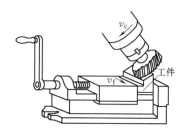

图9.15　万向平口钳铣斜面　　　图9.16　专用夹具铣斜面　　　图9.17　扳转立铣头角度铣斜面

7）用角度铣刀铣斜面。根据零件要求，选用相应的角度铣刀，如图9.18所示。

3. 铣沟槽

在铣床上利用不同的铣刀可加工的沟槽，开口键槽一般在卧式铣床上用三面刃盘铣刀铣削（图9.19）。封闭键槽一般在立式铣床上用键槽铣刀铣削（图9.20），其端面有切削刃，可直接向下进行切削，但进给量应很小，可手动进给。

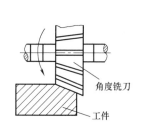

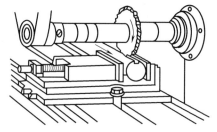

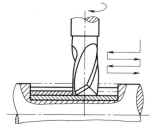

图9.18　角度铣刀铣斜面　　　图9.19　铣开口键槽　　　图9.20　铣封闭键槽

铣V形槽常用双角铣刀在卧式铣床上铣削，铣刀角度应等于工件所要求的角度，如图9.21所示。

铣燕尾槽时，也应先铣出直槽，然后在立铣床上用角度铣刀铣出燕尾槽，如图9.22所示。

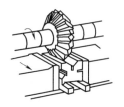

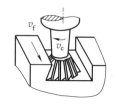

图9.21　铣V形槽　　　　　图9.22　铣燕尾槽

铣T形槽应先用立铣刀或三面刃盘铣刀铣出直槽，然后在立铣床上铣出T形槽，如图9.23所示。

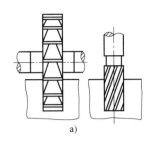
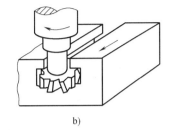
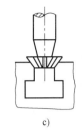

图 9.23 铣 T 形槽的步骤

a）铣直角槽 b）铣 T 形槽 c）倒角

4. 铣成形面

1）用成形铣刀铣成形面。在卧式铣床上用成形铣刀铣成形表面如图 9.24 所示。

2）用靠模装置铣削成形面。在立式铣床上用靠模夹具铣成形面的实例如图 9.25 所示。在大批大量生产成形面零件时常采用靠模方式，靠模与工件装在转台中的同一心轴上，可与转台一同旋转，转台与夹具体一起可在底座上滑动。在重锤的作用下，靠模与滚子始终接触。铣削时移动工作台使铣刀切入工件，然后通过手轮转动转台使工件作圆周进给运动，同时在靠模的作用下作径向进给。因此，工件对铣刀即按照靠模对滚轮的关系铣出成形表面。

3）划线法铣削内外成形面。划线法铣削内外成形面如图 9.26 所示。

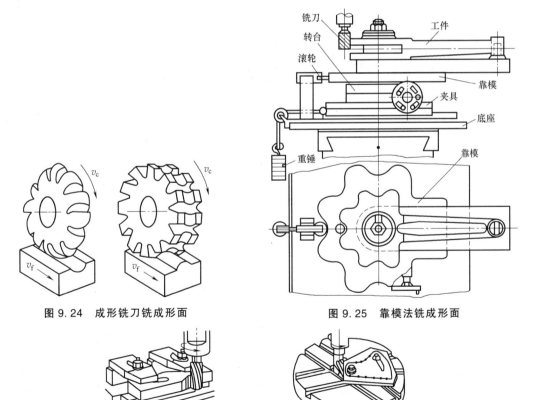

图 9.24 成形铣刀铣成形面

图 9.25 靠模法铣成形面

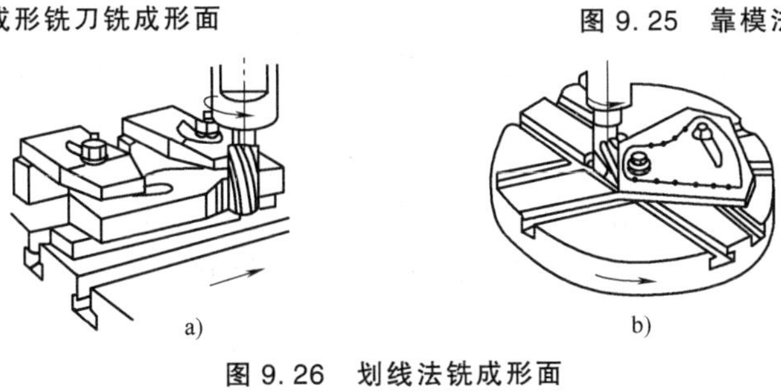

图 9.26 划线法铣成形面

a）外成形面 b）内成形面

5. 铣螺旋槽

螺旋形沟槽的零件铣削可在铣床上加工，如齿轮、麻花钻头切削部分上的螺旋槽以及螺旋铣刀（图9.27）均可在万能铣床上进行，通常采用分度头配合加工。当工作台带动工件纵向运动一个导程的同时，分度头带动工件转过一圈，铣刀就在工件上切出一条螺旋槽，如图9.28所示。使用卧式万能铣床铣螺旋槽时，机床调整原则为：必须保证盘状铣刀的旋转平面与被加工的螺旋槽旋向吻合。此时，应将工作台在水平面内旋转一个角度 β（工件的螺旋角）。铣左螺旋槽时，工作台顺时针方向旋转；铣右螺旋槽时，工作台则逆时针方向旋转。使用立铣床时，工作台不必转动角度。

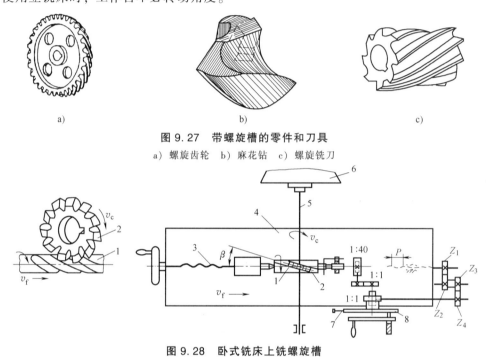

图 9.27　带螺旋槽的零件和刀具

a）螺旋齿轮　b）麻花钻　c）螺旋铣刀

图 9.28　卧式铣床上铣螺旋槽

1—工件　2—铣刀　3—丝杠　4—纵向工作台　5—刀杆　6—床身垂直导轨　7—紧固螺钉　8—分度头

9.2　刨削

在刨床上用刨刀加工工件的过程称为刨削。刨削主要用于加工各种平面（水平面、垂直面和斜面）、各种沟槽（V形槽、燕尾槽、T形槽和直槽）及简单的成形面。

刨削加工的主运动是刨刀作直线往复运动，工作台作进给运动。刀具切削时为工作行程，刀具返回时不切削则为空行程，空行程占据了工作时间。切削方式是断续切削，产生了很大的冲击力和惯性力，使切削速度降低，同时刨刀多为单刃切削。

综上所述，刨削生产效率较低，但在加工狭长表面时却能获得较高的生产效率。刨削刀具简单，安装调整方便，加工成本低。故刨削在单件生产、修配工作等精度要求不高的场合应用广泛。刨削加工的尺寸精度一般为IT9~IT7，表面粗糙度 Ra 值为 6.3~1.6μm。

9.2.1　刨床及刨削工作

刨床主要有牛头刨床、液压刨床、龙门刨床和插床。龙门刨床用于加工较大型零件；插床用于加工内表面及键槽等。应根据零件的尺寸及要求来选择合适的刨床。

1. 牛头刨床

牛头刨床主要用于加工中小型工件平面、斜面等,刨削长度一般不超过1000mm,牛头刨床由床身、滑枕、横梁、工作台和刀架等组成,如图9.29所示。图9.30为牛头刨床的运动情况。

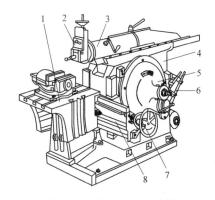

图9.29 牛头刨床组成图

1—工作台 2—刀架 3—滑枕 4—床身 5—摆杆
机构外壳 6—变速机构 7—进刀机构 8—横梁

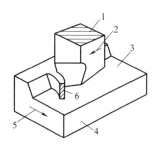

图9.30 牛头刨床运动分析

1—刨刀 2—主运动 3—已加工表面
4—工件 5—进给运动 6—切屑

（1）床身 其用于支撑和连接刨床各个部件,上面有水平燕尾导轨供滑枕往复运动使用,前侧面上的垂直导轨为工作台升降使用,床身内、外部装有传动机构和电动机。

（2）滑枕 其装在床身上面的燕尾导轨内,前端装有刀架,由曲柄摆杆机构带动其沿床身上面的水平燕尾导轨作直线往复运动。

（3）横梁 其安装在床身前侧面的垂直导轨上,可带动工作台沿垂直导轨上下运动和左右运动,从而实现对工件的进给和切削,形成进给运动。

（4）工作台 其上有T形槽,用于安装夹具（如平口钳、压板等）和工件。工作台可随横梁作上下运动,还可沿横梁作横向水平移动。

（5）刀架 其装在滑枕上,用于安装刀具。当转动刀架手柄时,刨刀可向上或向下移动,用于切削深度的加工。当刀具返程（空行程）时,刀具自动抬起以减小刀具和工件之间的摩擦。

2. 工件安装

刨削时常用的工件安装方法如图9.31所示。图9.31a适用于小尺寸工件,图9.31b适用于较大尺寸工件。

3. 典型表面刨削及刀具

（1）刨平面 加工平面时可分为水平面、垂直面和斜面。当调整好吃刀深度时,刀具往复运动,工件相对进给,就形成了平面加工,通常加工要分几次完成。当对加工表面质量要求较高

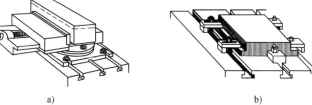

a) b)

图9.31 常用的工件安装方法

a）用平口钳安装工件 b）用螺钉、压板安装工件

时，要粗刨和精刨来完成，粗刨用于较大的切削深度和较大的进给量，以提高生产效率，精刨切削深度和进给量要小，切削速度可快一些。加工不同的平面，可采用不同形式的刀具，如图 9.32 所示。刨削不同平面时的运动和刀具选用如图 9.33 所示。

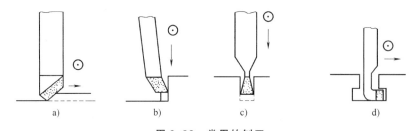

图 9.32　常用的刨刀

a）平面刨刀　b）垂直面刨刀　c）沟槽刨刀　d）梯形槽刨刀

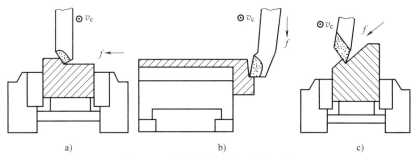

图 9.33　刨削平面的运动及刀具

a）刨水平面　b）刨垂直面　c）刨斜面

（2）刨沟槽　刨直槽可用切断刀垂直进给，并调整刀横向进给即可完成，如图 9.34a 所示。

刨 V 形槽和刨直沟槽相类似，先刨直槽，然后用左、右偏刀刨两个斜面。

刨 T 形槽时，先用切断刀刨出直槽，然后用左、右弯刀分别刨出两侧凹槽，如图 9.34b 所示。

刨燕尾槽和刨 T 形槽类似，先用切断刀刨出直槽，然后用左、右角度偏刀分别刨出燕尾侧面，如图 9.34c 所示。

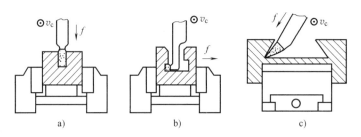

图 9.34　刨沟槽的运动及刀具

a）刨直槽　b）刨 T 形槽　c）刨燕尾槽

（3）刨成形面　成形面指直线型成形面，即母线为直线的成形表面，如图 9.35a 所示。刨成形面一般根据工件的数量和精度要求来选择加工方法。

a)   b)

图 9.35 成形面及划线法加工

a）直线型成形面零件 b）划线法加工

① 划线法加工。为保证加工形状，加工前在零件表面按零件形状划线，加工时按划线进行加工，如图 9.35b 所示，划线法加工需手动进刀，加工质量难以保证。通常用于单件生产或生产零件形状简单、加工精度要求不高的零件。

② 成形法加工。当零件有一定批量时，应采用成形法加工，如图 9.36a 所示。

③ 靠模法加工。当大批量加工时，采用靠模法加工，如图 9.36b 所示，可获得较高的生产效率，并能保证加工质量。

刨削大型或重型工件以及同时加工多个中小型工件，应在龙门刨床或数控刨铣床上进行。

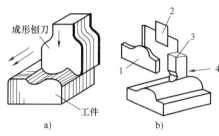

a)   b)

图 9.36 刨成形面

a）成形法刨直齿轮 b）靠模法加工

1—靠模 2—液压机构 3—刀具随靠模
轮廓自动进给 4—切削方向

9.2.2 插削和拉削

1. 插削加工

用插刀做上下直线往复运动的切削加工称为插削加工。插削在插床上进行，由于插刀的主运动为垂直方向，故可将插削视为"立式刨削"加工，如图 9.37 所示。插削主要用于单件、小批量生产，加工各种直线型内成形表面（如孔内键槽、方形孔、多边形孔和花键孔等）以及某些外表面，如外圆弧面、扇形齿轮，插削内键槽运动，如图 9.38 所示。

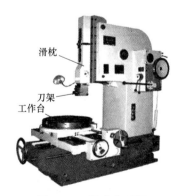

图 9.37 插床外形图

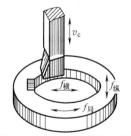

图 9.38 插内键槽运动图

2. 拉削加工

拉削是在拉床上用拉刀加工工件内、外表面的方法，如图 9.39 所示。拉削与刨削近似，但与刨削不同。可以把拉刀看成是由多把刨刀由低至高按序排列而成，拉刀相对工件作直线运动（主运动）；每个刀齿依次从工件上切下一层很薄的切屑，相当于进给运动，如图 9.40 所示，加工余量是由一组齿高递增的刀齿分层依次切除。图 9.41 所示为圆孔拉刀。图 9.42 所示为拉削工件截面图。拉床一般采用液压传动，拉削的速度较低，故拉削过程平稳，表面加工质量较好，尺寸精度可达 IT8~IT6，表面粗糙度 Ra 值为 $1.6~0.4\mu m$。一次拉削过程中可以完成粗切、精切、校准和修光工作，故生产效率高。一把拉刀只适宜加工一种规格尺寸的表面，且因结构复杂，制造成本高，故拉削只用于大批大量生产中。

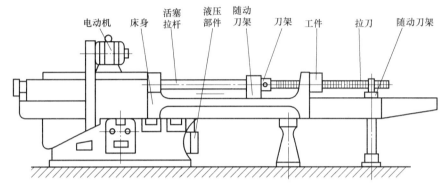

图 9.39　卧式拉床示意图

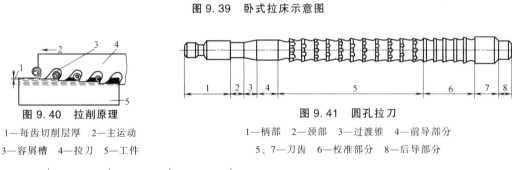

图 9.40　拉削原理

1—每齿切削层厚　2—主运动
3—容屑槽　4—拉刀　5—工件

图 9.41　圆孔拉刀

1—柄部　2—颈部　3—过渡锥　4—前导部分
5、7—刀齿　6—校准部分　8—后导部分

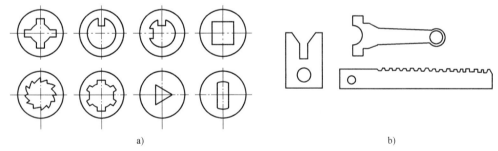

a)　　　　　　　　　　　　　　　　b)

图 9.42　拉削实例
a) 拉削各种形状的孔　b) 拉削外成形表面

9.3　磨削

9.3.1　普通磨削

在磨床上用砂轮对工件进行切削加工称为磨削，磨削是精加工的主要方法之一。

磨削特点如下：

1）磨削精度高，尺寸公差等级可达 IT6~IT5，表面粗糙度值小，Ra 值为 1.6~0.2μm。

2）磨削在生产中的应用十分广泛。除有色金属外，磨削适用于碳钢、合金钢、淬硬钢、陶瓷和硬质合金等的精加工。磨削可以加工平面、内外圆柱面和圆锥面、齿轮、螺纹、花键以及其他成形面，还用于各种刀具的磨削。

3）磨削温度高，可达到 1000℃，磨削时应加切削液进行冷却和润滑，防止工件变形和烧伤。

4）有色金属不宜采用磨削。

1. 磨具

磨削时所采用的工具统称为磨具。常用的有固结磨具（如砂轮、油石）以及涂覆磨具（如砂纸、纱布、砂带）两大类。

（1）砂轮　砂轮是由磨粒和结合剂烧结而成的多孔物体如图 9.43 所示，它的特性对零件的加工精度、表面粗糙度和生产效率影响很大。

砂轮的主要特征包括磨料、粒度、结合剂、硬度、组织、形状和尺寸等。

① 常用磨料。刚玉类（Al_2O_3）适用于韧性材料（如钢料）及一般刀具的磨削；碳化硅（SiC）类适用于脆性材料（如铸铁、青铜）及硬质合金刀具的磨削。

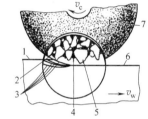

图 9.43　砂轮结构及工作原理
1—工件待加工表面　2—空隙
3—过渡表面　4—结合剂　5—磨粒
6—已加工表面　7—砂轮

② 粒度是指磨粒的粗细，用粒度号（即筛网上单位长度内的孔眼数）表示。粒度号共分 28 个，粒度号越大，磨粒越细。粗磨或磨软金属时，应选用粒度号较小（即粗磨粒）的砂轮。精磨则应选用粒度号较大（即细磨粒）的砂轮。精密加工和超精密加工时应选用微粉，微粉的粒度号分为 F 系列和 J 系列，按沉降管法，其粒度号分为 F230~F2000 和 J240~J3000，共 28 个号。

③ 结合剂。其作用是将磨粒黏结成具有一定强度、形状和尺寸的砂轮，其种类有陶瓷、树脂和橡胶等。应用最广的是陶瓷结合剂（V），适用于外圆、内圆、平面及成形磨削等。用于切割的薄片砂轮则采用树脂结合剂（B）和橡胶结合剂（R）。砂轮的强度、硬度、抗冲击性以及耐热性主要取决于结合剂的种类和性能。

④ 硬度是指砂轮工作表面的磨粒受切削力时脱落的难易程度。不易脱落，则硬度高，反之，则硬度低。磨削硬材料时，应选硬度较低的砂轮；磨削软材料时，应选硬度较高的砂轮。

砂轮硬度与磨粒硬度无关，与所用结合剂的黏结强度及烧结工艺有关。硬度分为 D，E，F（超软）；G，H，J（软）；K，L（中软）；M，N（中）；P，Q，R（中硬）；S，T（硬）；Y（超硬）。普通磨削常用硬度等级为 G~N 级的砂轮。

⑤ 组织是指砂轮中磨粒、结合剂和孔隙三者体积的比例关系。砂轮组织用 0，1，2，……，14 共 15 个号来表示，号数越小，表示磨粒所占比例越大，砂轮的组织越紧密。普通磨削常用 4~7 号组织（即中等组织）的砂轮。

⑥ 形状和尺寸，常用砂轮的形状、代号及用途见表 9.1。生产中应根据所用机床和加工要求来选用。

（2）常用磨具的标记及用途　为方便识别、管理和使用，生产中将磨具的特征代号印在其非工作表面上，常用磨具的标记及用途见表9.1和表9.2。

表9.1　常用砂轮的形状、代号及用途（GB/T 2484—2018）

砂轮名称	型号	简图	主要用途
平形砂轮	1	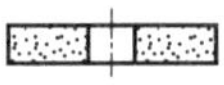	用于磨外圆、内圆、平面、螺纹及无心磨等
粘结或夹紧用筒形砂轮	2		用于立轴端面磨
双斜边砂轮	4	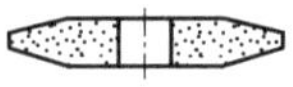	用于磨削齿轮和螺纹
杯形砂轮	6	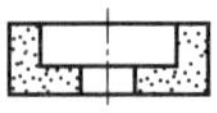	用于磨平面、内圆及刃磨刀具
双面凹砂轮	7	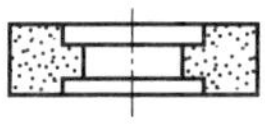	主要用于外圆磨削、刃磨刀具及无心磨砂轮和导轮
碗形砂轮	11	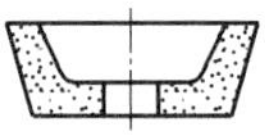	用于导轨磨及刃磨刀具
碟形砂轮	12	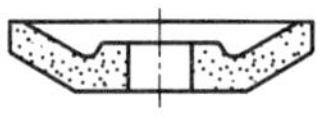	用于磨铣刀、铰刀、拉刀，大尺寸的用于磨齿轮端面

表9.2　常用油石形状代号及用途（GB/T 2484—2018）

油石名称	代号	简图	用途
正方磨石	SF		用于超精加工、珩磨和钳工
长方磨石	SC		用于珩磨、抛光、去毛刺和钳工
三角磨石	SJ		用于珩磨齿面、修理曲轴和钳工
圆形磨石	SY		用于珩磨齿面、型面和钳工
半圆磨石	SB		用于钳工

2. 磨床简介

磨床的种类很多，常见磨床有外圆磨床、内圆磨床、平面磨床、无心磨床、工具磨床、螺纹磨床、齿轮磨床以及各种专用磨床等。

（1）平面磨床　平面磨床的主要组成如图9.44所示。

1）床身用于支承和连接磨床各个部件，其上装有工作台，内部有液压传动装置。

2）工作台是一个电磁吸盘，用于安装工件或夹具等，其纵向往复直线运动通过液压传动装置来实现。

3）立柱与工作台面垂直，其上有两条导轨。

4）拖板沿立柱垂直导轨向下运动，实现砂轮的径向切入（进刀）运动。

5）磨头上装有砂轮，砂轮的旋转运动（主运动）由单独的电动机来完成。当磨头沿拖板的水平导轨运动时，砂轮作横向进给运动。

平面磨床的工件安装如下：

磨削平面时，对形状规则的工件（钢和铸铁等磁性材料），可直接安装在工作台电磁吸盘上（图9.45）；对形状不规则的工件，应安装在平口钳中再将平口钳吸在工件台上；刚性差的工件如薄片或薄板，磨削时容易变形，可采用挡块和挡板等。工件较高，安装和吸盘接触面较小时，也可以采用挡块和挡板安装（图9.46）。

（2）外圆磨床 外圆磨床分为普通外圆磨床和万能外圆磨床。万能外圆磨床不仅可以磨外圆，还可以磨内孔，如图9.47所示。万能外圆磨床的结构如下：

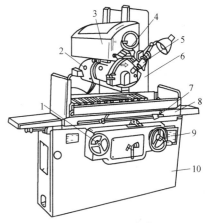

图9.44 平面磨床

1—工作台手轮 2—磨头 3—拖板
4—横向进给手轮 5—砂轮修整器
6—立柱 7—行程挡块 8—工作台
9—垂直进给手轮 10—床身

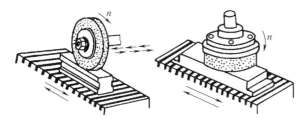

图9.45 电磁吸盘安装工件的实例

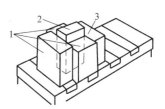

图9.46 磨削薄片和薄板时工件的安装
1—挡块 2—工件 3—挡板

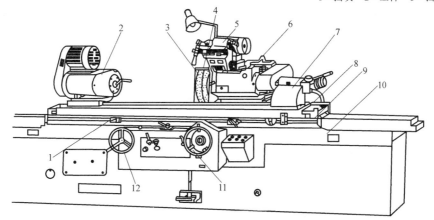

图9.47 M1432A型万能外圆磨床
1—横向挡块 2—头架 3—砂轮 4—内圈磨具 5—磨架 6—砂轮架 7—尾架
8—上工作台 9—下工作台 10—床身 11—横向进给手轮 12—纵向进给手轮

1）床身用于安装机床的各个部件。上部的纵向导轨用于安装工作台，横向导轨用于安装砂轮，内部装有液压传动装置及传动和操作机构。

2）工作台由上下两层组成，由液压传动沿床身上面的纵向导轨作往复直线运动，以带动工件实现纵向进给，工作台可以用手轮移动，以便进行调整。工作台台面上安装头架和尾架。工作台上层可相对下层在水平面内偏转一定角度（±8°）。

3）头架和尾架。头架一端连接动力，另一端安装夹盘或顶尖、拨盘，用于装夹工件。头架在水平面内可以偏转一定角度，以便磨削锥度较大的短锥面。尾架上装有顶尖，用于支承长度较长的工件。

4）砂轮架的主轴端部安装砂轮，由单独电动机驱动，砂轮架可沿床身上部的横向导轨作横向进给运动，砂轮架可快进、快退和手动进给。

5）内圆磨头安装在砂轮架上，使用时扳转到工作位置，不用时翻转到砂轮架上方。在内圆磨头上安装砂轮，由单独电动机控制，如图9.48所示。

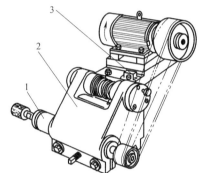

图 9.48　内圆磨头及砂轮支架
1—内圆磨具　2—支架　3—挡块

在磨床上磨削零件，工件装卡的是否正确、稳固，会直接影响加工精度和操作安全。工件的装卡还要求迅速、方便。在外圆磨床上，工件一般用两个顶尖装卡，有时也用卡盘装卡。

① 用两顶尖装卡。这是外圆磨削最常用的装卡方法。这种方法的特点是安装方便、定位精度高。安装时，利用工件两端的中心孔，把工件支承在前顶尖和后顶尖之间（图9.49），工件由拨盘拨杆和夹头带动旋转，其旋转方向与砂轮旋转方向相同。磨床采用的顶尖，都是"死"顶尖，它们都是固定在头架和尾架的锥孔中，磨削时顶尖不旋转。这样头架主轴的径向跳动误差和顶尖本身的同轴度误差都不会对工件的旋转运动产生影响，从而可使工件获得较高的圆度和同轴度。对于精度要求较高的轴，淬火后精磨前要修研中心孔，以提高几何精度和降低表面粗糙度值。修研的方法一般是采用四棱硬质合金顶尖（图9.50）在车床或钻床上进行；当中心孔修研精度要求较高时，必须选用油石顶尖或铸铁顶尖作前顶尖，一般顶尖作为后顶尖。修研时，头架及油石顶尖旋转，工件不旋转（用手握住），研好一端再研另一端，如图9.51所示。

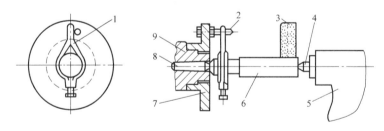

图 9.49　顶尖装夹
1—夹头　2—拨杆　3—砂轮　4—后顶尖　5—尾座　6—工件　7—拨盘　8—前顶尖　9—头架主轴

② 用卡盘装卡。卡盘有自定心卡盘、单动卡盘和花盘三种。自定心卡盘适于装卡无中心孔的圆柱形工件；单动卡盘除可装卡圆柱形零件外，还可以装卡外形不太规则的零件。在万能外圆磨床上，利用卡盘在一次装夹中磨削工件的外圆及内孔，可以保证较高的同轴度。

③ 用心轴装卡。盘套类零件常以内孔定位磨削外圆，一般采用心轴装卡工件，常用心

轴有台阶心轴和锥度心轴两种。

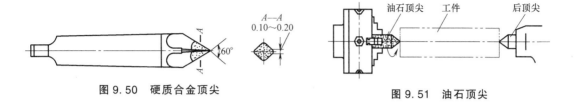

图 9.50　硬质合金顶尖　　　　　　图 9.51　油石顶尖

9.3.2　磨削加工

1. 外圆磨削

零件外圆可以在普通外圆磨床和万能外圆磨床上进行磨削。

（1）磨削运动　磨削时砂轮旋转运动为主运动，其余运动均为进给运动和辅助运动（图 9.52）。

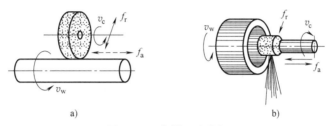

图 9.52　磨削运动分析

a）外圆磨削　b）内圆磨削

（2）磨削方法　磨削常用的方法分为纵磨法、横磨法和综合磨法三种。

纵磨法（图 9.53a）加工精度高，Ra 值较小，尤其是较长的轴类零件，必须采用纵磨法，所以纵磨法在生产中广泛使用，缺点是生产效率低。

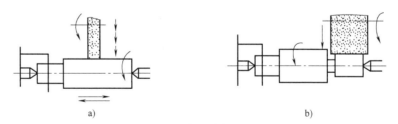

图 9.53　外圆表面磨削的常用方法

a）纵磨法　b）横磨法

横磨法（图 9.53b）是砂轮对应加工部位时，工件不做纵向进给运动；砂轮做轴向进给运动，因砂轮与工件接触面大或工件宽度小，故生产效率较高。常用外圆横磨法如图 9.54 所示。

在生产中，有时加工余量较大，应先采用横磨法分段加工，再进行纵磨法加工，是提高生产效率和加工质量的有效途径。

2. 内圆磨削

内圆表面可在内圆磨床或万能外圆磨床上进行磨削。

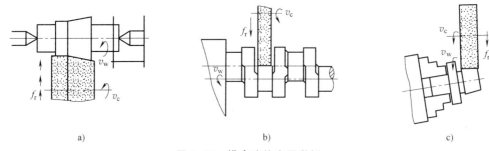

图 9.54　横磨法的应用举例

a）磨成形面　b）磨曲轴轴颈　c）扳转头架磨短锥面

内圆磨削和外圆磨削方法基本相同，加工孔时，砂轮和砂轮轴的直径受被加工孔孔径尺寸的限制，故排屑、冷却、散热和润滑等条件较差；磨削时容易产生大量的热，因此在相同加工条件下，加工精度和表面粗糙度受到一定影响，故生产效率和加工质量比外圆磨削低。常见的内圆磨削方法如图 9.55 所示。

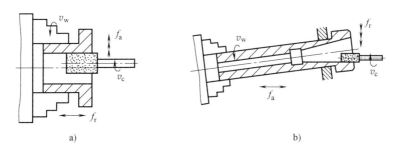

图 9.55　内圆磨削的方法

a）磨圆柱孔　b）扳转工作台磨锥孔

3. 磨削平面

平面磨削在平面磨床上进行，砂轮旋转为主运动，其余运动均为进给运动和辅助运动。平面磨削可分为周磨法和端磨法两种。

周磨法（图 9.56a）是砂轮圆周表面与工件接触，加工精度高，表面粗糙度 Ra 值小，但生产效率较低。周磨法多用于单件、小批量生产，有时也用于大批量生产。

端磨法（图 9.56b）是砂轮端面与工件接触，加工面积大，生产效率较高，由于各处直

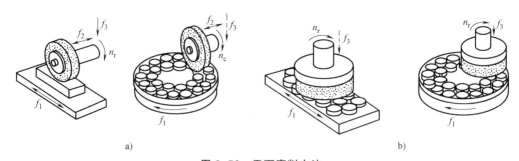

图 9.56　平面磨削方法

a）周磨　b）端磨

径不同，磨粒的线速度不同，所以加工质量比周磨差。端磨法多用于大批大量生产中磨削加工精度较低的表面。

4. 其他磨削工作

对于精度要求较高的螺纹、齿轮、花键等，通常采用磨削的方法完成，磨削采用专用机床进行加工，对机床的精度和室温等要求较高。磨削运动如图9.57所示。

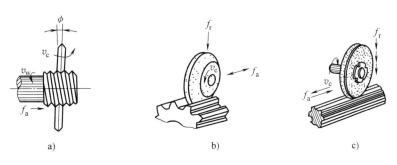

图 9.57　常用精加工磨削

a）螺纹磨削　b）齿形磨削　c）花键磨削

5. 套类零件磨削实例

如图 9.58 所示轴套，材料为 45 钢调质，磨削前已经过半精加工，除孔 $\phi25^{+0.045}_{0}$、$\phi40^{+0.027}_{0}$ 和外圆 $\phi45^{0}_{-0.017}$ 及台阶端面外，已加工至要求。磨削加工在万能外圆磨床上完成。磨削时，为了保证位置精度，应尽量在一次安装中完成加工。由于孔 $\phi25^{+0.045}_{0}$、外圆 $\phi45^{0}_{-0.017}$ 及台阶端面不便在一次安装中加工。为保证它们之间位置精度的要求，可先精磨内孔，然后用心轴装夹，磨削外圆和台阶端面。为了保证孔 $\phi25^{+0.045}_{0}$ 的加工精度，避免磨削 $\phi40^{+0.027}_{0}$ 时的影响，故将孔 $\phi25^{+0.045}_{0}$ 的粗、精磨分别在孔 $\phi40^{+0.027}_{0}$ 加工的前后进行。具体磨削加工步骤及内容见表9.3。

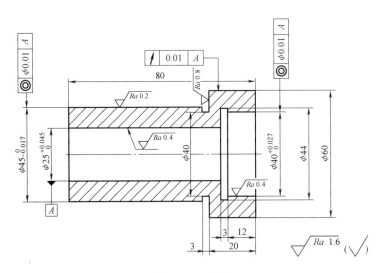

图 9.58　轴套

表 9.3　轴套的磨削步骤及内容

序号	加工内容	安装方法	加工简图	砂轮
1	粗磨 $\phi25$ 内孔,留精磨余量 $0.04\sim0.06\text{mm}$	以 $\phi45_{-0.017}^{\ 0}$ 外圆定位,用自定心卡盘装夹,用百分表找正	$\phi25$	磨内孔砂轮
2	更换砂轮,粗磨、精磨 $\phi40_{\ 0}^{+0.027}$ 内孔至要求	用自定心卡盘装夹	$\phi40$	磨内孔砂轮
3	更换砂轮,精磨 $\phi25_{\ 0}^{+0.045}$ 内孔至要求	用自定心卡盘装夹	$\phi25$	磨内孔砂轮
4	粗磨、精磨 $\phi45_{-0.017}^{\ 0}$ 外圆及台阶端面至要求	以 $\phi25_{\ 0}^{+0.045}$ 内孔定位,用心轴装夹	$\phi45$	磨外圆砂轮

9.3.3　高效磨削工艺

为提高磨削的效率和零件的加工精度,常采用高效磨削和砂带磨削等。

1. 高效磨削

高效磨削是磨削效率比常用磨削高得多的磨削工艺,常见的有高速磨削、缓进给深磨削、恒压力磨削、宽砂轮与多砂轮磨削等。

（1）高速磨削　砂轮线速度大于 45m/s 时为高速磨削（普通磨削的砂轮线速度一般为 $30\sim35\text{m/s}$）,其工作效率和普通磨削相比。可提高 $30\%\sim100\%$,工件表面粗糙度 Ra 值可达到 $0.4\sim0.8\mu\text{m}$。发达国家采用高速磨削时,砂轮的最高线速度达 $200\sim250\text{m/s}$（我国普遍采用 $50\sim60\text{m/s}$,最高可达 $80\sim120\text{m/s}$）。高速磨削目前已应用于各种批量的磨削。

（2）宽砂轮磨削　对于大批量的外圆及外成形面磨削时,常采用宽砂轮磨削,生产效率成倍提高。宽砂轮外圆磨削通常采用横磨法（图 9.59）,尺寸公差等级可达 IT6,表面粗糙度 Ra 值为 $0.4\mu\text{m}$。

（3）多砂轮磨削　多砂轮磨削是使用多个砂轮组合对相应的工件进行磨削,磨削在专用机床和夹具上进行,多用于大批量生产中的外圆和平面磨削。如汽车曲轴磨削（图 9.60）,加工质量和生产效率

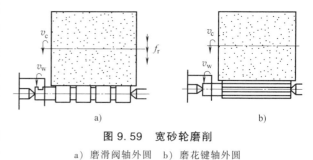

图 9.59　宽砂轮磨削

a）磨滑阀轴外圆　b）磨花键轴外圆

与宽砂轮磨削相同。

2. 砂带磨削

砂带磨削是以砂带为切削工具，利用高速运动砂带上的磨粒对工件加工表面进行高效磨削的一种新工艺。砂带由基底、磨粒和黏结剂组成，利用静电植砂工艺，使磨粒定向均匀地直立于基底上且锋刃向上（图9.61）。

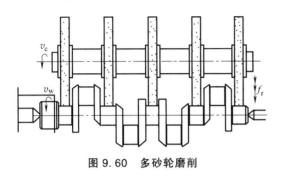

图 9.60 多砂轮磨削

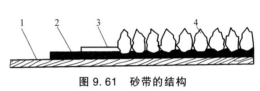

图 9.61 砂带的结构

1—基体 2—底胶 3—复胶 4—磨粒

磨粒具有等高性良好、容屑空间大等特点。砂带磨削效率高，工作条件好，适宜加工大中型尺寸的外圆、内圆和平面（图9.62）。目前发达国家约有 1/3 的砂轮磨削已被砂带磨削所取代。

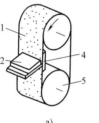 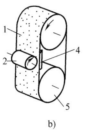 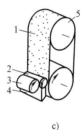

a)   b)   c)

图 9.62 砂带磨削

a）磨平面 b）磨外圆 c）无心磨

1—砂带 2—工件 3—导轮 4—支撑板 5—张紧轮

9.4 精密加工

精密加工是使被加工零件的精度达到 $0.1 \sim 1 \mu m$，表面粗糙度 Ra 值为 $0.2 \sim 0.008 \mu m$ 的加工方法，常用于量具、工具、精密机械等制造领域以及某些零件或装饰表面的加工。刮削、研磨、珩磨、超精加工和抛光等均属于此范畴。

9.4.1 刮削

1. 刮削概述

钳工利用刮刀在工件已加工表面上，刮去一层极薄金属的加工方法称为刮削。

刮刀通常采用碳素工具钢 T12、T12A 等制造。有平面刮刀和三角刮刀等（图9.63），切削刃磨成负前角。刮刀握法如图9.64所示，右手握刀柄，左手放在靠近端部的刀体上，引导刮刀刮削方向及加压。刮刀与工件保持 25°～30°，刮削时用力要均匀，使每次刮削深度保持一致。三角刮刀用于刮削曲面和圆孔（图9.64b），刮削是精加工。

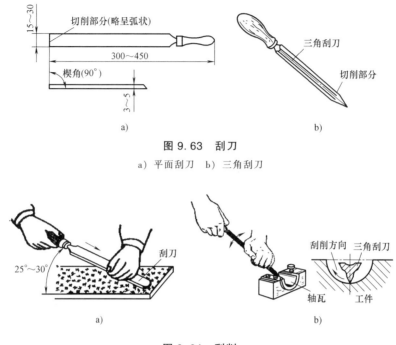

图 9.63　刮刀

a) 平面刮刀　b) 三角刮刀

图 9.64　刮削

a) 刮平面　b) 刮曲面

刮削过程中，刮刀具有负前角推挤工件材料，既切削又压光已加工表面，使得工件表面光洁。表面粗糙度 Ra 值为 $0.8 \sim 0.4\mu m$，并有良好的平面度。刮削的加工余量很小，例如，在 $500mm \times 100\,mm$ 的加工平面内，刮削余量仅为 $0.1 \sim 0.25mm$。对于直径 ϕ 为 $40 \sim 180mm$ 的孔，在 $100 \sim 200mm$ 的长度内，刮削余量仅为 $0.03 \sim 0.15mm$。刮削常用于加工零件的滑动配台面，以增加接触面积，减少摩擦磨损；提高零件精度，延长零件使用寿命和美化产品等。通常机床导轨面、滑动轴承的配合面等都需要刮削。

刮削特点：精度高；劳动强度大；技术要求高；生产效率低；用于单件生产，如导轨、平板，平尺和轴瓦等。

2. 刮削要点

首先，调整工件位置，使其高低合适，必要时需夹紧。

其次，用显示剂涂擦工件并与标准平板作研点检查。若研点后工件着色不匀，被磨亮的凸起点数不符合要求时，则应将亮点刮去，再涂色研点并检查，再刮直至合格，如图9.65所示。通常以 $25mm \times 25mm$ 内均匀分布的亮点（又称贴合点）数，表示刮研精度的高低。

除与平面刮削有类似要求，曲面刮削还按零件功能的要求，分配刮削点的疏密。例如，为了改善机床主轴轴瓦的储油润滑状况，又要防止漏油，应将轴瓦的两端刮成密集的贴合点，在中间段刮稀一些。

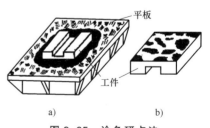

图 9.65　涂色研点法

a) 配研　b) 工件上贴合点

3. 刮削检验

刮削后的平面可用检验平板或检验平尺检验（图9.66），检验平尺材料为铸铁，具有较好的刚度、平面度和表面粗糙度。检验方法如下：将检验平尺均匀涂上一层很薄的红丹油，然后将工件表面与平尺配研，配研后工件表面上的高点为研配亮点，这种显示高点的方法称为研点。刮削表面的精度是以25mm×25mm的面积内分布研配亮点来表示的，如图9.67所示。普通机床的导轨面为8~10点，精密导轨为12~15点。

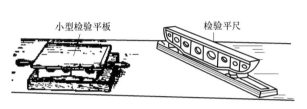

图9.66 检验平板和平尺图

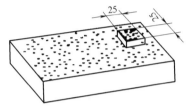

图9.67 精度检验标准

9.4.2 研磨

研磨是用研具和研磨剂切去一层极薄（厚0.01~0.1μm）金属的精密加工方法。

研磨剂由呈微粉状的磨粒（如氧化铝、碳化硅、金刚砂等）、研磨液（如机油、煤油等）及辅料配制而成。研磨剂中的磨料涂敷和镶嵌在磨具上，起切削作用。

1. 研磨方法

按被研磨表面的形状，研磨分为平面研磨（图9.68a）、外圆表面研磨（图9.68b、图9.68c）和内圆表面研磨（图9.68d）等。根据生产类型，单件、小批量的研磨平面，通常选用手工进行；研磨内外回转表面，常在车床上配以手工进行（图9.68b、图9.68d）。大批量生产及螺纹和齿轮齿形的研磨，应在研磨机或简单的专用设备上进行。生产中还常采用工件相互对研的方法来获得高精度和低表面粗糙度值，典型实例为高精度等级平板、平尺的对研。

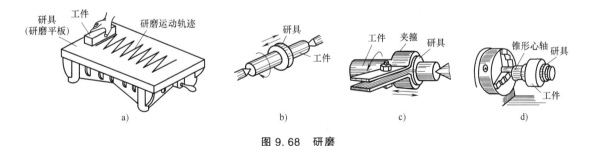

图9.68 研磨

a）手工研磨平面 b）手工研磨外圆 c）车床研磨外圆 d）车床研磨内孔

2. 研磨的方法控制

研磨质量关键在于所选磨料的种类与磨粒尺寸的大小，研磨的速度、运动轨迹、操作方法及研磨时间也会起到一定作用。研磨可以达到其他切削加工方法难以达到的精度要求。尺寸公差等级为IT5~IT3，表面粗糙度 Ra 值为0.1~0.008μm。研磨不能提高工件表面间的位置精度，生产效率低，劳动强度大。

3. 研磨的应用

研磨适用于钢、铸铁、铜、铝、硬质合金、陶瓷和塑料等多种材料的精密加工，主要用于加工内外圆柱表面、内外圆锥面、平面、螺纹、齿形等，尤其适用于精密加工量规、块规、精密刀具、光学玻璃镜片及精密配合表面（阀体和阀杆的配合面）等。

9.4.3 其他精密加工简介

生产中常用的精密加工方法有：珩磨（图 9.69），低表面粗糙度磨削（图 9.70），超精加工（图 9.71）、抛光（图 9.72）和振动光饰（图 9.73）等。

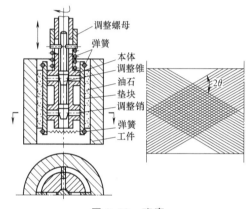

图 9.69 珩磨

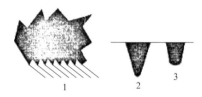

图 9.70 低表面粗糙度磨削（磨粒的微刃等高性）

1—微刃　2—锋利　3—光钝

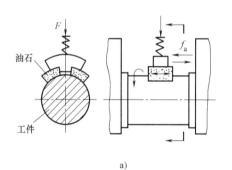

a)

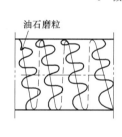

b)

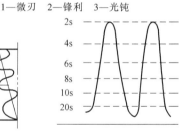

c)

图 9.71 超精加工外圆

a) 加工原理　b) 油石磨粒运动轨迹　c) 凸峰被切

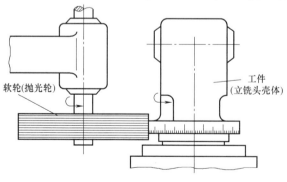

图 9.72 抛光

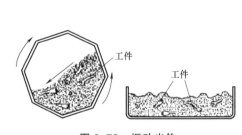

图 9.73 振动光饰

复习思考题

1. 铣床主要加工哪些零件表面？工件和刀具作哪些运动？采用什么刀具？

2. 铣床有哪几种？卧式铣床和立式铣床的主要区别是什么？

3. X62W 和 X6132 表示的含义是什么？

4. 铣床的附件主要有哪些？各有什么用途？铣床上工件的主要安装方法有哪几种？

5. 什么是顺铣和逆铣？各有什么特点？

6. 什么是端铣和周铣？各有什么特点？

7. 什么是铣削的主运动和进给运动？

8. 试述铣削的主要加工范围。在轴上铣键槽选用什么铣床和刀具？

9. 铣刀有哪几种？在卧式铣床上铣削平面、台阶各应选何种铣刀？

10. 铣削加工时为什么要开车对刀？

11. 牛头刨床由哪些部分组成？各有什么作用？牛头刨床摆杆机构的作用是什么？

12. 牛头刨床刨削时，刀具和工件作哪些运动？

13. 在牛头刨床上可以完成哪些表面加工？

14. 为什么刨削生产效率低？为什么刨削时切削速度不宜过高？

15. 刨削类机床有哪几种？其中，哪种机床可加工内孔中的键槽？

16. 刨刀与车刀比较有何异同点？刨削与车削相比有何不同？

17. 插削与刨削相比有何区别？

18. 加工平面采用铣削和刨削方法，在加工精度、表面质量、生产效率和加工成本方面，比较其优缺点。

19. 简述拉削的特点和应用。

20. 什么是磨削？在磨床上加工有什么特点？

21. 平面是怎么样磨削的？有哪几种方法？工件如何安装在工作台上？

22. 磨外圆和磨内圆相比有哪些不同？为什么？

23. 砂轮为什么要进行修整？如何修整？

24. 磨削一个较长外圆柱面时，必须有哪几种运动？

25. 磨削加工可达到的表面粗糙度值为多少？

26. 在外圆磨床上，磨削外圆常用的方法有哪两种？各有何特点？

27. 常用的磨床有哪几种？

28. 磨床是如何传递运动和动力的？

29. 简述切削液在平面磨削中的作用。

第 10 章

数控加工技术

10.1 概述

10.1.1 数控加工简介

数控技术，简称数控（Numerical Control，NC），是利用数字化信息对机床的运动及加工过程进行控制的自动化技术。

用数控技术实施加工控制的机床，或者说装备了数控系统的机床称为数控机床。

数控机床是将精密机械技术、计算机技术、微电子技术、检测传感技术、自动控制技术等在系统工程的基础上进行有机结合，是优化的、典型的机电一体化产品。

10.1.2 数控加工的特点

数控机床加工和普通机床加工相比具有以下特点：

1. 自动化程度高、生产效率高

数控机床能按照加工零件的数控程序完成不同零件的自动加工，当加工零件改变时，只需改变数控程序即可。数控机床还可以通过一次装夹完成多道工序的连续加工，从而节省对工件的检验时间以及准备、调整和半成品的周转时间，生产效率比普通机床高出 4~6 倍。对复杂精密零件的加工，效率可以提高十几倍甚至几十倍。

2. 加工的零件精度高、质量稳定

数控机床不仅自身的精度较高，还可以通过软件和数控系统进行精度校正和补偿。同时数控机床在自动加工时消除了人为操作误差，所以数控机床的加工可以获得比机床本身精度更高的加工精度和重复定位精度，使同批零件加工的一致性好，产品质量稳定。

3. 灵活、通用

可以加工形状复杂的工件，利于产品的更新改型。用数控机床加工工件，产品改型时只需重新制作信息载体或重新编制和输入程序，就能实现对新零件的加工，这就为单件、小批量生产及试制新产品提供了极大的方便。由于数控机床可以加工形状复杂的零件，所以它在航天、船舶和模具制造业中得到了广泛的应用。

4. 利于实现计算机辅助制造

目前在机械制造中，CAD/CAM 已经广泛应用，数控机床及其加工技术正是计算机辅助制造系统的基础。

5. 降低工人的劳动强度，改善劳动条件

数控机床是输入事先编好的程序由机床自动完成加工，除了装卸零件、操作键盘、观察机床运行外，工人无需进行更多繁重的重复手工操作，使其劳动强度得以降低，工作条件也相应得到改善。

10.1.3　数控机床的工作原理

数控机床是一种用计算机来控制的机床，用计算机控制加工功能，实现数值控制的系统称为数控系统。数控机床的运动和辅助动作均受控于数控系统发出的指令。

以图 10.1 所示的三坐标立式数控铣床为例，简要介绍数控机床的工作原理。

将加工程序输入数控系统，数控系统对数据进行运算和处理，然后向主轴箱内的驱动电动机和控制各进给轴的伺服装置发出指令。伺服装置收到指令后向控制三个方向的进给伺服（步进）电动机发出电脉冲信号。主轴驱动电动机带动刀具旋转，进给伺服电动机带动滚珠丝杠使机床的工作台沿 X 轴和 Y 轴移动，主轴箱带动铣刀沿 Z 轴移动，实现对工件的切削加工。具体的工作流程如图 10.2 所示。

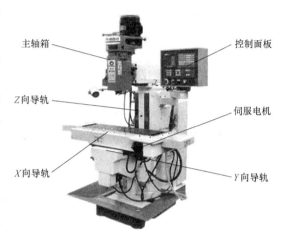

图 10.1　三坐标立式数控铣床示意图

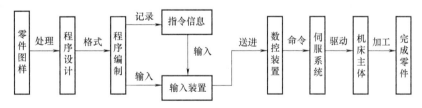

图 10.2　数控机床的工作流程

10.1.4　数控机床的组成及分类

1. 数控机床的组成

数控机床是由数控系统、伺服系统、机床主体以及辅助装置四个基本部分组成。

数控系统是数控机床的核心，主要作用是对输入的零件加工程序进行数字运算和逻辑运算，然后向伺服系统发出脉冲信号。数控系统是一种专用的计算机，由硬件和软件组成。

伺服系统的主要作用是根据数控系统发出的控制指令驱动执行元件运动。伺服系统由驱动装置和执行元件组成。常用的执行元件有步进电动机、直流伺服电动机和交流伺服电动机三种。

机床主体是加工运动的实际部件，包括主运动部件、进给运动部件（如工作台、刀架）和支撑部件（如床身、立柱）等，如图10.1所示。与传统机床相比，数控机床本体结构发生了很大的变化，普遍采用了滚珠丝杠、滚动导轨，传动效率更高；由于减少了齿轮的使用数量，使传动系统更为简单。

辅助装置主要包括自动换刀装置、工件夹紧放松装置、排屑装置、过载保护装置以及自动检测装置等。自动检测装置可以检测机床的实际位移量，对控制位移量与实际位移量进行比较，根据其差值，调整控制信号，适时控制机床的运动位置，提高定位及加工精度。

2. 数控机床的分类

（1）按工艺用途分类

1）金属切削类。这类数控机床分数控车床、数控铣床、数控磨床、数控钻床、数控拉床、数控齿轮加工机床以及各类加工中心。

2）金属成形类。这类机床包括数控板料折弯机、数控直角剪板机、数控弯管机和数控压力机等。

3）特种加工类。这种数控机床包括数控电火花线切割机床、数控电火花成形机床、数控激光热处理机床、数控激光板料成形机床、数控等离子切割机、数控火焰切割机、数控高压水流切割机等。

4）其他。其他类型的数控机床例如数控三坐标测量机等。

（2）按伺服系统的类型分类

1）开环控制。开环控制系统是指不带测量反馈装置的控制系统，通常使用步进电动机作为伺服执行元件。开环控制伺服系统对机械部件的传动误差没有补偿和矫正，工作台的位移精度完全取决于步进电动机的步距角精度、机械传动机构的传动精度，所以控制精度较低，适用于经济性数控机床或旧机床的数控化改造。

2）半闭环控制。半闭环控制伺服系统是在伺服系统中装有角位移检测装置（如感应同步器或光电编码器），通过检测角位移间接检测移动部件的直线位移。由于半闭环控制系统没有把移动部件的传动丝杠、螺母机构包括在闭环之内，所以这部分的误差仍会影响移动部件的位移精度。

3）闭环控制系统。闭环控制系统是在机床的移动部件上直接装有直线位置检测装置，将测得的实际值反馈到输入端，与输入信号作比较，用比较后的差值进行补偿，直到差值消除，实现部件的精确定位。

（3）按刀具（机床）的运动轨迹分类

1）点位控制数控机床。点位控制数控机床是指控制系统只控制刀具或机床工作台从一点准确地定位到另一点，而对其点到点之间的运动轨迹并不控制。刀具在其定位运动的过程中不进行切削，而是快速进给到定位位置，如图10.3所示。

常用的点位控制机床有数控钻床、数控压力机、数控坐标镗床等。

2）直线控制数控机床。直线控制数控机床不仅要控制刀具或工作台从一点准确地移动到另一点，还要保证两点之间的运动轨迹是一条直线，图10.4所示为直线控制

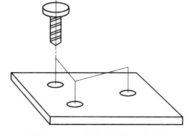

图10.3 点位控制示意图

示意图。属于直线控制数控机床的包括部分数控车床和数控磨床等。

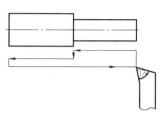

图 10.4　直线控制示意图

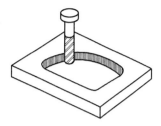

图 10.5　轮廓控制示意图

3）轮廓控制数控机床。轮廓控制数控机床也称连续控制数控机床，它能够同时对两个或两个以上的坐标进行控制，从而按给定的规律和速度准确地控制轮廓，使其运动轨迹成为所需要的直线或曲线，如图 10.5 所示。数控车床、数控铣床、凸轮磨床、齿轮加工机床及线切割机床等都属于轮廓控制数控机床。

10.1.5　数控机床的坐标系

为了简化编程和保证程序的互换性，国际标准化组织对数控机床的坐标和方向制定了统一的标准。我国也颁布了 GB/T 19660—2005《工业自动化系统与集成　机床数值控制　坐标系和运动命名》。规定直线运动的坐标轴用 X、Y、Z 表示，围绕 X、Y、Z 旋转的圆周进给坐标轴分别用 A、B、C 表示。具体规定内容和原则如下：

1. 坐标系建立的原则

采用刀具相对于零件运动的原则。由于机床结构不同，有的是刀具运动，零件固定；有的是刀具固定，零件运动等。为了编程方便，一律假定为零件固定，刀具运动。

标准坐标系采用右手直角笛卡尔坐标系，如图 10.6 所示，将右手的大拇指、食指、中指相互垂直，大拇指向 X 坐标轴，食指为 Y 坐标轴，中指为 Z 坐标轴。A 轴、B 轴、C 轴分别为 X 轴、Y 轴、Z 轴旋转轴。

2. 坐标轴和运动方向的确定

（1）Z 坐标轴　在机床坐标系中，规定传递主要切削动力的主轴方向为 Z 坐标轴方向。刀具远离工件的方向为 Z 轴的正方向，如图 10.7 所示。

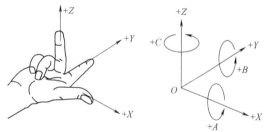

图 10.6　右手直角笛卡尔坐标系

（2）X 坐标轴　X 坐标轴一般为水平方向，并垂直于机床 Z 坐标轴，如图 10.7 所示。

1）对工件旋转的机床（如数控车床）。X 坐标轴在工件的径向上且平行于车床的横向导轨面，取刀具远离工件的方向为 X 轴的正方向。

2）对于刀具旋转的机床（例如数控铣床、钻床、镗床）。如果主轴为竖直方向（立式机床），操作者从主轴向立柱看（即从机床正面看），X 轴正方向水平向右。如果主轴为水平方向（卧式机床），操作者从主轴向工件看（即从机床背面向工件看），X 轴正方向水平向右。

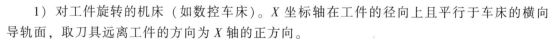

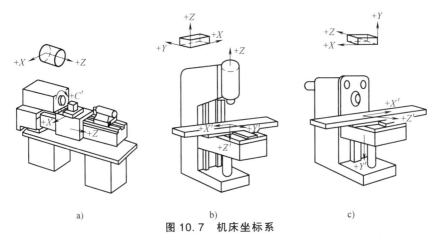

图 10.7 机床坐标系

a）数控车床坐标系 b）立式数控铣床坐标系 c）卧式数控铣床坐标系

（3）Y 坐标轴 确定了 Z 轴和 X 轴之后，Y 坐标轴按照右手直角笛卡尔坐标系法则即可确定。

（4）旋转轴 旋转运动用 A、B 和 C 表示，规定其分别为绕 X、Y、Z 轴旋转的运动。方向按右手螺旋法则判定，大拇指指向 X、Y、Z 各轴正方向，其余四指环绕方向即为 $+A$、$+B$、$+C$ 方向，如图 10.6 所示。

（5）机床坐标系和工件坐标系

机床坐标系通常建立在机床的一些固定的基准线或基准面上，它是机床上固有的坐标系，坐标系的原点就是机械原点。机床回零之后就建立了机床坐标系。

工件坐标系是在编程时设定的坐标系，坐标系的原点（工件原点）根据机床调整、编程、加工的方便性等情况确定。工件坐标系一般以机床坐标系为参考坐标系。

10.1.6 数控编程基础

数控机床是按照事先编制好的加工程序，自动对被加工零件进行加工。使用数控机床加工零件时，程序编制是一项重要的工作。迅速、正确而经济地完成程序编制，对于有效利用数控机床具有决定性的作用。

1. 程序编制的内容及步骤

一般说来，数控机床程序编制有以下 5 个步骤。

（1）工艺分析 在对零件图全面分析的基础上，确定零件的装夹定位方法、加工路线（如对刀点、换刀点、进给路线）、刀具及切削用量（进给速度、主轴转速、切削深度）等工艺参数。

（2）数值计算 根据零件图和确定的加工路线，计算出刀具中心运动轨迹。一般的数控装置具有直线插补和圆弧插补功能。因此，当加工由圆弧、直线组成的简单零件时，只需计算出零件轮廓上相邻几何元素的交点或切点的坐标值，得出直线的起点、终点，圆弧的起点、终点和圆心坐标值。

当零件的形状比较复杂时，一般采用计算机通过 CAD/CAM 软件进行自动编程。

（3）编写零件加工程序 获得刀位数据后，按照机床规定的代码和程序格式，将工件的尺寸、刀具运动中心轨迹、位移量、切削参数以及辅助功能（换刀、主轴正反转、冷却液开关等）编制成加工程序。

（4）程序输入

1）手工编辑。直接通过控制面板键盘手动输入，常用于手工编程。

2）存储设备。通过 U 盘、CF 卡等存储设备复制给机床。

3）DNC 加工。在自动编程中经常会遇到比较复杂的零件，生成的程序比较大，可以将计算机与数控机床联网，通过传输软件和数据线，边传输边加工。

（5）程序校验和零件试切　编制好的程序必须经过校验和试切才能正式使用。校验的方法是利用数控系统的图形模拟功能，显示刀具的运行轨迹进行校验。当采用 CAM 编程时，还可利用 CAM 软件的加工轨迹仿真功能和后置处理校核 G 代码，进行程序校验。

上述办法只能检验刀具的运动轨迹是否正确，不能检查加工精度。因此，为了保证零件的加工精度还应对零件进行试切。如果通过试切发现零件精度达不到要求，则应进行程序和控制介质的修改，以及采用误差补偿方法进行刀具补偿，直到加工出合格的零件。

2. 数控程序的编制方法

数控加工程序的编制方法有以下两种：

（1）手工编程　手工编程是数控编程的基础，操作数控机床必须先掌握手工编程。它是利用一般的计算工具，通过各种数学方法，人工进行刀具轨迹的运算，并根据各数控系统给定的数控代码编制程序。这种编程方法比较直接、高效，适应性比较强，适用于中等以下复杂程度，坐标点容易计算，刀路清晰，计算量不大的零件编程。因此，在简单的点定位加工，或者只由直线和圆弧构成的简单轮廓加工中，大多采用手工编程。而且手工编程也可以通过宏程序来编制一些包含椭圆、双曲线等相对较复杂的加工程序。

（2）CAD/CAM 自动编程　自动编程是利用计算机专用软件编制数控加工程序的过程。随着计算机技术的发展，计算机辅助设计与制造（CAD/CAM）技术逐渐走向成熟。目前，以 CAD/CAM 一体化集成形式的软件已成为数控加工自动编程系统的主流。这些软件可以采用人机交互的方式，进行零件几何建模（绘图、编辑和修改），对机床与刀具参数进行定义和选择，确定刀具相对于零件的运动方式、切削加工参数，自动生成刀具轨迹和程序代码，最后经过后置处理，按照所使用机床规定的文件格式生成加工程序。这种方法适应面广、效率高、程序质量好，适用于各类柔性制造系统（FMS）和计算机集成制造系统（CIMS）以及其他 CAD/CAM 集成系统。

目前，实际应用较多的 CAD/CAM 集成化软件有以下几种。

1）MasterCam。MasterCam 是最早进入我国的数控软件，在珠三角地区应用广泛，工厂看到的 CNC 师傅大部分都会使用 MasterCam。该软件集画图和编程于一身，绘制线架构最快，加工操作方便。

2）Catia。Catia 最特色的地方就是它的曲面功能强大，现在国内许多的航空公司都用 Catia。Catia 是一套集成的应用软件包，内容覆盖了产品设计的各个方面：计算机辅助设计（CAD）、计算机辅助工程分析（CAE）、计算机辅助制造（CAM），既提供了支持各种类型的协同产品设计的必要功能，也可以无缝集成完全支持"端到端"的企业流程解决方案。

3）Cimatron。Cimatron 是晚一些进入我国的以色列军方软件，在刀路上的功能比 MasterCam 强大，弥补了 MasterCam 的不足。该系统现已被广泛应用于机械、电子、航空航天、模具等行业，在加工编程中大部分使用 Cimatron 与 MasterCam。早期都用这两种软件画图及编写数控程式，但是它们在画图造型方面功能一般。

4）Pro/E。Pro/E 是美国 PTC（参数技术有限公司）开发的软件，十多年来已成为全世界最普及的三维 CAD/CAM 系统。广泛用于电子、机械、模具、工业设计和玩具等行业。该软件集合了零件设计、产品装配、模具开发、数控加工、造型设计等多种功能于一体，尤其是造型设计功能比较强大。20 世纪 90 年代后期开始在我国内地流行，用于模具设计、产品画图、广告设计、图像处理、灯饰造型设计等。

5）Unigraphics（简称 UG）。UG 进入我国比 Pro/E 晚一些，但同样是当今世界上比较先进、面向制造行业的 CAD/CAE/CAM 高端软件，造型设计功能强大。它可以进行混合建模，曲面造型与渲染都很突出，被当今许多世界领先的制造商用于从事工业设计、详细的机械设计以及工程制造等领域。例如在汽车、飞机等行业应用广泛。

6）CAXA。CAXA 是我国第一款自主研发的三维 CAD/CAM 软件，拥有完全自主知识产权，是我国制造业信息化 CAD/CAM/PLM 领域自主知识产权软件的代表。该软件包括 CAD 电子图板、CAD 实体设计、CAM 线切割、CAM 数控车、CAM 制造工程师（面向数控铣、加工中心）等。它采用 Windows 菜单和交互方式，全中文界面，方便学习和操作，可以针对市场上各种主流的数控系统生成 G 代码，性价比较高。

自动编程大大减轻了编程人员的劳动强度，编程效率可提高几十倍甚至上百倍。同时还解决了手工编程无法编制的复杂曲面等编程难题。在数控铣、加工中心，特别是多轴联动加工中，大多采用自动编程。

3. 程序代码

数控加工程序是根据数控机床规定的语言规则及程序格式来编制的。因此，程序编制人员应熟悉编程中用到的各种代码、加工指令和程序格式。

目前，国际上有两种通用的数控标准，即国际标准化组织的 ISO 标准和美国电子工业学会的 EIA 标准，我国采用国际标准化组织的 ISO 标准。

4. 程序结构与格式

（1）程序结构　以 FANUC 0i 系统为例，一个完整的程序由程序名、程序内容和程序结束三部分组成。程序结构示例如下：

O0001	程序名
N10　G90 G54 G21 G40 S1000 M03；	第一程序段
N20　G00 Z100；	第二程序段
N30　X0 Y0；	……
N40　Z2；	……
N50　G01 Z-10 F100；	
N60　G41 G01 X50 Y-50 D01；	
N70　Y50；	
N80　X-50；	
N90　Y-50；	
N100　X50；	
N110　G00 Z100；	

N120　G40 X0 Y0 M05；

N130　M30；　　　　　　　　　　　　　　　　　　程序结束

1）程序名。程序名即为程序的名称，为程序的开始标记，以便在数控装置存储器中的程序目录中查找、调用。每个程序必须有程序名，程序名由地址码和若干位数字编号组成。如地址码字母 O 和编号数字 0001，也有的系统地址码用 P 或%表示。

2）程序内容。程序内容是整个程序的主要部分，由多个程序段组成。每个程序段由若干个字组成。每个指令字代表某一信息单元，它代表机床的一个位置或一个动作。

3）程序结束。程序结束一般用辅助功能代码 M02（程序结束）和 M30（程序结束，返回起始点）表示。

（2）程序段格式　程序段格式是指一个程序段中的字、字符和数据的书写规则。它由语句号字、数据字和程序段结束符组成。每个字的字首是一个英文字母，称为字地址码。字地址码可编程序段格式如下：

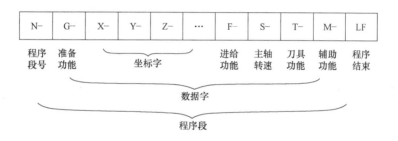

程序段中各字的先后排列顺序并不严格。但为了书写、输入和校对的方便，习惯上，程序字按上述顺序排列。不需要的字以及与上一程序段相同的继续使用的字可以省略。

1）程序段号 N（简称顺序号）。通常用数字表示，在数字前还冠有标识符号 N，如N20、N0020 等。

2）准备功能（简称 G 功能）。它由准备功能地址 G 和数字所组成，如 G01，G01 表示直线插补，也可以写为 G1。G 功能的代号已标准化。

3）坐标字。由坐标地址符和数字组成，且按一定的顺序排列。各坐标轴的地址符按下列顺序排列：X、Y、Z、U、V、W、P、Q、R、A、B、C。

X、Y、Z 为刀具运动的终点坐标位置，有些 CNC 系统都对坐标值的小数点有严格要求，比如 32 应写成 32.，否则系统会将 32 视为 $32\mu m$，而不是 32mm。而写成 32.，则均会被认为是 32mm。

4）进给功能 F。由进给地址符及数字组成，数字表示所选定的进给速度。如：F150 G98 表示进给速度为 150mm/min，F150 G99 中代表进给速度为 150mm/r。

5）主轴转速功能 S。由主轴地址符及数字组成，数字表示主轴转数，单位为 r/min。

6）刀具功能 T。由刀具地址符和数字组成，用于指定刀具号和刀补号。

7）辅助功能 M（简称 M 功能）。由辅助地址符 M 和两位数字组成。

8）程序段结束符号：结束符号写在每一程序段后，表示程序段结束。在书写或 CRT 显示器上用";"表示。

常用的程序字的含义见表 10.1。

表 10.1　常用的程序字功能

功能字	地址符	含义
程序号	O	表示程序的名称
顺序号	N	表示程序段的代号
准备功能字	G	指定机床的运动方式
辅助功能字	M	指定机床的开/关等辅助功能
坐标字	X、Y、Z	X、Y、Z 轴的绝对坐标值
	U、V、W	X、Y、Z 轴的增量坐标值
	A、B、C	绕 X、Y、Z 轴的旋转坐标值
	I、J、K	圆弧中心坐标值
	R	圆弧半径值
进给功能字	F	指令刀具中心的进给速度
主轴转速功能字	S	指令主轴的转速
刀具功能字	T	指定刀具的刀具号和补偿值
其他字	偏移号 H 或 D	指令刀具补偿值
	重复次数 L	指令固定循环和子程序的执行次数
	参数值 R、Q	指令固定循环中设定的参考平面或进给深度值
	暂停时间 P、X	指令暂停时间

10.2　数控车削加工

10.2.1　数控车床简介

数控车床主要用于轴类零件或盘套类零件的内外圆柱面、任意锥角的内外圆锥面、复杂回转内外曲面、圆锥螺纹等的切削加工，并能进行切槽、钻孔、扩孔以及铰孔等，卧式数控车床如图 10.8 所示。

10.2.2　数控车床的分类

1. 按主轴形式分

（1）卧式数控车床　主轴水平设置，主要用于加工各种轴类零件和直径不大的盘套类零件。

图 10.8　卧式数控车床

（2）立式数控车床　主轴竖直设置，主要用于加工径向尺寸较大的大型盘套类零件。

2. 按加工功能分

（1）普通数控车床　结构简单，功能一般，一般采用前置刀架，常用于加工精度要求一般、具有一定复杂程度的零件。

（2）全功能型数控车床 机床整体精度高，功能齐全，稳定性好。通常配有液压卡盘、自动尾座、自动排屑等功能。常用于加工精度要求高、形状复杂的零件。

（3）车削中心 以全功能型数控车床为主体，并配置刀库、自动换刀装置、分度装置、铣削动力头和机械手等，一次装卡可以实现多工序复合加工。自动化程度高，能完成多种复杂零件的加工，精度好、效率高，价格昂贵。

10.2.3 数控车削加工工艺过程

数控车削工艺过程如下：

1）确定数控车削加工表面，明确加工内容和技术要求。

2）进行零件的工艺性分析。

3）设定坐标系。在机床坐标系已经建立的基础上确定工件坐标系。

4）制定加工路线。确定加工路线即确定刀具的运动轨迹和方向。在制定加工路线时要考虑加工起点（程序执行时刀具相对于工件运动的起点）和换刀点（刀架转动换刀时的位置）；应考虑粗车、半精车和精车的路线，在保证加工精度的前提下尽可能以最少的加工路线完成零件的加工，提高加工效率。

5）合理地确定切削用量。根据零件和刀具的材料、使用寿命选择合适的主轴转速 n、进给量 f 和背吃刀量 a_p。

6）选择合适的刀具。在数控车床上尽量使用标准化、系列化刀具。刀具使用前应进行严格的测量以获得精确资料，并由操作者将这些数据输入数控系统中，经程序调用而完成加工过程。

7）编制加工程序，检验调试。

8）输入程序进行加工。

10.2.4 数控车床手工编程

数控系统是数控机床的核心。数控机床根据功能和性能要求，配置不同的数控系统。系统不同，其指令代码也有所不同。因此，编程时应按照所使用数控系统代码的编程规则进行编程。

1. 数控车床编程基础

（1）数控车床坐标系的设定

1）数控车床的机床坐标系。在机床坐标系中规定，Z 轴与主轴平行，为纵向进刀方向，远离工件的方向为正；X 轴在横向导轨平面内与 Z 轴垂直，为横向进刀方向，刀具远离工件的方向为正；Y 轴按照右手笛卡儿坐标系确定。机床坐标系是制造和调整机床的基础，也是设置工件坐标系的基础，当完成返回机床参考点操作后，机床便建立起机床坐标系。通常以机床主轴端面中心为零点（有的机床以机床参考点为零点）。图 10.9 所示为机床坐标系。

2）工件坐标系的确定。编程人员为了方便编程，在编程时设定的坐标系，一般选择工件右侧端面的回转中心为坐标原点，图 10.10 所示工件坐标系。

（2）主轴功能 S 主轴功能也称主轴转速功能，即 S 功能，它是用于指令主轴转速的。S 功能用地址 S 及其后的数字来表示，单位为 r/min。例如 S800 M03 表示主轴正转，转速为

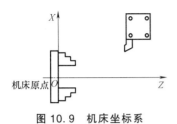

图 10.9　机床坐标系

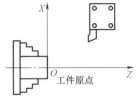

图 10.10　工件坐标系

800r/min。

（3）刀具指令 T　刀具指令 T 是数控系统进行刀具选择和刀具补偿的功能。由 4 位数组成，前两位为工位号，后两位为刀补号。刀补是对刀时刀具的补偿值。通常工位号和刀补号一致。如：T0101 表示工位号为 01 号的刀具，刀补值为地址码为 01 号中的补偿量。

2. 数控车床常用指令及编程方法

（1）数控车床常用准备功能（G 代码，表 10.2）指令（以 FANUC 0i 系统为例）

表 10.2　数控车床常用准备功能

代码	功能	代码	功能
▼ G00	快速定位	G50	设定工件坐标系
G01	直线插补	▼ G54	选择工件坐标系 1
G02	圆弧插补(顺圆)	G70	精加工循环
G03	圆弧插补(逆圆)	G71	纵向粗车复合循环
G04	暂停	G72	横向粗车复合循环
G20	英制输入	G73	成型粗车复合循环
▼ G21	公制输入	G76	螺纹切削复合循环
G28	返回参考位置	G90	纵向车削固定循环
G32	螺纹切削	G92	螺纹切削固定循环
▼ G40	取消刀尖半径补偿	G94	横向车削固定循环
G41	刀尖半径左补偿	G98	每分钟进给
G42	刀尖半径右补偿	▼ G99	每转进给

注：标有"▼"的 G 代码为本数控系统通电后默认状态。

G 代码分为以下两类：

1）模态 G 代码。在指令同组其他 G 代码前该 G 代码一直有效。

2）非模态 G 代码。该代码只在指令它的程序段中有效。

具体 G 指令代码如下：

1）快速移动指令 G00。G00 用于快速定位刀具。

编程格式是：G00 X（U）__ Z（W）__；（在数控车床中 X 表示直径）

式中，X、Z 为刀具移动的目标点绝对坐标，U、W 代表目标点相对坐标。

2）直线插补指令 G01。直线插补指令是直线运动指令，命令刀具在两个坐标间以插补联动方式按指定的进给速度做任意斜率的直线运动。该指令是模态指令，其编程格式是：

　　G01 X（U）__ Z（W）__ F __；

式中，X、Z 为刀具移动的目标点坐标，F 为进给速度。

注意：在数控车编程时，F 表示刀具中心运动时的进给速度。由地址码 F 和后面若干个数字组成。采用何种表示方法取决于每个系统所采用的进给速度的指定方法。每分钟进给是指刀具每分钟进给的距离，每转进给是指主轴每旋转一周刀具进给的距离，如图 10.11 所示。

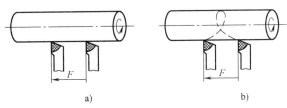

图 10.11 每分钟进给与每转进给

a) 每分钟进给 b) 每转进给

3) 直线插补指令 G01。G01 是直线运动指令，代表刀具沿直线加工运动。

编程格式是：G01 X(U)__ Z(W)__ F__;

例 G99 G01 X20 Z-50 F0.2 表示刀具将以 0.2mm/r 的进给速度从当前位置沿直线切削到 X20 Z-50 的位置上。

4) 圆弧插补指令 G02/G03。圆弧插补指令命令刀具在指定平面内按给定的进给速度 F 作圆弧运动，切出圆弧轮廓。其指令格式有两种：

① 用 I、K 指定圆心位置

G02(G03) X(U)__ Z(W)__ I__ K__ F__;

式中，X、Z 为圆弧的终点坐标；I、K 为圆弧圆心相对于圆弧起点的相对坐标（圆心坐标减去起点坐标）。

② 用圆弧半径指定圆心位置

G02(G03) X(U)__ Z(W)__ R__ F__;

式中，X、Z 为目标点坐标，R 为圆弧半径。

注意：当用半径指定圆心位置，由于在同一半径 R 的情况下，从圆弧的起点到终点有两个圆弧的可能性，为区别二者，规定圆心角 $\alpha \leqslant 180°$ 时，用 R 表示，如图 10.12 中的圆弧 1；$\alpha > 180°$ 时，用 $-R$ 表示，如图 10.12 中的圆弧 2。

例 G02 X60 Z10 R30 F0.2;

表示加工半径为 30mm 的顺时针圆弧，刀具以 0.2mm/r 的速度运动到 X60，Z10 的位置。

例 G03 U40 W-20 R20 F0.2;

表示加工逆圆弧，刀具在 X 方向的实际变化量是 20mm，Z 方向的实际变化量是-20mm。

5) 螺纹切削固定循环指令 G92。

指令格式：G92 X(U)__ Z(W)__ R__ F__;

式中，X 表示加工后的螺纹底径，R 代表起始 X 值到终止 X 值的变化量（不写时为圆柱螺纹），F 为螺距。在螺纹加工时

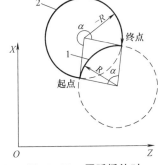

图 10.12 圆弧插补时
R 与 $-R$ 的区别

根据实际情况需多次进刀，通过调整 X 的值来调整切削深度，直至最终加工到螺纹底径。

例 加工螺纹 M20×1

加工程序：G00 X25.0 Z2.0;

　　　　　G92 X19.2 Z-30 F1;

X18.8；

X18.6；

分 3 次进刀，每次切削深度分别为 0.4mm、0.2mm、0.1mm。

6）其他常用的复合循环指令 G70、G71、G72、G73。在数控车床上对内（外）圆柱、端面、螺纹等表面进行粗加工时，刀具往往要多次反复执行相同的动作，直至将工件切削至需要的尺寸。数控系统可以用一个程序段来设置刀具做反复切削，这就是循环功能。循环功能包括单一固定循环功能和多重复合循环功能。利用单一固定循环功能编程已经有效地简化了程序，但还不够简化。如果应用多重复合循环功能，只须指定精加工路线和粗加工的背吃刀量，系统就会自动计算出粗加工路线和加工次数，因而可以进一步简化加工程序和编程工作。它主要在粗车和多次切削螺纹的情况下使用，如用棒料毛坯车削阶梯相差较大的轴，或切削铸件、锻件的毛坯余量等。

① 纵向粗车复合循环 G71

指令格式：G71 U(Δd) R(e)；

G71 P(ns) Q(nf) U(Δu) W(Δw) F__ S__ T__；

式中，Δd 为 X 向切削深度（半径值）；e 为退刀量（半径值）；ns 为精车程序第一个程序段 N 号；nf 为精车程序最后一个程序段 N 号；Δu 为 X 向的加工余量（直径值）；Δw 为 Z 向的加工余量。

如图 10.13 所示，加工由 A 到 B 零件外圆表面走刀路线。

从 A 到 B 的轮廓形状 X 向必须为单调递增（外轮廓）或单调递减（内轮廓），顺序号 ns 程序段只能指定 X 向坐标，不能出现 Z 向坐标，否则会出现程序报警。

② 横向粗车复合循环 G72

指令格式：G72 W(Δd) R(e)；

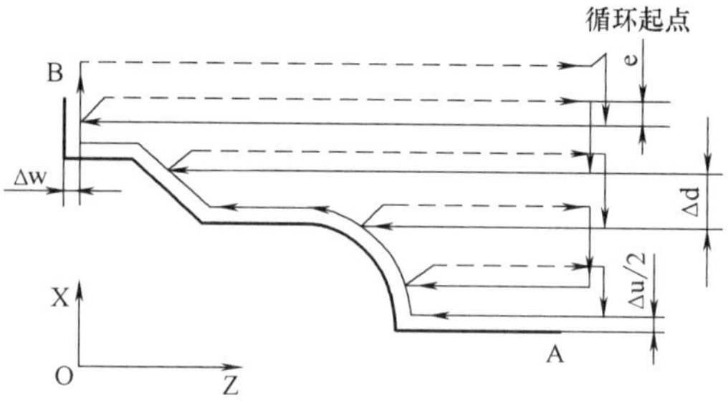

图 10.13　纵向粗车复合循环

G72 P(ns) Q(nf) U(Δu) W(Δw) F__ S__ T__；

式中，Δd 为 Z 向切削深度。

顺序号 ns 程序段只能指定 Z 向坐标，不能出现 X 向坐标，否则会出现程序报警。其他参数同 G71，走刀方向为 X 向。如图 10.14 所示。

③ 成形粗车复合循环 G73

指令格式：G73 U(Δi) W(Δk) R(d)；

G73 P(ns) Q(nf) U(Δu) W(Δw) F__ S__ T__；

式中，Δi 为 X 方向总的退刀量（半径值，有正负）；Δk 为 Z 方向总的退刀量（有正负）；d 为分层切削次数。

其他参数同 G71，走刀路线如图 10.15 所示。

G73 程序段中，顺序号 ns 段可以同时指定 X 向和 Z 向，从 A 到 B 轮廓形状也没有单调限制。

④ 精车复合循环 G70。当 G71、G72、G73 粗加工完成后，用 G70 指令精加工循环，切除粗加工中留下的余量。

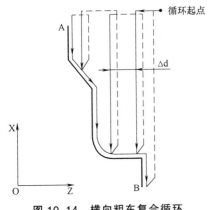

图 10.14 横向粗车复合循环

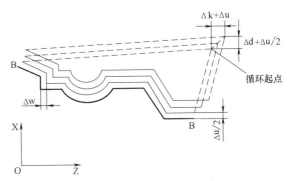

图 10.15 成形粗车复合循环

指令格式：G70 P ___ Q ___ ；

式中，P 为指定精加工程序开始程序段顺序号；Q 为指定精加工程序结束程序段顺序号。

路径程式中的 F、S、T 指令只在精加工中有效。粗加工的 F、S、T 是以粗加工复循环指令来指定或先前所指定。

（2）数控车床常用的辅助功能 辅助功能也叫 M 功能或 M 代码，它是控制机床或系统开关功能的一种命令。常用的辅助功能编程代码见表 10.3。

表 10.3 常用的辅助功能 M 代码、功能与用途

序号	代码	功能	用途
1	M00	程序停止	实际上是一个暂停指令。当执行有 M00 指令的程序段后，主轴的转动、进给、切削液都将停止。它与单程序段停止相同，模态信息全部被保留，以便进行某一手动操作，如换刀、测量工件的尺寸等。重新启动机床后，继续执行下面的程序
2	M01	程序选择性停止	点亮机床上的"选择停"开关才会停
3	M02	程序结束	该指令编在程序的最后一条，表示执行完程序内所有指令后，主轴停止、进给停止、切削液关闭，机床处于复位状态
4	M03	主轴正转	
5	M04	主轴反转	
6	M05	主轴停转	
7	M08	冷却液开	
8	M09	冷却液关	
9	M30	程序结束	使用 M30 时，除执行 M02 内容，还返回到程序的第一条语句，准备下一个工件的加工
10	M98	调用子程序	
11	M99	返回主程序	

注：各种机床的 M 代码规定有差异，编程时必须根据说明书的规定进行。

10.2.5 综合实例

用外圆粗加工循环指令编制图 10.16 所示零件的加工程序。要求循环起始点在 A（46，2），切削深度为 1.5mm，退刀量为 1mm。X 方向精加工余量为 0.3mm，Z 方向精加工余量

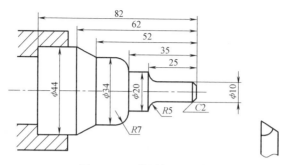

图 10.16　典型加工零件

为 0.2mm。

加工程序如下：

O0010

N10	T0101;	确定 1 号刀具 1 号刀补
N20	S400 M03;	主轴以 400r/min 正转
N30	G00 X46 Z2;	刀具快速移动到循环起始点
N40	G71 U1.5 R1;	设定循环的切削深度和退刀量
N50	G71 P60 Q130 U0.3 W0.2 F0.2;	设定循环的程序段、余量、进给量
N60	G00 X6;	精加工轮廓起始行
N70	G01 X10 Z-2 F0.1;	精加工 C2 倒角
N80	Z-20;	精加工 ϕ10 外圆
N90	G02 X20 Z-25 R5;	精加工 R5 外圆
N100	G01 Z-35;	精加工 ϕ12 外圆
N110	G03 X34 Z-42 R7;	精加工 R7 圆弧
N120	G01 Z-52;	精加工 ϕ34 外圆
N130	X44 Z-62;	精加工轮廓结束行
N140	G70 P60 Q130	精加工循环
N150	G00 X50;	退刀
N160	G00 X80 Z80;	快速返回换刀点
N170	M30;	主程序结束并复位

10.2.6　数控车床加工操作

本书主要以 FANUC 0i 数控系统为例来介绍数控车床加工操作，操作面板如图 10.17 所示。

1. CNC 系统操作面板

图 10.17 为 FANUC 0i Mate-TB 型数控机床操作面板，主要由一个显示屏（CRT）和各类控制按键组成。其 CNC 系统操作面板如图 10.18 所示。

（1）显示屏　显示屏可显示刀具实际位置、加工程序、坐标系、刀具参数、机床参数、报警信息等。显示屏显示的内容随不同的主功能、子功能状态而异。

（2）各类控制键功能

1）启动开关介绍，启动开关有循环启动按钮（绿色）和进给保持按钮（红色）。启动开关用于自动方式，在 MDI 方式下启动程序执行。在自动方式下，只要按一下启动按钮，程序就开始运行，并且开关上指示灯亮。当按下停止按钮时，程序暂停，指示灯亮，这时只要再按一下循环启动按钮，程序继续执行。在急停或复位情况下，程序复位，指示灯灭。

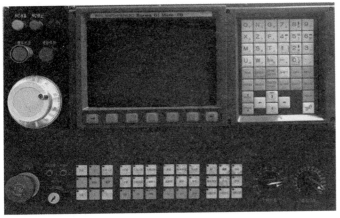

图 10.17　FANUC 0i Mate-TB 型数控机床操作面板示意图

图 10.18　CNC 系统操作面板

2）其他各类控制键的功能见表 10.4。

表 10.4　各类控制键操作说明

名称	说明
RESET(复位键)	可使 CNC 系统复位,以消除报警
HELP(帮助键)	用来显示如何操作机床,如 MDI 键的操作;可在 CNC 发生报警时提供报警的详细信心
地址和数字键	用于输入字母、数字以及其他字符
程序编辑键 ALTER INSERT DELETE	ALTER 替换当前字符; INSERT 插入字符; DELETE 删除整条程序
SHIFT	切换输入
CAN(取消键)	删除已输入到键的输入缓冲器中的最后一个字符或符号 如:当显示:>N001X100Z_时,按下 CAN 键,则字符 Z 被取消,并显示:>N001X100
INPUT(输入键)	把数据输入寄存器
功能键 POS PROG	POS 地址功能键,显示当前机床(刀具)的位置 PROG 显示程序画面
OFFSET SETTING	显示刀偏/设定画面
SYSTEM	显示系统参数画面。用于参数设定、显示、自诊断功能数据的显示
MASSAGE	显示 NC 报警信息、记录等画面
CUSTOM GRAPH	显示刀具运行轨迹等图形
PAGE	翻页键

2. 机械操作面板

机械操作面板各功能键与旋钮的功能如图 10.19 及表 10.5 所示。

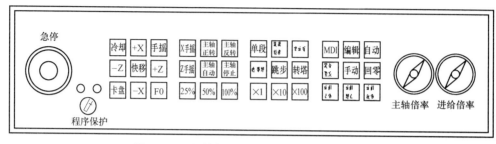

图 10.19　机械操作面板各功能键与旋钮功能

表 10.5　机械操作板各功能键与旋钮的功能

名称	功能
MDI	手动数据输入方式
编辑	编辑工件加工程序文件
自动	程序自动运行方式
手动	手动进行 X、Z 向的连续移动、快移以及换刀等
回零	机床回零方式
X 手摇、Z 手摇	用手轮控制 X 向、Z 向移动
机床锁住	执行加工程序时,机床不移动,但显示器上的各轴位置发生变化
单段	程序每执行完一段程序就暂停,按一下循环启动开关,程序又执行下一段
空运行	该功能用于当工件从工作台上卸下时检查机床的运动。当快速移动开关有效时,机床以最大进给倍率对应的进给速度运行。当快速移动开关无效时,机床以切削速度运行
跳步	当程序执行到前面有"/"的程序时,程序就跳过这一段
转塔	手动换刀开关只在手动方式下才有效。手动方式下,一直按着转塔开关,刀架电动机就一直朝着正方向旋转,当放开开关时,刀架就在当前位置停止并反向锁定,这时换刀结束
25%、50%、100%（进给倍率）	加工中刀具的进给是按程序中指定的进给量乘以相应的进给倍率来运行
×1、×10、×100（手轮倍率）	手摇方式下,通过选择手轮方式下的手轮倍率来控制机床移动的快慢;在增量进给方式下,通过此三个档位开关来控制机床在"+X""-X""+Z""-Z"方向的进给当量
STOP（急停开关）	机床遇到紧急情况时,按下 STOP,机床紧急停止,主轴也马上紧急制动
KEY（写保护开关）	开关打开,用户加工程序可以进行编辑,参数可以修改;开关关闭,程序和参数得到保护,不能修改

注：在增量进给方式下×1、×10、×100 对应的进给当量为：×1 为 0.001mm，×10 为 0.01mm，×100 为 0.1mm。

3. 对刀

机床在完成回零的操作后，就确定了机床坐标系。对刀就是确定机床坐标系和工件坐标系之间的对应关系。

对刀之前要先安装好需要的刀具，将工件装卡在卡盘上，然后机床回零，在 MDI 模式下设定合适的主轴转数。

（1）X 向对刀　启动主轴，将刀具快速移动到工件附近，然后调到手轮模式，调整刀尖 X 向位置，确定合适的切深，调整手轮倍率为×10，选择 Z 方向（轴向），缓慢摇动手轮对工件进行试切，试切一小段距离方便量取工件直径即可。然后沿 Z 向退出，注意 X 向不要移动。主轴停止，测量工件直径（注意：测量精度直接影响对刀精度），假设量得直径为 32.54mm。按下 "OFS/SET" 键进入刀具参数界面，按屏幕下方 "形状" 软键，选择对应的刀具号，输入 "X32.54"，按软键 "测量"，即完成了刀具的 X 向对刀。机床就会计算当前点相对机床参考点的位置，并显示在工件坐标系中。

（2）Z 向对刀　启动主轴，将刀具快速移动到工件端面附近，调到手轮模式，调整刀具位置，端面能切平即可，调整手轮倍率为×10，选择 X 方向（径向），缓慢摇动手轮对工件进行试切，然后沿 X 向退出，注意 Z 向不要移动。按下 "OFS/SET" 键进入刀具参数界面，按屏幕下方 "形状" 对应的软键，进入刀具形状补偿界面，输入 "Z0"（工件端面处设定为 Z 向 0 点），按软键 "测量"，即完成了刀具的 Z 向对刀。

4. 运行加工程序

（1）运行前检查　运行加工程序前需检查以下几个方面：

1）加工程序是否编写正确，可用图形模拟功能运行加工程序进行检验。

2）坐标系偏移设定是否正确。

3）刀具偏移和磨耗是否设定正确。

4）当前程序是否为将要运行的加工程序。

5）卡盘是否已夹紧。

6）系统无报警显示。

7）"机床锁住" 键处于关闭状态。

8）机床已完成回零操作。

（2）运行加工程序　将刀具移动到安全位置，选择自动方式，按下操作面板的 "启动" 按钮，加工程序即开始运行。

程序运行过程中如需中断执行，可按系统面板上的复位键 "RESET"，程序中断并返回程序头，主轴和冷却泵也将停止。

程序运行过程中，如需暂停程序并停主轴，如处理铁屑，可按下暂停键 "SP"，切换方式选择开关到手动方式，按手动操作键停主轴，完成后可用手动操作键重新启动主轴，切换方式选择开关到自动方式，按启动键 "SP" 继续执行加工程序。

对新编写的加工程序可选择单段 SBK 逐段执行加工程序，减少并提前发现编程或设定的错误。

10.3　数控铣削加工

10.3.1　数控铣床简介

数控铣床应用范围广泛，一般数控铣床多为三坐标两轴联动或三坐标三轴联动机床。数控铣床具有连续控制功能，能加工复杂的二维曲面和较复杂的三维空间曲面；除铣削平面、斜面、键槽和各种型腔，还可以完成钻孔、扩孔、镗孔和攻丝等工序的加工，如图 10.20 所示。

　　按照机床主轴的空间布置可分为立式铣床和卧式铣床两种。卧式铣床刚性较好，但加工范围受到限制。而立式铣床工件布置更适合人的视觉习惯，在未配制第四轴的前提下可以方便地加工五个立面。所以，立式铣床加工范围较卧式铣床要广。

　　按机床控制的坐标轴数分为普通数控铣床和多轴数控铣床。普通数控铣床一般为两轴半或者三轴联动，三轴以上的一般称之为多轴联动数控铣床。例如把三轴数控铣床的工作台和主轴箱实现转动进给，就构成了五轴数控铣床，可以加工更复杂的空间曲面。

图 10.20　经济型立式数控铣床

10.3.2　数控铣削加工工艺基础

1. 数控铣削的主要加工对象

　　数控铣削是机械加工中最常用和最主要的数控加工方法之一，它除了能铣削普通铣床所能铣削的各种零件表面外，还能铣削普通铣床所不能铣削的各种平面轮廓和立体轮廓。根据数控铣床的特点，从铣削加工的角度考虑，适合数控铣削的主要加工对象有三类。

　　（1）平面类零件　加工平行或垂直于水平面，或加工面与水平面的夹角为定角的零件称为平面类零件，如图 10.21 所示。其特点是各加工单元面为平面或可以展开为平面。

　　平面类零件是数控铣床加工中最简单的常用零件。对于一般平面类零件，只需用三坐标数控铣床的两坐标联动就可以将它们直接加工出来。

图 10.21　平面类零件

　　（2）变斜角类零件　加工面与水平面的夹角是连续变化的零件称为变斜角类零件。图 10.22 所示为飞机的变斜角梁，其缘条在第 2 肋至第 5 肋的斜角 α 从 3° 均匀变化为 2°，从第 5 肋至第 9 肋再均匀变化为 1°，从第 9 肋至第 12 肋又均匀变化为 0°。

　　变斜角类零件的特点是变斜角加工面不能展开为平面。在加工过程中，加工面与铣刀圆周的接触瞬间为一直线。

　　（3）曲面类零件　加工面为空间曲面的零件为曲面类零件。其特点是加工面不能展开成平面，且加工过程中的加工面与铣刀始终为点接触，如图 10.23 所示。

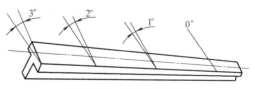

图 10.22　变斜角类零件

　　（4）孔加工　数控铣床上还可以钻孔、铰孔、镗孔、铣孔等。

（5）螺纹加工　数控铣加工中还有多种攻螺纹的程序指令，可以用丝锥加工螺纹。

2. 加工路线的确定

数控加工中，刀具（刀位点）相对工件的运动轨迹和方向称为加工路线。即刀具从加工起点开始运动起，直至加工结束所经过的路径，包括切削加工的路径及刀具引入、返回等非切削空行程。加工路线的确定首先必须保证被加工零件的尺寸精度和表面

图 10.23　曲面类零件

质量，其次考虑数值计算简单，走刀路线尽量短，还有加工效率和刀具寿命等。

3. 数控铣刀及其选用

数控铣床可以进行铣、镗、钻、扩、铰等多工序加工，所涉及的刀具种类较多。数控铣削常用的铣刀有：

1）盘铣刀。盘铣刀又称为端面铣刀，铣刀的圆周表面和端面上都有切削刃，端部切削刃为主切削刃。常用于端铣较大的平面，如图 10.24 所示。

2）立铣刀。立铣刀是数控铣削加工中最常用的一种铣刀，一般为三刃或四刃，广泛用于加工平面类零件。立铣刀的圆柱表面上切削刃为主切削刃。普通立铣刀端面中心处无切削刃，所以立铣刀不能做轴向进给，端面刃主要用于加工与侧面垂直的底平面，如图 10.25 所示。

图 10.24　盘铣刀

图 10.25　立铣刀

3）键槽铣刀。键槽铣刀有两个刃，圆柱面和端面都有切削刃，端面刃延至中心，即像立铣刀，又像钻头。加工时先轴向进给到达槽深，然后沿键槽方向铣出键槽全长，如图 10.26 所示。

4）球头铣刀。球头铣刀如图 10.27 所示，切削刃为球形，适用于加工空间曲面零件，

图 10.26　键槽铣刀

图 10.27　球头铣刀

有时也用于加工平面类零件上有较大转接凹圆弧的过渡加工。球头铣刀与铣削特定曲率半径的成形曲面铣刀相比，虽然加工对象都是曲面类零件，但两者仍有较大差别。主要差别在于球头铣刀的球半径通常小于加工曲面的曲率半径，加工时为点接触，而成形曲面铣刀的曲率半径则与加工曲面的曲率半径相等，加工时为面接触。

5）成形铣刀。成形铣刀一般都是为特定的工件或加工内容专门设计制造的，适用于加工平面类零件的特定形状（如角度面、凹槽面等），也适用于特形孔或凸台。如图10.28所示。

6）鼓形铣刀。如图10.29所示，相对于球头铣刀，鼓形铣刀的球面半径可以做得更大，适合用于变斜角类零件的变斜角面的加工，精度更高。

7）玉米铣刀。切削刃分解成许多切削单元，由可转刀片够成。切削刃锋利，从而极大

图10.28 成形铣刀

地降低了切削阻力，实现高速切削，提高了复合材料的加工效率和表面质量，延长了铣刀的使用寿命，适用于大型工件、模具粗加工等，如图10.30所示。

8）锥度铣刀。平底的锥度铣刀主要加工带锥度的深沟、锥度孔、斜面等。球头锥度铣刀主要加工叶轮、叶片、型腔等，常用于五轴加工，如图10.31所示。

图10.29 鼓形铣刀

图10.30 玉米铣刀

图10.31 锥度铣刀

10.3.3 数控铣削手工编程

1. 数控铣床编程基础

（1）数控铣床坐标系的确定　数控铣床的坐标系采用右手笛卡儿坐标系。图10.32描述了普通三坐标数控铣床的坐标轴及其运动方向。Z轴定义为平行于机床主轴的坐标轴，其正方向为刀具远离工件的运动方向；X轴为平行于工件装夹平面的坐标轴，面对机床从主轴向立柱看，水平向右为X轴正向。Y轴的正方向则由X轴和Z轴按右手法则确定。

（2）刀具半径补偿　在数控铣床上进行轮廓的铣削加工时，

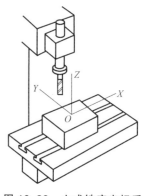

图10.32 立式铣床坐标系

由于刀具半径的存在，刀具中心轨迹和工件轮廓不重合，这就需要编程时对刀具进行半径补偿。现在的数控系统大多具备刀具半径补偿功能，数控编程时假设刀具的半径为0，编程人员只需按工件轮廓进行编程，这种编程方法又称为对零件的编程。而实际的刀具半径则存放在一个可编程刀具半径偏置寄存器中。在加工过程中，数控系统会自动计算刀心轨迹，使刀具偏离工件轮廓一个半径值，即进行刀具半径补偿，以完成对零件的加工。当刀具半径发生变化时，无需修改零件程序，只需修改存放在刀具半径偏置寄存器中的刀具半径值即可。

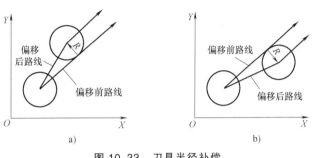

图 10.33　刀具半径补偿

a) G41　b) G42

铣削加工刀具半径补偿分为刀具半径左补偿 G41 和刀具半径右补偿 G42，如图 10.33 所示。根据 ISO 标准，当刀具中心轨迹沿前进方向位于零件轮廓左侧时称为刀具半径左补偿，反之则称为刀具半径右补偿，取消刀具半径补偿为 G40，即

刀具半径补偿：G41　（G42）　G01　X＿＿ Y＿＿ D＿＿；

取消半径补偿：G40　G01　X＿＿ Y＿＿；

其中，建立和取消刀具半径补偿时必须与 G01 或 G00 指令组合来完成，一般建议与 G01 组合。刀具半径补偿指令是模态指令。D 及后面的数字表示刀具半径补偿号，不代表半径值。

（3）刀具长度补偿　为了简化零件的数控加工编程，使数控程序与刀具形状和刀具尺寸尽量无关，现代 CNC 数控系统除了具有刀具半径补偿功能，还具有刀具长度补偿功能。刀具长度补偿使刀具在垂直于走刀平面的方向上偏移一个刀具长度修正值。因此，在数控编程过程中，一般无需考虑刀具长度。这样就避免了加工运行中要经常换刀。

一般而言，刀具长度补偿对于二坐标和三坐标联动数控加工是有效的，对于刀具摆动的四、五坐标联动数控机床则无效。刀具长度补偿指令由 G43 和 G44 实现：G43 为刀具长度正补偿或离开工件补偿；G44 为刀具长度负补偿或趋向工件补偿。

刀具长度补偿：G43　（G44）　G00 Z＿＿ H＿＿；

取消长度补偿：G49　G00 Z＿＿；

其中，H 为刀具长度补偿值的寄存器地址，后面两位数表示补偿量代号，补偿值可以用 MDI 方式存入该代号寄存器中，如图 10.34 所示。

执行程序段 G43 时，$Z_{实际值} = Z_{指令值} + H$；执行 G44 时，$Z_{实际值} = Z_{指令值} - H$。

式中，H 中存储的补偿值可以是正值，也可以是负值。

2. 数控铣床常用指令及编程方法

（1）常用准备功能（G 代码）指令（以 FANUC 0i 系统为例）　G 代码分为以下两类：

1）非模态 G 代码。该代码只在指令它的程序段中有效。

2）模态 G 代码。该代码在指令同组其他 G 代码前，该 G 代码一直有效。

常用 G 代码指令见表 10.6。

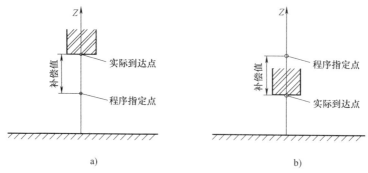

图 10.34　刀具长度补偿

a) G43　b) G44

表 10.6　数控铣床常用准备功能

代码	功能	附注	代码	功能	附注
▼ G00	快速定位	模态	▼ G54	第 1 工件坐标系	模态
G01	直线插补	模态	G55	第 2 工件坐标系	模态
G02	圆弧插补（顺圆）	模态	G56	第 3 工件坐标系	模态
G03	圆弧插补（逆圆）	模态	G57	第 4 工件坐标系	模态
G04	暂停		G58	第 5 工件坐标系	模态
▼ G17	XY 平面选择	模态	▼ G80	固定循环取消	模态
G18	ZX 平面选择	模态	G81	钻、镗孔循环	模态
G19	YZ 平面选择	模态	G82	钻孔循环	模态
G27	参考点返回检查		G83	深孔循环	模态
G28	返回到参考点		G84	攻右旋螺纹循环	模态
G29	由参考点返回		G85	镗孔循环	模态
▼ G40	取消刀尖半径补偿	模态	▼ G90	绝对坐标编程	模态
G41	刀具半径左补偿	模态	G91	相对坐标编程	模态
G42	刀具半径右补偿	模态	G92	工件坐标系设定	模态
G43	刀具长度正补偿	模态	▼ G94	每分钟进给	模态
G44	刀具长度负补偿	模态	G95	每转进给	模态

注：标有"▼"的 G 代码为本数控系统通电后的默认状态。

① 快速移动指令 G00。G00 用于快速定位刀具，不对工件进行加工。

编程格式是：G00 X __ Y __ Z __ ；其中：X、Y、Z 为刀具移动的目标点坐标。

② 直线插补指令 G01。直线插补指令是直线运动指令，命令刀具在两个坐标间以插补联动方式按指定的进给速度做任意斜率的直线运动。其编程格式是：G01 X __ Y __ Z __ F __ ；其中，X、Y、Z 为刀具移动的目标点坐标，F 为进给速度，单位为 mm/min 或 mm/r。

③ 圆弧插补指令 G02/G03。圆弧插补指令命令刀具在指定平面内按给定的进给速度 F 作圆弧运动，切出圆弧轮廓。其指令格式有两种：

　　G17　G02（G03）　　X __ Y __ I __ J __ ；　　（XY 平面圆弧）

　　　　　　　　　　　　X __ Y __ R __ ；

G18　G02（G03）　　X __ Z __ I __ K __;　　（ZX 平面圆弧）

　　　　　　　　　　X __ Z __ R __;

G19　G02（G03）　　Y __ Z __ J __ K __;　　（YZ 平面圆弧）

　　　　　　　　　　Y __ Z __ R __;

式中，X、Y、Z 为目标点坐标，R 为圆弧半径；I、J、K 为圆弧圆心相对于圆弧起点的坐标增量。

例：如图 10.35 所示半径等于 50 的球面，其球心位于坐标圆点 O，试确定刀心轨迹 A-B、B-C、C-A 的圆弧插补程序。

程序分别为：

A-B：G17　G03　X0　Y50　I−50；

B-C：G19　G03　Y0　Z50　J−50；

C-A：G18　G03　X50　Z0　K−50；

④ 暂停指令 G04。

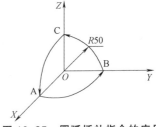

图 10.35　圆弧插补指令的应用

编程指令：G04 X __; 或 G04 P __;

其中，X 为暂停时间，可用小数点，单位为 ms 或 s，X2000 或 X2.0 为 2s；P 为暂停时间，不可用小数点，单位为 ms，P2000 为 2s。

⑤ 钻孔循环 G81。执行 G81 时主轴正转，刀具以进给速度向下运动钻孔，到达孔底后，快速退回（无孔底动作）。

指令格式：G81 X __ Y __ Z __ R __ F __;

其中，X、Y 为孔的位置；Z 为孔底位置；R 为参考平面位置；F 为进给速度。

⑥ 钻孔循环 G82。与 G81 相比，唯一不同的是执行 G82 时，刀具到达孔底后有暂停动作，即当钻头加工到孔底位置时，刀具不做进给运动，而保持旋转状态，使孔的表面更光滑。

指令格式：G82 X __ Y __ Z __ R __ P __ F __;

其中，P 为在孔底位置的暂停时间，单位为 ms（毫秒）；其余含义同上。

⑦ 深孔钻循环指令 G83。

G83 指令与 G81（G82）的区别为 G83 是深孔加工，采用间歇进给，有利于排屑。每次进给深度 Q，直到孔底位置，在孔底做暂停动作。

指令格式：G83 X __ Y __ Z __ R __ P __ Q __ F __;

其中，Q 为每次进给深度；其余含义同上。

⑧ 攻螺纹循环指令 G84。G84 指令用于攻右旋螺纹循环，其指令格式与 G81（G82）完全相同，F 值根据主轴转速与螺纹螺距来计算。攻螺纹期间进给倍率无效且不能停机，即使按下进给保持按钮，加工也不停止，直到完成该固定循环。

指令格式：G84 X __ Y __ Z __ R __ P __ F __。

⑨ 镗孔循环 G85。G85 用于镗孔加工循环，刀具以进给速度向下运动镗孔，到达孔底后，立即以进给速度退出（没有孔底动作）。

指令格式：G85 X __ Y __ Z __ F __ R __。

（2）数控铣床常用的辅助功能（以 FANUC 0i 系统为例）

辅助功能也叫 M 功能或 M 代码，它是控制机床或系统开关功能的一种命令。常用的辅助功能 M 代码、功能与用途见表10.7。

表10.7　常用的辅助功能 M 代码、功能与用途

序号	代码	功能	用途
1	M00	程序停止	实际上是一个暂停指令。当执行有 M00 指令的程序段后，主轴的转动、进给、切削液将停止。它与单程序段停止相同，模态信息全部被保留，以便进行某一手动操作，如换刀、测量工件的尺寸等。重新启动机床后，继续执行下面的程序
2	M01	选择性停止	点亮机床上"选择停"开关，才执行暂停，否则不执行
3	M02	程序结束	该指令编在程序的最后一条，表示执行完程序内所有指令后，主轴停止、进给停止、切削液关闭，光标停在程序结束处
4	M03	主轴正转	
5	M04	主轴反转	
6	M06	换刀	用于自动换刀动作
7	M05	主轴停止转动	
8	M08	冷却液开	
9	M09	冷却液关	
10	M30	程序结束	使用 M30 时，除表示执行 M02 的内容外，光标返回到程序的第一条，准备下一个工件的加工
11	M98	子程序调用	
12	M99	子程序返回	

注：各种机床的 M 代码规定有差异，编程时必须根据说明书的规定进行。

10.3.4　数控铣床的自动编程（CAXA 制造工程师）

CAXA 制造工程师是面向 2~5 轴数控铣床、加工中心以及钻、镗数控加工的自动编程软件。具有强大的线架、曲面、实体混合 3D 造型功能，并针对多种格式 3D 模型提供丰富、灵活的加工策略、加工套路（知识库加工）、轨迹优化、加工仿真、工艺表单、多轴加工、反向工程等。是一款具有强大后置处理与机床通信等功能的现代数字化设计/制造（CAD/CAM）系统。

1. 基本工作流程

1）生成加工零件的几何模型。利用软件中的三维 CAD 模块设计，或读取其他 CAD 软件已建立的数据文件，根据加工要求，利用软件中的 CAM 模块确定刀具、机床类型、具体工艺参数，生成刀具轨迹。

2）加工轨迹的检验。利用软件的仿真功能，检验刀具轨迹是否符合要求。

3）后置处理。根据选定的机床，确定机床参数和工艺参数，生成加工程序代码。

4）将加工代码传入数控机床。通过通信软件（或存储卡），将自动编程生成的 G 代码文件传送至机床数控系统中，从而实现自动加工。

2. CAXA 制造工程师的窗口界面

如图10.36 所示，该界面是交互式 CAD/CAM 软件与使用者进行信息交流的中介，系统通过界面反映当前信息状态将要执行的操作，使用者按照界面提供的信息做出判断，并经由输入设备进行下一步操作。制造工程师的界面与其他 Windows 风格的软件一样，各种应用功能通过菜单和工具条驱动，指导使用者操作并提示当前状态和所处位置，特征/轨迹树记录

了历史操作和相互关系，绘图区显示各种功能操作的结果，同时，绘图区和特征/轨迹树为使用者提供了数据的交互的功能。制造工程师工具条中的每一个按钮都对应一个菜单命令，单击按钮和单击菜单命令完全一样。

图 10.36　CAXA 制造工程师主界面

1）绘图区。为绘图设计的工作区域，位于屏幕中心，并设置了一个三维直角坐标系，在操作过程中，所有坐标均以此坐标系的原点为基准。

2）主菜单。为下拉式菜单，指向某一菜单项会弹出子菜单，包括文件、编辑、显示、造型、加工、工具、设置和帮助。

3）立即菜单。描述该项命令执行的各种情况和使用条件。

4）标准工具条。包含标准的 Windows 按钮和制造工程师的层设置等按钮。

5）显示工具条。包含"缩放""移动"等选择显示方式的按钮。

6）曲线工具条。包含"直线""圆弧"等多种曲线绘制工具。

7）几何变换工具条。包含"平移""镜像""旋转"等多种几何变换工具。

8）线面编辑工具条。包含曲线的裁剪、过渡、拉伸和曲面的裁剪、过渡等编辑工具。

9）曲面工具条。包含"直纹面""旋转面"等多种曲面生成工具。

10）特征工具条。包含拉伸、导动、旋转、阵列等多种特征造型手段。

11）加工工具条。包含粗加工、精加工、补加工等多种加工功能。

12）特征树。记录了零件生成的操作步骤，可以直接在特征树中对零件特征进行编辑。

13）轨迹树。记录了生成刀具轨迹的刀具几何参数等信息，可以在轨迹树上编辑轨迹。

14）点工具菜单。工具点就是在操作过程中具有几何特征的点，如圆心点、切点等，点工具菜单是用于捕捉工具点的菜单，使用时按下空格键，即在屏幕上弹出点工具菜单。

15）矢量工具。主要用于选择方向，在曲面生成时经常用到。需要指定方向时，按下空格键，即会弹出矢量工具菜单。

16）选择集拾取工具。拾取图素时按空格键可弹出该菜单，选择不同的拾取方式进行拾取。

3. 曲线生成

包括 16 项功能：直线、圆弧、圆、矩形、椭圆、样条、点、公式曲线、多边形、二次曲线、等距线、曲线投影、相关线、样条线、圆弧和文字等绘制功能。

如绘制直线，过程如下：单击主菜单"造型"，指向"曲线生成"，单击"直线"；或单击工具条"直线"按钮，在立即菜单中选取画线方式，根据状态栏提示，完成操作。

4. 曲面生成

在构造决定曲面形状的关键线框后，在线框的基础上构造所需定义的曲面。

根据曲面特征线的不同组合方式，可以组织不同的曲线生成方式。曲面生成方式共有10 种：直纹面、旋转面、扫描面、边界面、放样面、网格面、导动面、等距面、平面和实体表面。

如绘制直纹面，过程为：单击"造型"，指向"曲面生成"，单击"直纹面"，或单击工具条"直纹面"，在立即菜单中选择直纹面生成方式，按状态栏的提示操作，生成直纹面。

5. 特征生成

特征设计是制造工程师的重要组成部分，制造工程师采用精确的特征实体造型技术，它完全摒弃了传统的体素合并和交并差的繁琐方式，将设计信息用特征术语来描述，使整个设计过程直观、简单、准确。

通常的特征包括：孔、槽、型腔、凸台、圆柱体、块、锥体、球体、管子等。

绘制草图是特征生成的关键步骤，草图又称轮廓，是特征生成所依赖的曲线组合，是为特征造型准备的一个平面封闭图形。

绘制草图的过程可分为确定草图基准平面、选择草图状态、图形绘制、图形编辑和草图参数化修改等步骤。

① 确定草图基准平面。可以是特征树中已有的坐标平面（如 XY、YZ、ZX 平面），也可以是实体中生成的某个平面，还可以是构造出的平面。

② 选择草图状态。选择一个基准平面后，按下"绘制草图"按钮即开始绘制一个新草图。

③ 图形绘制。进入草图状态后，利用曲线生成命令绘制需要的草图。

④ 图形编辑。对草图进行编辑时只与该草图相关，而与其他草图或空间曲线无关。

⑤ 草图参数化修改。在草图环境下，绘制曲线时可以不必考虑坐标和尺寸的约束，之后，可以对已绘制的草图标注尺寸，然后只需改变尺寸的数值，二维草图就会随着给定的尺寸值改变而变化，这就是草图参数化功能，也就是尺寸驱动功能。

特征生成是在草图基础上完成的，它可以在草图的基础上利用特征生成工具生成各种实体。特征生成工具包括拉伸增料、旋转增料、导动增料、放样增料、曲面加厚增料、拉伸除料、旋转除料、放样除料、导动除料、曲面加厚除料、曲面裁剪除料、过渡、倒角、筋板、抽壳、拔模、打孔、线性阵列、环型阵列、缩放、型腔、分模、实体布尔运算等多种生成方式。

如拉伸增料，其生成过程如下：单击"造型"，指向"特征生成"，再指向"增料"，单击"拉伸"，或者直接单击"拉伸增料"按钮，弹出拉伸增料对话框如图 10.37 所示；选取拉伸类型，填入深度，拾取草图，单击"确定"完成操作。

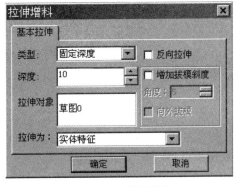

图 10.37 拉伸增料

6. 数控加工

使用 CAXA 制造工程师实现数控加工的过程为：①在后置设置中配置好机床，这是正确输出代码的关键；②分析图样，用曲线、曲面和实体表达工件；③根据工件形状，选择合适的加工方式，生成刀具轨迹；④生成 G 代码，传输给机床。

（1）基本定义

1）轮廓。轮廓是指一系列首尾相接曲线的集合，有开轮廓、闭轮廓和有自交点的轮廓之分。

2）区域。区域是指由一个闭合轮廓围成的内部空间，其内部可以有"岛"。

3）岛。岛是由在区域中间的闭合轮廓界定的有一定形状的凸起部分。

4）刀具。CAXA 制造工程师主要针对数控铣加工，目前主要提供三种铣刀：立铣刀、圆角铣刀、球刀，刀具参数有刀杆长度 L 和切削刃长度 l。

5）刀具轨迹。是指系统按给定工艺要求生成的对给定加工图形进行切削时刀具行进的路线。

6）刀位点。刀位点指组成刀具轨迹的一系列有序的特征点，连接这些特征点的直线和圆弧构成了刀具轨迹。

7）干涉。在切削被加工表面时，如果刀具切到了不该切的部分，则称为出现干涉现象。

8）模型。模型指系统存在的所有曲面和实体的总和。

（2）加工功能中通用参数设置功能介绍

1）毛坯。此功能界面用于定义毛坯，可以对界面中有关毛坯的各个参数进行设置。

2）起始点。定义全局加工起始点，可以通过输入或单击"拾取点"按钮来设定刀具起始点。

3）刀具库。定义、确定刀具的有关数据，以便从刀具库中调用信息和对刀具库进行维护管理。

4）刀具参数。在每一个加工功能中的参数表中，都有刀具参数设置，按使用需要设置各种刀具的有关参数。

5）加工边界。在每一个加工功能中的参数表中，都有加工边界设置，在此功能界面下可以设置 Z 的有效范围和刀具相对加工边界的位置。

6）切削用量。在每一个加工功能中的参数表中，都有切削用量设置，在此功能界面下可以设定轨迹各位置的相关进给速度及主轴转速。

7）下刀方式。在每一个加工功能中的参数表中，都有下刀方式设置，在此功能界面下可以对刀具移动定位时的安全高度、慢速下刀距离、退刀距离、切入方式等参数进行设置。

（3）加工功能介绍 在 CAXA 制造工程师的数控加工模块中，根据不同的加工需要提供了平面区域粗加工、等高线粗加工、平面轮廓精加工、等高线精加工、参数线精加工、扫描线精加工、平面精加工、导动线精加工、孔加工、螺纹加工、雕刻加工、四轴五轴联动加工等多种数控加工功能，每一种加工功能都有其独特的加工特点和使用方法，现以平面区域粗加工为例，介绍数控加工功能的参数设置和操作方法。

平面区域粗加工是根据给定的轮廓和岛屿，生成分层的加工轨迹。

点取"加工""平面区域粗加工"菜单项，或直接点取"平面区域粗加工"图标，弹出如图 10.38 所示的对话框，然后对框内各个需要的参数进行有效设置。

当单击"加工参数"选项卡时，有

1）拔模基准。当加工带有拔模斜度的工件时，工件顶层轮廓与底层轮廓的大小不相同。

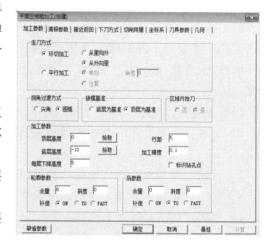

图 10.38　平面区域粗加工

2）底层为基准。加工中选取工件的底层轮廓为加工轮廓。

3）顶层为基准。加工中选取工件的顶层轮廓为加工轮廓。

4）区域内抬刀。在加工有岛屿的区域时，轨迹过岛屿时是否抬刀。此设置只对平行加工的单向有用。

5）顶层高度。零件加工时的起始高度值，一般为零件的最高点，即 Z 最大值。

6）底层高度。零件加工时需要加工到的深度的 Z 坐标值，即 Z 最小值。

7）每层下降高度。刀具轨迹层与层之间的高度差，即层高。每层的高度从输入的顶层高度开始计算。

8）行距。相邻两加工刀具轨迹的垂直距离。

9）斜度。以设定的拔模斜度来加工，可实现锥度或斜面的加工。

10）补偿。有三种方式，ON：刀具轴线与轮廓重合；TO：刀具轴线未到轮廓一个刀具半径；PAST：刀具轴线超过轮廓一个刀具半径。

（4）设置毛坯　生成刀具轨迹之前，首先要定义毛坯，否则无法生成刀具轨迹。

单击特征树的"轨迹管理"，双击"毛坯"，系统弹出如图 10.39 所示对话框。系统的毛坯类型有矩形、圆柱、三角片三种。最常见的是矩形，即长方体形状。毛坯定义有"拾取两角点""参照模型"等方法。

1）拾取两角点。通过取毛坯外形的两个角顶点来定义毛坯。

2）参照模型。系统自动计算模型的包围盒（能包含模型的最小长方体），以此作为毛坯。

3）基准点。毛坯在世界坐标系（.sys.）中的左下角点。

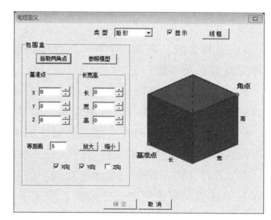

图 10.39　毛坯定义

4）长宽高。长度、宽度、高度，分别指毛坯在 X 方向、Y 方向、Z 方向的大小。

5）类型。系统提供多种毛坯类型，主要便于工艺清单的填写。

6）显示。设定是否在图形窗口中显示毛坯。

用户还可以通过该对话框中的"放大""缩小"等按钮调整已定义好的毛坯尺寸。

（5）生成刀具轨迹　填写加工工艺参数表，填写完成后单击"确定"按钮。

系统提示"请拾取轮廓曲线"，根据提示左键点取轮廓线，选箭头方向。（当使用平面轮廓精加工时，还需要拾取进刀点和退刀点，按右键系统自动默认）

系统提示"请拾取岛屿曲线"，根据提示左键选取岛屿线，可以拾取多个封闭岛屿，按鼠标右键结束拾取，没有岛屿直接按鼠标右键结束。

系统提示"正在计算轨迹，请稍候"。当轨迹计算完成后，在屏幕上出现的绿色线即为加工轨迹，同时在加工轨迹树上出现一个新节点。

（6）实体仿真　轨迹仿真就是在三维真实感显示状态下，模拟刀具运动、切削毛坯、去除材料的过程，用模拟实际切削过程和结果来判断生成的刀具轨迹的正确性。

单击"加工"菜单，点"实体仿真"，系统左下角提示"拾取刀具轨迹"，左键点取刀具轨迹（有多个轨迹要一次选取），右键单击确定，系统弹出实体仿真界面如图 10.40 所示，单击"运行"按钮，系统仿真开始。

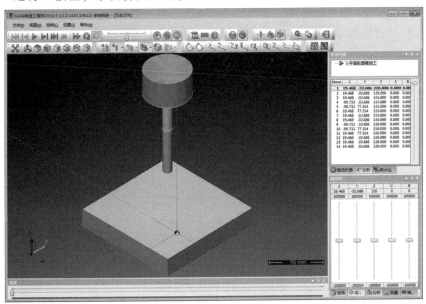

图 10.40　实体仿真界面

（7）生成加工 G 代码　结合特定机床把系统生成的刀具轨迹转化成机床能够识别的 G 代码指令，生成的 G 代码指令可以直接输入数控机床用于加工，这是系统的最终目的。

单击"加工"菜单，单击"后置处理""生成 G 代码"弹出如图 10.41 所示的生成后置代码界面。

选择相应的数控系统，输入 G 代码文件的名称，并选择保存路径，单击"确定"，系统左下角提示"拾取刀具轨迹"，左键选取刀具轨迹（有多个轨迹要依次选中），右键确定。系统自动生成加工程序，如图 10.42 所示。

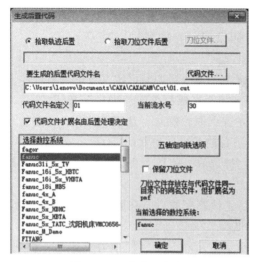

图 10.41　生成后置代码

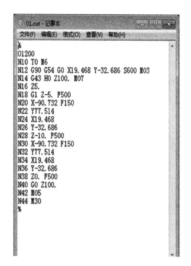

图 10.42　加工程序

（8）生成加工工艺单　单击"加工""工艺清单"，系统弹出如图 10.43 所示工艺清单对话框。在该对话框中输入工艺清单的相关说明参数，并选择保存路径，单击"确定"将其保存。

工艺清单中有明细表刀具、功能参数、刀具、刀具轨迹、NC 数据等，如图 10.43 所示。

7. 自动编程举例

以小车车头加工为例，毛坯材料为工业塑料，尺寸为 50mm×55mm×80mm，车头未标注尺寸表示为可自己创意设计，小车车头如图 10.44 所示。

（1）工艺分析　为了方便铣削车头侧面轮廓，应将小车车头侧面朝上，装卡车头正面和后面两个平面。先选用 $\phi80$ 的盘铣刀铣削端面（手动），再采用"平面轮廓"加工方法，用 $\phi20$ 的立铣刀铣削车头侧轮廓，$\phi5$ 的键槽铣刀铣削车窗内轮廓。

（2）图形绘制　将车头侧面对称中心定为工件坐标系原点，按加工要求绘制图形，如图 10.45 所示，绘制小车车头侧面线轮廓图形。

（3）生成刀具轨迹

图 10.43　工艺清单

1）定义毛坯。单击软件左下方菜单"轨迹管理"，双击"毛坯"，设置毛坯长、宽、高、基准点等参数。为方便对刀，高度设定为 80，将 Z 向基准点定为-80，即把车头顶面定义为工件坐标系 Z 向零点，如图 10.46 所示，设定完毕后单击确定。

2）生成车头外轮廓轨迹。单击"平面轮廓精加工"，单击"刀具参数"选立铣刀，直径设置为 20，刀具参数如图 10.47 所示。

单击"加工参数"，顶层高度设定为 0，底层高度设定为-54，每层下降高度设定为 20，偏移方向选"左偏"（为了保证顺铣），行距设定为 5，刀次设定为 3，如图 10.48 所示。

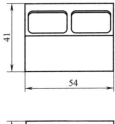

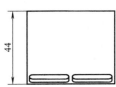

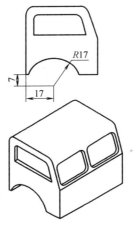

图 10.44 小车车头

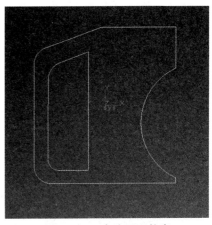

图 10.45 车头平面轮廓

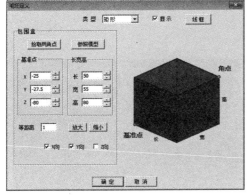

图 10.46 车头毛坯

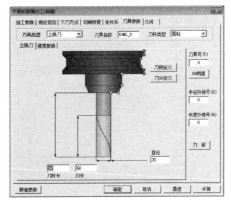

图 10.47 刀具参数

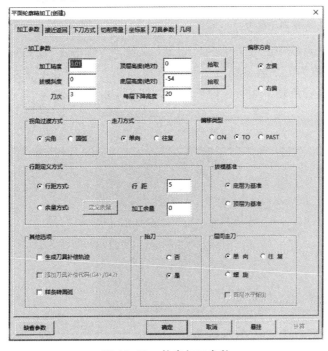

图 10.48 轮廓加工参数

继续设置下刀方式、切削用量、坐标系等参数。设置完成之后单击"确定"。左下角系统提示"请拾取轮廓曲线",左键单击小车的外轮廓线,选取顺时针方向箭头（切外轮廓）,拾取完整个轮廓右键确定,系统提示"请拾取进刀点",单击右键系统默认,系统继续提示"请拾取退刀点",再单击右键系统默认,即生成了车头外轮廓的刀具轨迹,如图10.49所示,即一共切了3层,每层切了3刀。

3）生成车头侧面车窗内轮廓轨迹。单击"平面轮廓精加工",在刀具参数里将刀具直径改成5,在加工参数里将底层高度改成−3,如图10.50所示。注意：由于加工小车车窗为内轮廓,所以拾取车窗轮廓时要选取逆时针方向。其他同车头外轮廓加工过程一样。侧窗加工轨迹如图10.51所示。

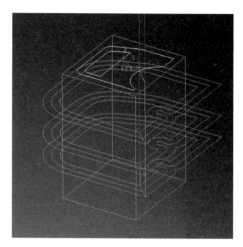

图 10.49　轮廓加工轨迹

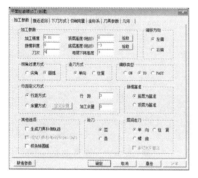

图 10.50　侧窗加工参数

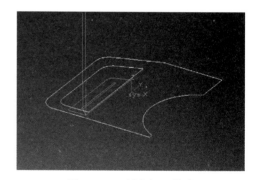

图 10.51　侧窗加工轨迹

（4）实体仿真　点软件上方菜单栏"加工",选"实体仿真",系统提示"拾取刀具轨迹",左键点取刚生成的刀具轨迹线（外形和车窗都选）,选完按右键单击确定。即可弹出仿真的界面,单点"三角号"运行,即可仿真,如图10.52所示。

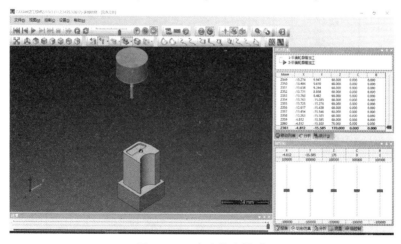

图 10.52　车头仿真模型

（5）生成加工程序 仿真结束后，关掉仿真界面。单击"加工"菜单，选"后置处理"，"生成 G 代码"。在弹出参数表里左侧栏里第二项 fanuc，单击"确定"，系统提示"拾取刀具轨迹"，选取刀具轨迹，单击右键确定，生成的代码文件即为零件的加工程序，如图 10.53 所示。

小车另外一侧和正面两个窗户均可采用上述"平面轮廓"加工方法来生成加工程序，在实际加工中需要重新定位、装卡工件并且重新对刀，这里就不再详细介绍。

图 10.53 小车车头加工程序

10.3.5 数控铣床操作面板的功能与使用

1. 机械操作面板

机械操作面板如图 10.54 所示，各功能按键与旋钮功能见表 10.8。

图 10.54 机械操作面板

表10.8 各功能键与旋钮的功能

按钮名称	功能
CRT 显示器	显示机床的各种参数和功能,如机床参考点坐标、刀具起使点坐标、输入数控系统的指令数据、刀具补偿量的数值、报警信号、自诊断结果、工作台快速移动等
数控系统启动按钮 ON	启动数控系统,CRT 显示器上有显示
数控系统停止按钮 OFF	按下后,数控系统停止,CRT 显示器上无显示
程序保护锁 PROGRAM	左边位置时,处于写保护状态。此时,程序、数据不允许写入、修改和编辑数据;当处于右边位置时,可写入、修改和编辑数据
机床锁住开关 DRIVE	主要用来保护机床和校验程序的正确性,当使用此功能时,刀具不再移动,但显示器上能够显示每一轴运行的位移变化,同时 GRAPH 图形功能也有效
辅助功能锁住	在自动运行方式下,按下此按钮,M、S、T 代码被禁止输出,当需要继续进给时,按下循环启动按钮,则继续执行程序
单步按钮 SKB	执行单段程序
空运行按钮 DRN	在自动运行期间,按下机床操作面板上的空运行开关,在不安装刀具和工件的情况下运行程序,可以用来检查程序的正确性
DNC 在线传输按钮	程序自动运行方式,可以经阅读机/穿孔机接口读入外设上的程序进行加工;也可以选择在外部输入/输出设备中存储的文件并指定自动运行的顺序及重复次数
刀具安装按钮 TOOL	按下 TOOL 按钮,安装刀具;再次按下按钮,拆卸刀具
轴与轴方向选择开关 (X+、X−、Y+、Y−、Z+、Z−、A+、A−)	在机床手动和增量进给方式下按下该键,可实现沿各轴方向手动移动,移动速度为机床参数设置的手动进给速度
进给倍率选择开关	该按钮选择范围为 0%~120%,机床运行时的进给速度将以程编指定的进给速度乘以相应的进给倍率,该功能在加工螺纹时被忽略
主轴倍率选择按钮	该按钮选择范围为 50%~120%,机床运行时主轴转速将以程编指定的转速乘以相应的主轴倍率转动
方式选择按钮(MODE SELECT)	用于选择机床的某种工作方式,机床当前的工作状态将显示在屏幕的状态区。该旋钮沿圆周方向共有 7 个位置,代表机床的 7 种工作方式

机床工作方式如下:

(1) 编辑方式(EDIT) 在此状态下可完成程序的输入、存储、修改和删除等操作。

(2) 手动输入方式(MDI) 在此方式下,可进行手动数据的输入。

(3) 手动进给方式(JOG) 此时按动轴与轴方向选择开关实现各轴的连续手动进给和刀具快速定位。

(4) 增量方式(INC) 有 5 种倍率(×1、×10、×100、×1000、×10000)可选择。刀具移动的每一步是输入最小增量的 1、10、100、1000、10000 倍。

(5) 手摇方式(HANDLE) 使用手轮进给轴选择开关选择要移动的轴,选转手轮即可移动该轴。

(6) 自动方式(AUTO) 用编程程序运行 CNC 机床。

(7) 回零(REF) 在此方式下按下轴和方向选择开关,刀具自动返回到参考点。这时,系统自动设定坐标系。

(8) 在线加工(DNC) 在此状态下,通过计算机与 CNC 的连接,可以使机床直接执行计算机等外部输入/输出设备中存储的程序。

2. CNC 系统操作面板

图 10.55 为数控铣床 CNC 系统操作面板（即 CRT/MDI 面板），主要由一个显示屏（CRT）和各类控制按键组成。在 CRT 显示屏幕下有一排软键，其作用是进入主功能状态（POS、PRGRM、MENU、OFFSET、ALARM 等）后，再选择下级子功能（软键）进行具体操作。软键的功能随主功能键的不同而不同。面板右侧是 MDI 面板，如图 10.56 所示，其中各类控制键的功能见表 10.9。

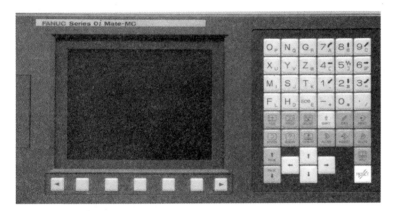

图 10.55　CNC 系统操作面板

图 10.56　CNC 系统 MDI 面板

表 10.9　CNC 系统 MDI 面板各类控制键的功能

名称	说明
RESET(复位键)	可使 CNC 系统复位,以消除报警
HELP(帮助键)	用来显示如何操作机床,如 MDI 键的操作。可在 CNC 发生报警时提供报警的详细信息
地址和数字键 N Q 4 …	用以输入字母、数字以及其他字符
程序编辑键 ALTER INSERT DELETE	ALTER 替换当前字符; INSERT 插入字符; DELETE 删除整段程序
CAN(取消键)	删除已输入到键的输入缓冲器中的最后一个字符或符号 如:当显示输入缓冲器数据:>N001X100Z __ 按下 CAN 键,则字符 Z 被取消,并显示:>N001X100
INPUT(输入键)	把数据输入到寄存器中
换档键(SHIFT)	在某些键的两个功能之间进行切换
功能键 POS PROG	POS 地址功能键,显示当前机床(刀具)的绝对坐标、相对坐标、机械坐标等多种位置数据和信息 PROG 显示程序画面
OFFSET/OFFSETTING	显示刀偏偏置/设定画面
SYSTEM	显示系统参数设置画面
MASSAGE	显示信息画面,在此功能下可实现报警信息的显示,以便维修和排除故障
CUSTOM/GRAPH	显示用户/图形画面,模拟演示刀具运行轨迹,用于加工前的程序检查和校验
软键	根据不同的画面,软键功能不同,可查看实际机床操作面板

3. 数控铣床的对刀

完成回零的操作后，机床就确定了机床坐标系。那么对刀就是确定机床坐标系和工件坐标系之间的对应关系。

（1）常用的对刀方法　一般分为试切法对刀、对刀仪对刀、自动对刀等。试切法精度较低，一般数控车里采用较多。数控铣常采用对刀仪对刀，对刀简单、高效、精度高。

（2）常用对刀仪简介

1）寻边器。常分为机械式寻边器、光电式寻边器和3D万向寻边器三种。

① 机械式寻边器。如图10.57所示，分为上下两部分，上部分为直柄，装卡在刀柄上，下部分为测头，用于接触工件，中间由弹簧连接。使用时需注意主轴转数避免太快损坏寻边器，一般设置为1000r/min以内。

② 光电式寻边器。如图10.58所示，使用时无需主轴旋转，利用光电原理，当巡边器的测头接触到金属工件边缘时，会形成闭合回路，指示灯长亮。注意接触时动作要轻，避免与工件直接碰撞。

图 10.57　机械式寻边器

图 10.58　光电式寻边器

③ 3D万向寻边器。如图10.59所示，由柄体、仪表和探针构成。不仅能测量 X 向和 Y 向，还能测量 Z 向。

2）Z 轴设定器。分为表式 Z 轴设定器（图10.60）和光电式 Z 轴设定器（图10.61）等。主要由基座和活动测头构成。使用时用刀具轻触 Z 轴设定器的测头平面，使表式设定器仪表显示为0，光电式设定器显示为指示灯长亮，注意输入数据时要将设定器的高度考虑在内，一般为50mm。

图 10.59　3D万向寻边器

图 10.60　表式 Z 轴设定器

图 10.61　光电式 Z 轴设定器

（3）对刀过程　先在刀柄上安装寻边器，注意锁紧力量适中，不要安装到根部，应露出柄体10mm左右。将工件找正，装卡牢固，注意对刀部位边缘不要有毛刺。

1）X、Y 向对刀。以机械式寻边器为例，对刀过程如下

① 机床回零。

② 设定合适转数，启动主轴。

③ 快速移动工作台和主轴，将寻边器定位在工件一侧边界附近。

④ 使用手轮模式，将寻边器测头处于工件表面以下，手轮倍率调至×100，选择 X 向，将测头缓慢靠近工件，当寻边器上下逐渐平衡时，将手轮倍率再调至×10，每转动 1 格停下观察，直到寻边器上下刚好失去平衡时，停止转动，单击面板 "POS" 键，选择 "相对" 坐标系，输入 X，单击 "起源"。这样当前 X 向相对坐标就变成了 0。

⑤ 向上抬起寻边器，快速移动到工件另一侧，重复前面的步骤，当寻边器上下刚好失去平衡时，记下相对坐标系 X 的坐标值，假设为 102.46。这就是寻边器从工件左侧边界移动到右侧边界的距离。

⑥ 若将工件 X 向中心定为工件坐标系 X 零点，中间坐标即为 $102.46 \div 2 = 51.23$，单击 "OFS/SET" 键，进入刀具补偿界面，按软键 "形状"，选择对应的刀具号，输入 X51.23，点 "测量" 即可完成 X 向的对刀。

⑦ Y 向对刀同上。

2）Z 向对刀以试切法对刀为例，对刀过程如下

① 机床回零，将刀具安装到主轴上，启动主轴。

② 快速移动工作台和主轴，使刀具位于工件侧面附近，端面处于工件顶面最低点以下，切深适度，能切平即可。

③ 调整倍率，沿 X 或者 Y 向试切。

④ 沿原路移出刀具，注意 Z 轴不要移动。

⑤ 按下 "OFS/SET" 键进入刀具参数界面，按 "形状" 软键，选择对应的刀具号，输入 Z0（将工件顶面已切削部分设为 Z 向 0 坐标），按软键 "测量"，即完成刀具的 Z 向对刀。

4. 数控铣机床加工工件的操作步骤

① 分析零件图样，并根据图样要求，按照机床所能接受的一定格式的程序语言通过手工编程或软件自动编程的方式生成程序代码文件，即 CNC 数据文件。

② 数据输入或传输，将生成的程序代码文件输入机床的数控系统。

③ 校验程序的正确性。

④ 调整机床。

⑤ 安装工件和刀具。

⑥ 对刀。

⑦ 运行程序，加工工件。

10.4　数控加工中心

加工中心是带有刀库和自动换刀装置的数控机床。刀库中存放各种不同数量的刀具或检具，以便在加工过程中按工艺要求进行自动选用和更换，对工件进行多工序加工，这是加工中心与普通数控机床的主要区别。加工中心与其他数控机床相比，虽然结构较复杂，但控制功能较多，并且还具有多种辅助功能。这些特点对提高机床的加工效率和产品的加工精度，确保产品质量都具有十分重要的作用。

10.4.1 加工中心的特点

① 在加工中可以通过刀库和自动换刀装置进行自动换刀，刀具容量大，加工范围广，加工的柔性化程度高。

② 通常在一次装夹后，可以连续对工件表面进行铣（车）、钻、镗、扩、铰、攻螺纹等多工序的加工，工序高度集中。

③ 一般带有自动分度回转工作台或主轴箱可自动转角功能，从而使工件一次装夹后，自动完成多个平面或多个角度位置的多工序加工。

④ 带交换工作台的加工中心，在工作位置的工作台进行工件加工的同时，可在装卸工件位置的工作台上进行装卸，不影响正常的加工工作。

10.4.2 加工中心的分类

① 按其主轴在空间所处的状态可分为立式加工中心（图 10.62）、卧式加工中心（图 10.63）和复合加工中心。

② 按立柱数量可分为单柱式加工中心和双柱式加工中心（龙门加工中心，如图 10.64 所示）。

③ 按坐标轴数可分为三轴二联动、三轴三联动、四轴三联动、五轴四联动及六轴五联动等。

④ 按工作台的数量可分为单工作台、双工作台和多工作台加工中心。

⑤ 按加工精度可分为普通加工中心和高精度加工中心。

图 10.62 立式加工中心

图 10.63 卧式加工中心

图 10.64 龙门加工中心

10.4.3 加工中心的主要加工对象

加工中心最适宜加工切削条件多变、形状结构复杂、精度要求高及加工一致性好的零件，如箱体类零件；适合加工需采取多轴联动才能加工出的特别复杂的曲面零件；适合加工需要利用点、线、面多工位混合加工的异形件；带有键槽或径向孔、端面有分布孔系或曲面的盘（套）类及板类等零件。

10.4.4 刀库与换刀装置

加工中心机床与普通数控机床的基本结构和组成相同，一般也是由机床本体、数控装置、伺服机构和辅助装置几大部分组成，但是由于加工中心是一种加工工序高度集中的机床，能够进行刀具管理和自动换刀，所以除了上述三部分基本组成，它还具有刀库和自动换刀装置。

1. 刀库

刀库就是以合理的方式储存较多刀具和辅具的随机（机床）库房，它的工作过程受机床数控系统控制。

（1）刀塔式刀库 刀具直接安装在刀塔上，换刀时直接转动刀塔，结构紧凑，体积小，换刀迅速，刀具定位精度高，安装刀具数量较少，通常用于车削中心，如图 10.65 所示。

（2）斗笠式（圆盘式）刀库 如图 10.66 所示，因刀库外形类似斗笠而得名。斗笠式刀库性价比高，结构简单，适合小批量生产。刀具置于刀库中，锥面敞开没有保护，容易粘上东西影响定位精度，常用于小型立式加工中心。

（3）鼓盘式刀库 如图 10.67 所示，一般放在主轴箱侧面垂直主轴安装，并带有机械臂，换刀时间较短，装配调整方便，维护简单，空间利用率高，刀具容量一般，常用于三轴立式加工中心。

图 10.65 刀塔式刀库

图 10.66 斗笠式刀库

图 10.67 鼓盘式刀库

（4）多层转盘式刀库 刀具径向安装在刀库转盘上，安装轴向空间较小，径向空间较大，安装刀具较多，换刀需要机械臂辅助，常用于卧式加工中心，如图 10.68 所示。

（5）链式刀库　链式刀库可以存储数量较多的刀具，需要机械手臂换刀。由于采用链式传动机构，所以结构刚性较差，传动间隙较大，位置精度稍差，故障率较高，换刀时间也较长，常用于大型卧式加工中心或者龙门加工中心，如图 10.69 所示。

（6）箱体式刀库　箱式刀库容量较大，可以整体独立于机床外。箱体结构紧凑，占地面积小，定位精度高。但需要自动化程度较高的多自由度工业机器人，多用于一些较高级的多轴加工中心。

图 10.68　多层转盘式刀库

图 10.69　链式刀库

2. 自动换刀装置

在数控机床的自动换刀系统中，实现刀库与机床主轴之间传递和装卸刀具、辅具的装置称为自动换刀装置。

（1）无机械臂换刀装置　如图 10.70 所示，无机械臂换刀装置常见于斗笠式刀库，刀库单独配有直线导轨，换刀时整个刀库沿直线导轨向主轴平行移动，主轴刀具对准卡槽向下进入刀库，主轴松开抬起，然后刀库旋转，接着主轴对准目标刀具，下落卡紧，然后重新带刀抬起，回到加工位置，完成刀具更换。换刀过程无需机械臂辅助，体积小，安装方便，故障率小，但刀库容量较小，换刀时间较慢。

（2）双臂式换刀装置　双臂式换刀装置是数控加工中心应用最广的换刀装置，换刀时刀库刀具通过分度头旋转到刀库下方，向下翻转 90°与主轴刀具平行，机械臂旋转卡住两把刀具，两侧锥孔松开，

图 10.70　无机械臂换刀装置

机械臂下降带出刀具，旋转 180°再向上锁紧，已换下刀具再向上翻转 90°，回到刀库原位，即完成刀具更换，如图 10.71 所示。

（3）工业机器人换刀装置　如图 10.72 所示，工业机器人换刀装置常用于箱式刀库，通常在高级的多轴加工中心中用到。

由刀库和换刀装置组成的自动换刀系统在接受数控装置发出的换刀指令后，还需通过系

图 10.71 双臂式换刀装置

图 10.72 工业机器人换刀装置

统中的一些特殊机构进行一系列较复杂、准确的动作。

　　机床工作前，必须首先把工件加工过程中需要使用和备用的全部刀具分别安装在标准刀柄上，并在机外对刀（预调）仪上进行尺寸预调（预调结果将按规定依次对应输入到数控装置），然后按所排定的存放位置，对号入座放入刀库。换刀时需事先将换刀动作编制成程序，由机器人按照预先编制好的程序更换刀具。

复习思考题

　　1. 数控机床由哪几个部分组成？各有什么作用？

　　2. 什么是模态指令和非模态指令？他们在使用时有什么不同？

　　3. 按照刀具运动轨迹分，数控机床分为哪几类？

　　4. 在结构上，数控车床和普通车床相比有哪些不同？

　　5. 数控铣床的加工对象都有哪些？

　　6. 数控铣床有几种刀具补偿？

　　7. 如何确定数控铣床坐标系？

　　8. 数控铣床加工为什么要对刀？对刀经常用到哪些仪器？

　　9. 简述数控机床的工作流程。

　　10. 加工中心是怎样的一种机床？它与其他数控机床相比较有何特点？

　　11. 加工中心的刀库一般分为哪几种？

　　12. 在加工中心上，刀具是怎样进行自动更换的？

　　13. 如图 10.73 所示，毛坯尺寸为 100mm×100mm×42mm，材料为 45 钢，拟在加工中心上一次装夹完成工件上表面、槽、孔的加工，试编制数控加工工艺，并编写加工中心程序。

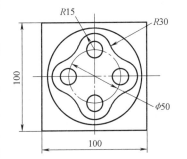
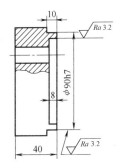
图 10.73 题 13 图

第 11 章

特 种 加 工

11.1 概述

11.1.1 特种加工的由来

从蒸汽机的使用到第二次世界大战，传统的切削加工几乎占据整个机械加工业。苏联科学家拉扎连科夫妇在研究开关触点受电火花放电腐蚀损坏的现象和原因时，发现电火花放电所产生的瞬间高温对金属材料有熔化和气蚀作用，于是发明了一种新的金属加工方法——电火花加工。该方法开创了从加工机理和加工形式上脱离传统切削加工方法的先河，形成了现在统称的特种加工（Non-Traditional Machining，NTM）技术。即利用电能、热能、光能、化学能等，在不产生切削力的情况下，用低于工件硬度的工具去除工件上的多余材料，达到"以柔克刚"的目的。

我国特种加工起步较早，20 世纪 50 年代已设计研制出电火花机床。20 世纪 60 年代末，上海电表厂的张维良工程师在阳极机械切割的基础上发明了我国独创的快走丝线切割机床，上海复旦大学也研制出了电火花切割数控机床。但是由于我国原有的工业基础薄弱，特种加工设备和整体技术水平与国际先进水平相比仍有不少差距，每年仍需从国外进口相当数量的特种加工设备。

11.1.2 特种加工的发展趋势

1）加大对特种加工的基本原理、加工机理、工艺规律、加工稳定性的研究，同时融合电子技术、计算机技术、信息技术和精密制造技术，使加工设备向自动化、柔性化方向发展。

2）大力开发特种加工领域新方法，包括难加工材料、细微加工、特殊型面加工等方面，尤其是质量高、效率高、经济型的复合加工，并与适宜的制造模式相匹配，充分发挥特种加工的优势。

3）某些特种加工方法的应用会造成环境污染，充分做好防污、治污处理，向绿色加工方向发展。

11.1.3 特种加工的特点

特种加工无论在加工机理还是在加工形式上都与传统的切削加工有着本质区别，主要体现在以下几点：

1）不是主要依靠机械能，而是采用其他能量（电能、热能、光能、化学能、电化学能等）去除工件上的多余材料；与加工对象的力学性能无关，故可加工各种硬、软、脆、耐蚀、高熔点、高强度等金属或非金属材料。

2）非接触加工，即加工时工具与工件不直接接触，工具与工件间不存在作用力，故可加工高耐磨、刚性低和弹性工件。

3）加工时由于工具与工件不发生直接接触，故热应力、残余应力、冷作硬化等均比较小。可获得较低的表面粗糙度值，尺寸稳定性好。

4）两种或两种以上不同类型的能量可以相互组合，形成新的复合加工，更突出其优越性，综合加工效果明显，且便于推广使用。如电解电火花加工（ECDM）、电化学电弧加工（ECAM）就是两种特种加工复合而成的新的加工方法。

11.1.4 特种加工存在的问题

虽然特种加工已解决了传统切削加工难以解决的许多问题，在提高产品质量、生产效率和经济效益上显示出了很大的优越性，但目前仍存在一些问题与不足。

1）有些特种加工原理（如超声波加工和激光加工等）还不是十分清楚，其工艺参数的选择和加工过程的稳定性均需进一步提高。

2）有些特种加工（如电化学加工）在加工过程中会产生有毒的废渣和废气，若排放和处理不当会造成环境污染，影响人体健康。

3）有些特种加工（如快速成形和等离子弧加工等）的加工精度和生产效率还有待提高。

4）有些特种加工（如电火花成形加工和电火花线切割加工等）只能加工导电材料，加工领域有待拓宽。

11.1.5 特种加工的分类

特种加工的分类国际上还没有明确规定，目前大多数是按能量形式、作用形式和加工原理分类，见表 11.1。

表 11.1 特种加工的分类

加工方法		主要能量形式	作用形式	英文缩写
电火花加工	电火花成形加工	电、热能	熔化、汽化	EDM
	电火花线切割加工	电、热能	熔化、汽化	WEDM
电化学加工	电解加工	电化学能	阳极溶解	ECM
	电铸加工	电化学能	阴极溶解	EFM
	涂镀加工	电化学能	阴极溶解	EPM
	电解磨削	电化学能、机械能	阳极溶解、机械磨削	ECG

（续）

加工方法		主要能量形式	作用形式	英文缩写
高能束加工	激光束加工	光、热能	熔化、汽化	LBM
	电子束加工	电、热能	熔化、汽化	EBM
	离子束加工	电、机械能	切蚀	IBM
	等离子弧加工	电、热能	熔化、汽化	PAM
物料切蚀加工	超声加工	声、机械能	切蚀	USM
	磨料流加工	流体能、机械能	切蚀	AFM
	液体喷射加工	流体能、机械能	切蚀	LJC
快速成形加工	光固化法	光、化学能	增加材料	SL
	粉末烧结法	光、热能		SLS
	叠层实体法	光、机械能		LOM
	熔丝堆积法	电、热、机械能		FDM
复合加工	电化学电弧加工	电化学能	熔化、汽化腐蚀	ECAM
	电解电火花磨削	电、热能	阳极溶解、熔化、切削	MEEC
	电化学腐蚀加工	电化学能、热能	熔化、汽化腐蚀	ECP
	超声放电加工	声、热、电能	熔化、切蚀	USEC
	复合电解加工	电化学、机械能	切蚀	CECM
	复合切削加工	机械、声、磁能	切削	CSMM
其他加工方法	化学铣削加工	化学能	腐蚀	CM
	光化学加工	光、化学能	光化学、腐蚀	OCM/OCC
	刻蚀加工	化学能	腐蚀	CE

11.2　电火花加工

电火花加工是在一定介质中，利用两极（工具电极和工件电极）之间脉冲性火花放电时的电腐蚀现象对材料进行加工，使零件的尺寸、形状和表面质量达到预定要求的加工方法。这种加工方法也称为放电加工或电蚀加工。电火花加工主要包括电火花成形加工和电火花线切割加工，能量来源形式是电能和热能。

11.2.1　电火花加工的基本原理

（1）极间介质的电离击穿与形成放电通道　电火花加工原理如图11.1所示。工件1与工具4分别与脉冲电源2的两个不同极性输出端相连，自动进给调节装置3使工件和电极间保持相当的放电间隙。两电极间加上脉冲电压后，间隙最小处绝缘强度最低，工作液介质被击穿，形成放电火花。放电通道中，等离子瞬时高温使工件和电极表面都被蚀除掉一小部分材料，各自形成一个微小的放电坑。脉冲放电结束后，经一段时间间隔，使工作液恢复绝缘，下一个脉冲电压又加在两极上，进行另一个循环。当这种过程以相当高的频率重复进行时，工作电极不断调整与工件的相对位置，以加工出所需的零件。液体介质被电离成电子和正离子，形成放电通道，如图11.2所示。

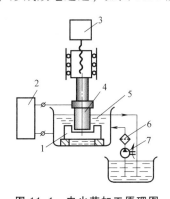

图 11.1　电火花加工原理图

1—工件　2—脉冲电源　3—自动进给调节装置　4—工具
5—工作液　6—过滤器　7—工作液泵

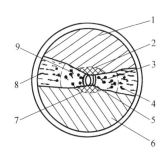

图 11.2　极间的微观放电过程

1—阴极（工具）　2—阴极熔化区　3—抛出的金属微粒
4—凝固的金属微粒　5—放电通道　6—阳极（工件）
7—阳极熔化区　8—液体介质　9—气泡

（2）能量的转换、分布与传递　在电场力作用下，通道内的电子高速奔向阳极，正离子奔向阴极，并且在通道内互相碰撞，放出大量的热，使电极表面放电处的金属迅速熔化，甚至气化。

（3）电极材料的抛出　上述放电过程时间极短，具有爆炸性质。爆炸力把熔化和气化的金属抛离电极表面，被液体介质迅速冷却凝固，继而从两极间被冲走。

（4）极间介质的消电离　火花放电结束后，应有一个间隔时间，使间隙介质消除电离，恢复本次放电通道处间隙介质的绝缘强度，以免总是重复在同一处发生放电而导致电弧放电。每次火花放电会使工件表面形成一个凹坑。在间隙自动调节器的控制下，工具电极不断进给，脉冲放电将不断进行，无数个电蚀小坑重叠在工件上，最终工具电极的形状相当精确地"复印"在工件上。

11.2.2　电火花加工的特点

电火花加工不用机械能量，不依靠切削力去除金属，而是直接利用电能和热能来去除金属。相对于机械切削加工，电火花加工具有以下特点：

1）适合于传统机械加工方法难以加工材料的加工，表现出"以柔克刚"的特点。因为材料的去除是靠放电热蚀作用实现的，材料的加工性能主要取决于材料的热学性质，如熔点、比热容、热导率等，几乎与其硬度、韧性等力学性能无关。工具电极材料不必比工件硬，所以电极制造相对容易。

2）可加工特殊及复杂形状的零件。由于电极和工件之间没有相对切削运动，不存在机械加工时的切削力，因此适宜低刚度工件和细微加工。由于脉冲放电时间短，材料加工表面受热影响范围比较小，所以适宜热敏性材料的加工。此外，由于可以简单地将工具电极的形状"复印"到工件上，因此特别适用于薄壁、低刚性、弹性、微细及复杂形状表面的加工，如复杂的型腔模具的加工。

3）可实现加工过程自动化。加工过程中的电参数比机械量易于实现数字控制、自适应控制、智能化控制，能方便地进行粗、半精、精加工各工序，简化工艺过程。设置好加工参数后，加工过程无须人工干涉。

4）可以改进结构设计，改善结构的工艺性。采用电火花加工后可以将拼镶、焊接结构改为整体结构，既大大提高了工件的可靠性，又大大减少了工件的体积和质量，还可以缩短模具加工周期。

5）可以改变零件的工艺路线。由于电火花加工不受材料硬度影响，所以可以在淬火后进行加工，这样可以避免淬火过程中产生的热处理变形。如在压铸模或锻压模制造中，可以将模具淬火到大于56HRC的硬度。

11.2.3 电火花加工的局限性

电火花加工有其独特的优势，但同时也有一定的局限性，具体表现在以下几个方面：

1）主要用于金属材料的加工。不能加工塑料、陶瓷等绝缘的非导电材料。但近年来的研究表明，在一定的条件下也可加工半导体和聚晶金刚石等非导体超硬材料。

2）加工效率比较低。一般情况下，单位加工电流的加工速度不超过$20mm^3/(A \cdot min)$。相对于机加工，电火花加工的材料去除率比较低。因此经常采用机加工切削去除大部分余量，然后再进行电火花加工。此外，电火花加工的加工速度和表面质量存在突出的矛盾，即精加工时加工速度很低，而粗加工常受到表面质量的限制。

3）加工精度受限。电火花加工中存在电极损耗，由于电火花加工靠电、热来蚀除金属，电极也会遭受损耗，而且电极损耗多集中在尖角或底面，影响成形精度。虽然最近的机床产品在粗加工时已能将电极的相对损耗比降至1%以下，精加工时能降至0.1%，甚至更小，但精加工时的电极低损耗问题仍需深入研究。

4）加工表面有变质层甚至微裂纹。由于电火花加工时在加工表面会产生瞬时的高热量，因此会产生热应力变形，从而造成加工零件表面产生变质层。

5）最小角部半径的限制。通常情况下，电火花加工得到的最小角部半径略大于加工放电间隙，一般为0.02~0.03mm，若电极有损耗或采用平动头加工，角部半径还要增大，而不可能做到真正的完全直角。

6）外部加工条件的限制。电火花加工时放电部位必须在工作液中，否则将引起异常放电，这给观察加工状态带来麻烦，工件大小也会受到影响。

7）加工表面的"光泽"问题。加工表面由很多脉冲放电小坑组成。一般精加工后的表面，也没有机械加工后的那种"光泽"，需经抛光后才能发"光"。

8）加工技术问题。电火花加工是一项技术性较强的工作，掌握的好坏是加工能否成功的关键，尤其是自动化程度低的设备，工艺方法的选取、电规准的选择、电极的装夹与定位、加工状态的监控、加工余量的确定与操作人员的技术水平有很大关系。因此，在电火花加工中经验的积累是至关重要的。

11.2.4 电火花成形加工机床简介

电火花成形加工是通过工具电极相对工件作进给运动，把成形工具电极的形状和尺寸"反拷"在工件上，加工出所需的零件，实现这种工艺方法的机床设备统称为电火花成形机床。

现以D7125电火花加工机床为例介绍电火花成形加工机床的组成和功用。其中，D为电加工机床类代号；71 为电火花穿孔、型腔加工组系代号；25 为机床主参数，为工作台宽度的 1/10，既工作台宽度为 250mm。电火花加工机床一般由脉冲电源、自动进给机构、机床本体以及工作液循环过滤系统等部分组成，其结构如图 11.3 所示。

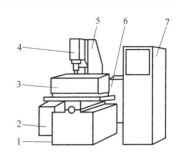

图 11.3 D7125 电火花成形加工机床
1—床身 2—液压箱 3—工作液槽 4—主轴头
5—立柱 6—工作液过滤箱 7—电源及控制箱

（1）机床本体 机床本体是电火花加工设备的机械部分，由床身、立柱、主轴工作台及工作液槽等部分组成。主轴头是自动控制系统的执行机构。主轴头下装夹工具电极，可带动工具电极沿立柱上的导轨上下移动，以实现进给。床身用于支持和固定其他部件，其顶面有工作台横向移动的导轨。立柱前面有垂直导轨用于安装主轴头，并为主轴的进给运动导向。

（2）脉冲电源 脉冲电源是将工频交流电转换成一定频率的脉冲电流以提供电火花加工所需的电能量。

（3）自动控制系统 电火花加工时必须使工具电极和工件电极之间始终保持某一较小的放电间隙。间隙过大，脉冲电压不能击穿液体介质，无法形成火花放电；间隙过小，容易频繁短路，加工过程不稳定，甚至无法加工。电火花加工自动控制系统又称为间隙自动调节系统，其作用是自动调节工具电极的进给速度，使工具电极和工件电极之间始终保持某一给定放电间隙。同时，自动进给系统还具备短路回退、快速跟进及进给形成控制等功能。

（4）工作液循环过滤系统 电火花成形加工常用的工作液为煤油。工作液循环过滤系统的作用是把过滤的清洁工作液由液压泵加压，强迫冲入工具与工件之间的放电间隙，将电蚀产物排出加工区域，然后流回工作液箱。

11.2.5 电火花成形加工方法

（1）单电极直接成形法 单电极直接成形法是指在电火花加工中只用一只电极加工出所有的型腔部位。该方法操作简单、不需要重复装夹定位，提高了生产效率。下列几种情况适宜单电极直接成形法。

1）没有精度要求的电火花加工场合。例如钳工在模具中取出折断在工件中的钻头、丝锥等，利用单电极简单、方便、省时、省力。

2）加工形状简单、精度要求不高的型腔。模具中有很多部位是没有精度要求的，电火花加工时，电极损耗而残留的部位还可以通过钳工修复来完成。

3）加工深度很浅的型腔。例如模具表面上的一些图案、花纹等。由于深度较浅，所以电极损耗小，单电极完全能满足其加工精度的要求。

（2）多电极更换成形法 采用几个尺寸有缩放量的电极分别完成型腔的粗、半精、精加工，如图 11.4 所示。

（3）数控平动成形法 电火花加工

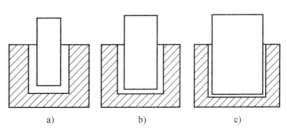

图 11.4 多电极更换成形法示意图
a）粗加工 b）半精加工 c）精加工

机床的数控系统能够实现 X、Y、Z 等多轴控制，电极和工件间可以按照预先编制好的程序进行微量移动，称为数控平动加工法。

平动加工是数控电火花加工的一种重要工艺方法，平动方式一般分为两种：自由平动和伺服平动。自由平动一般用于浅表加工，可以改善排屑性能，提高加工速度，减少积炭；伺服平动一般用于深度加工场合，先加工完底面再修侧面。

电火花成形加工和穿孔加工相比有下列特点：

1）电火花成形加工为不通孔加工，工作液循环困难，电蚀产物排除条件差。

2）型腔多由球面、锥面、曲面组成，且在一个型腔内常有各种圆角、凸台或凹槽，有深有浅，还有各种形状的曲面相接，轮廓形状不同，结构复杂。这就使得加工中电极的长度和型面损耗不一，故损耗规律复杂，且电极的损耗不可能由进给实现补偿，因此型腔加工的电极损耗较难进行补偿。

3）材料去除量大，表面粗糙度要求严格。

4）加工面积变化大，要求电规准的调节范围相应也大。

电火花成形加工方法主要有：单电极直接成形工艺、多电极更换成形工艺、数控平动成形工艺等。选择时要依据工件的技术要求、复杂程度以及机床类型等来确定。

11.2.6 电火花成形加工的精度和表面质量

1）电火花成形加工时，由于工具电极和工件电极之间存在放电间隙，因此，加工出的孔或型腔的尺寸一定会稍大于电极的尺寸。由于放电间隙不恒定以及工具电极的逐步损耗等，会造成加工误差，如尺寸误差、形状误差等。所以，要获得较高的精度，应使间隙较小，且加工过程中要保持间隙恒定。

2）电火花加工后的表面质量是指表面粗糙度及表层的化学成分、物理性能和力学性能。表面粗糙度主要受单个脉冲能量大小的影响。而表层的化学成分、物理性能和力学性能与脉冲频率有关。

11.2.7 电火花成形加工的工艺特点和应用

1）适应性强，能够加工任何能导电的硬脆、软韧及难切削材料，如淬硬钢和硬质合金。工具电极一般采用纯铜或石墨。

2）加工时无切削力，因此，可以加工一些难以加工的小孔、窄槽、薄壁件和各种特殊及复杂形状截面的型孔、型腔等，如加工形状复杂的注塑模、压铸模及锻模等。

3）电脉冲参数可以任意调整，加工时基本没有热变形的影响。因此，一台电火花加工机床可以连续地进行粗加工、半精加工和精加工。

11.3 数控电火花线切割加工

自 20 世纪 50 年代末诞生以来，电火花线切割加工（Wire Cut EDM，WCEDM）获得了极其迅速的发展，已逐步成为一种高精度和高自动化的电加工方法。在模具制造、成形刀具加工、难加工材料和精密复杂零件的制造等方面获得了广泛应用。目前国内外的数控电火花线切割机床已占电加工机床的 60% 以上。

电火花线切割加工是一种用线状电极作为工具的电火花加工，又称线电极电火花加工。其特点是电极丝作双向高速的走丝运动，工件相对电极作 X、Y 方向的任意轨迹运动，直接利用电能、热能进行尺寸加工的一种工艺方法。

11.3.1 数控电火花线切割加工的特点

1）直接利用线状的金属丝（如钼丝）作为工具电极，无需制造特定形状的工具电极，可节约工具电极的设计和制造费用，缩短了生产准备周期。

2）可以加工用传统金属切削加工方法难以加工甚至是无法加工的微细异形孔、窄缝和形状复杂的工件。

3）利用电蚀原理加工，电极丝与工件不发生直接接触，两者之间的作用力很小，因而工件的变形很小，电极丝、夹具无需太高的强度。

4）传统的车、钳、铣、刨、钻等加工中，刀具硬度必须比工件硬度大，而电火花线切割的电极丝材料不必比工件材料硬，可以加工硬度很高或很脆、在加工过程中作为刀具的电极丝无须刃磨，可节省辅助时间和刀具费用。

5）直接利用电能、热能进行加工，可以方便地对影响加工精度的电参数（如脉冲宽度、脉冲间隔、放电电流等）进行调整，便于实现加工过程中的自动化控制。

6）电极丝是不断移动的，单位长度损耗较少。

7）采用线切割加工冲模时，可实现凸模、凹模一次加工成形，大大缩短加工时间。

8）由于电极丝的直径比较小，加工过程中，工件材料的蚀除量小，利于"少屑"加工，可以高效使用贵重稀有的高价材料。

11.3.2 数控电火花线切割加工的分类、加工范围、工具电极及夹具

1. 数控电火花线切割加工机床的分类

1）按走丝速度快慢可分为快走丝线切割机床、慢走丝线切割机床和混合式线切割机床。

快走丝线切割机床的加工效率比慢走丝机床高，加工精度和表面质量比慢走丝机床稍差，加工成本比慢走丝机床低。

2）按加工精度的高低可分为普通精度型及高精度精密型两大类。绝大多数慢走丝线切割机床属于高精度精密型机床。

2. 数控电火花线切割机床的加工范围

主要应用在以下几个方面：

1）加工模具，适用于各种形状的冲模。

2）加工电火花成形加工使用的电极。

3）加工普通零件，还可以加工特殊难加工材料的零件、材料试验样件、各种型孔、特殊齿轮、样板、成形刀具、精密狭槽等。

4）贵重金属下料。线切割加工用的电极丝尺寸远小于切削刀具尺寸（最细的电极丝尺寸可达 0.02mm），用它切割贵重金属，可节约很多切缝消耗。

3. 工具电极

工具电极一般为细金属导线，材料为铜丝或钼丝，快走丝机床工具电极一般为钼丝。

11.3.3 数控电火花线切割加工原理

线切割加工机床加工工件时，主要是利用移动的细金属导线（铜丝或钼丝）作为工具电极，根据事先编制好的程序按控制系统给出的轨迹指令运动，对工件进行脉冲火花放电，使工件切割成形。电火花线切割加工工件时，工件与电极丝分别接连电源的正负两极，两极间充满介质（工作液），电极丝与工件之间进行脉冲火花放电，如图 11.5 所示。当来一个电脉冲时，将介质击穿，在电极丝和工件之间产生一次火花放电，并释放出大量能量，在放电通道的中心温度瞬时可达 3000～10000℃，高温使工件熔

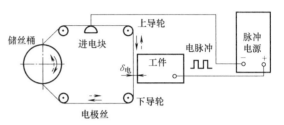

图 11.5　电火花线切割加工工作原理图

化，甚至有少量气化，高温也会使电极丝和工件之间的工作液部分产生汽化，这些汽化后的工作液和金属蒸气迅速热膨胀，并具有爆炸的特性。这种热膨胀和局部微爆炸，抛出熔化和气化了的金属材料，在工件表面形成了一个电蚀坑，当不断高频率重复放电时，就可以对工件材料进行电蚀切割加工。

火花放电不同于电弧放电，电弧放电常引起工件与电极的烧伤。火花放电与电弧放电最主要的区别在于：电弧放电为多次连续在同一处放电；电弧放电的击穿电压低于火花放电的击穿电压，电弧放电的蚀除量也少于火花放电。

11.3.4 数控电火花线切割加工工件的一般步骤

1）分析零件图样，并根据图样要求，按照机床所能接受的一定格式的程序语言通过手工编程或软件自动编程的方式生成程序代码文件，即 CNC 数据文件。

2）数据输入或传输，将生成的程序代码文件输入到机床的数控系统中。

3）校验程序的正确性。

4）调整机床。

5）安装工件和工具电极。

6）根据预先设置的穿丝点、切入点和切割方向，调整电极丝与工件之间的相对位置，保证工件切割完整和机床安全。

7）运行程序，加工工件。

11.3.5 电火花线切割加工常见工艺问题和解决方法

电火花线切割加工常见工艺问题和解决方法见表 11.2。

表 11.2　电火花线切割加工常见工艺问题和解决方法

常见工艺问题	原因	解决方法
断丝与频繁短路	电极丝质量差	选购质量好的电极丝
	导轮磨损	更换新导轮、新轴承
	电参数过大	合理选择电参数

（续）

常见工艺问题	原因	解决方法
断丝与频繁短路	工件变形	工件尽量使用热处理淬透性好、变形小的合金钢。毛坯件需要锻造，避免夹层、含有杂质的工件
	进给速度选择不合理	选择最佳跟踪速度，调节合理的变频进给速度
	工作液脏	更换新的工作液，按操作工艺合理配制
	进电不良	更换新的导电块或将导电块转一角度后使用
	储丝筒跳动	更换轴承，重新校验储丝筒精度
	脉冲电源有故障	更换晶体管，维修好脉冲电源
	机械故障	更换丝杠或传动齿轮，维修好机械，保证机械正常运转
切割速度慢、加工表面质量差	进给速度调得过高，造成加工不稳定，使实际切割速度降低、加工表面也发焦呈褐色，工件上下端面处有过烧现象	切割速度和表面粗糙度是成反比的两个工艺指标，所以，必须在满足表面粗糙度的前提下追求高的切割速度；根据加工对象选择合理的电参数非常重要
	进给速度调得太慢，脉冲利用率低，切割速度慢，加工表面也不好，出现不稳定条纹或烧蚀现象	
硬质合金类材料加工效果差	含高熔点的碳化钨、碳化钛成分	使用专用脉冲电源
铝材加工效果差	铝材的金属氧化物是陶瓷性物质，导电性下降	更换工作液

11.4 激光加工

原子是由原子核和核外电子构成的。原子核很小，但质量很重，核外电子围绕在原子核周围，电子分布在原子核外不同的电子轨道上。不同电子轨道上的电子具有不同的能量，从而形成所谓的能级。当原子内能增加时（例如用光照射原子，外界传给原子一定的能量），外层电子的轨道半径将扩大，被激发到能量更高的能级。因此，电子可以在不同能级之间发生跃迁，这样就会伴随光的吸收或发射。电子跃迁有三种方式：

（1）自发辐射 电子自发地透过释放光子从高能级跃迁到较低能级。

（2）受激吸收 电子通过吸收光子从低能级跃迁到高能级。

（3）受激辐射 光子射入物质诱发电子从高能级跃迁到低能级，并释放光子。

激光就是通过受激辐射产生的。激光加工是利用功率密度极高的激光束照射被加工部位，使材料瞬间熔化或蒸发，并在冲击波的作用下将熔融物质喷射出去，从而对工件进行穿孔、蚀刻、切割，或采用较小的能量密度，使被加工区域材料呈熔融状态，对工件进行加工。

11.4.1 激光加工原理

激光加工是利用高功率密度的激光束照射工件，使材料熔化、汽化而进行穿孔、切割和焊接等特种加工。早期的激光加工由于功率较小，大多用于小孔和微型焊接。20世纪70年代，随着大功率二氧化碳激光器、高重复频率钇铝石榴石激光器的出现，以及对激光加工机理和工艺的深入研究，激光加工技术有了很大进展，使用范围随之扩大。如今，数千瓦的激光加工机已用于各种材料的高速切割、深熔焊接和材料热处理等方面。各种专用的激光加工设备竞相出现，并与光电跟踪、计算机数字控制、工业机器人等技术相结合，大大提高了激光加工机的自动化水平和使用功能。

激光是利用其亮度高、方向性强、单色性好的相干光，光束的发散角不超过 $0.1°$。在理论上可聚焦到尺寸与光的波长相近的小斑点上，其焦点处的功率密度可达 $10^7 \sim 10^{11} \mathrm{W/cm^2}$，温度可高达万度。使材料在激光聚焦照射瞬间急剧熔化和汽化，并通过其产生的强烈的冲击波喷发出去。

因此，可以利用激光进行各种材料（金属、非金属）的打孔和切割等，并可以可用于精密微细加工。

11.4.2 激光加工特性

激光加工具有以下特点：

1）光点小，能量集中，热影响区小。

2）不接触加工工件，不会对材料造成机械挤压或机械应力。

3）不受电磁干扰，与电子束加工相比应用更方便。

4）激光束易于聚焦、导向，便于自动化控制。

5）范围广，几乎可对任何材料进行雕刻切割。

6）精确细致，加工精度可达到 0.1mm。

7）适合大件产品的加工，大件产品的模具制造费用很高，激光加工无需模具制造，而且激光加工完全避免材料冲剪时形成的塌边，可以大幅度降低企业的生产成本，提高产品的质量。

11.4.3 激光设备组成

激光加工的基本设备包括激光器、电气系统、光学系统、机械系统等组成。图 11.6 为激光加工设备结构框图。

1. 激光器

激光器是激光加工设备的核心部分，其作用是把电能转变为光能，并产生所需的激光束。按工作物质的种类，激光器可分为固体激光器、液体激光器、气体激光器和半导体激光器四大类。目前，用于激光加工的主要是二氧化碳气体激光器和红宝石、钕玻璃、钇铝石榴石等固体激光器。

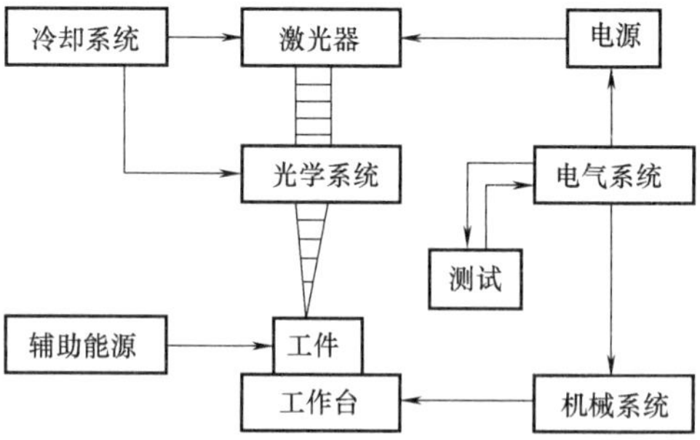

图 11.6 激光加工设备结构框图

2. 电气系统

电气系统包括激光器电源和控制系统两部分，其作用是供给激光器能量（固体激光器的光泵或 CO_2 激光器的高压直流电源）和输出方式（如连续或脉冲、重复频率等）进行控制。此外，工件或激光束的移动大多采用 CNC 控制。

3．光学系统

光学系统的作用是把激光束从激光器输出窗口引导至被加工工件位置，并在加工部位获得所需的光斑形状、尺寸及功率密度。光学系统出导光系统（包括折反镜、分光镜、光导纤维及耦合元件等）、观察系统及改善光束性能装置等部分组成。

4．机械系统

机械系统主要包括床身、工作台，用于确定工件相对加工系统的位置。

11.4.4　激光加工的应用

激光精密加工的对象范围很宽，包括几乎所有的金属材料和非金属材料。而电解加工只能加工导电材料，光化学加工只适用于易腐蚀材料，等离子加工难以加工某些高熔点的材料。影响激光精密加工质量的因素少，加工精度高，在一般情况下均优于其他传统的加工方法。从加工周期看，电火花加工的工具电极精度要求高、损耗大，加工周期较长；电解加工的加工型腔、型面的阴极模设计工作量大，制造周期也很长；光化学加工工序复杂；而激光精密加工操作简单，切缝宽度方便调控，加工速度快，加工周期比其他方法均要短。激光精密加工属于非接触加工，没有机械力，相对于电火花加工、等离子弧加工，其热影响区和变形很小，因而能加工十分微小的零部件。

目前已成熟的激光加工技术包括：激光切割技术、激光焊接技术、激光打标技术、激光快速成形技术、激光打孔技术、激光去重平衡技术、激光蚀刻技术、激光微调技术、激光存储技术、激光划线技术、激光雕铣技术、激光热处理和表面处理技术，下面加以简要介绍。

1．激光打孔

目前，激光打孔技术已经广泛应用于火箭发动机和柴油机的燃料喷嘴、化学纤维喷丝头、钟表及仪表中的宝石轴承、金刚石拉丝模等小孔加工中。对于金属或非金属材料，加工孔径 $0.01\sim1mm$，深度 $50\sim100mm$ 的小孔时，速度快，$0.001s$ 即可完成。

2．激光切割

激光切割是材料激光加工中应用最广泛的一种工艺。切割缝宽度可达 $0.15\sim0.2mm$。激光切割的厚度：金属材料可达 $10mm$；非金属材料可达 $20\sim30mm$。

3．激光焊接

激光焊接可以在大气中将两种材料或两个工件焊接在一起。焊接过程极为迅速，热影响区小，焊接质量好。

4．激光雕铣

利用激光可以在金属和非金属材料上进行刻蚀加工。在刻蚀加工过程中，激光头运动速度与显示屏图形变化同步，因此加工过程直观、明了。

5．激光表面处理

利用激光对金属表面进行扫描，可以对零件表面做强化处理、表面合金化处理等。由于利用这种强化方法可以改变零部件各部分的性能，故可用比较便宜的结构材料得到具有非常高的强度、耐磨性和长使用寿命的零部件。

11.5　超声波加工

超声波加工是利用工具端面在磨料悬浮液中的超声波振动，迫使磨料悬浮液中的磨粒高速撞击、抛磨被加工表面，使加工区域的工件材料破碎成细微颗粒从而实现加工的一种方法。

11.5.1 超声波加工基本原理

超声波加工原理如图 11.7 所示。在工件 1 和工具 3 之间注入液体（水或煤油等）和磨料混合的悬浮液 2，使工具对工件保持一定的进给压力，并将超声波发生器 7 产生的超声频震荡，通过换能器 6 转换成超声频纵向振动，并借助变幅杆把振幅放大到 0.05~0.1mm，驱动工具端面作超声振动。此时，工作液中的悬浮磨粒在工具端面超声振动的迫使下，以很高的速度不断撞击、抛磨工件上的被加工表面，使该表面材料产生疲劳破坏，碎裂成细小颗粒脱离工件本体，在工件加工区域留下密集的细小凹坑。工作液受工具端面的超声振动作用而产生高频、交变的液压冲击波和空化作用也会加剧工件材料的机械破碎，同时液压冲击波也有利于工作液在加工间隙中的循环流动，使磨粒不断更新，并将加工碎屑排出加

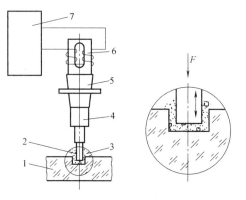

图 11.7 超声波加工原理示意图
1—工件 2—悬浮液 3—工具 4、5—变幅杆
6—换能器 7—超声波发生器

工区域。随着加工的不断进行，工具在恒定压力的作用下逐渐深入到工件材料中，工具形状便"复印"在工件上。

11.5.2 超声波加工的特点

1）超声波加工主要适用于加工脆硬材料，特别是不导电的非金属材料和半导体材料，例如玻璃、陶瓷、宝石、金刚石以及硅和锗等，而对于硬度小、塑性好的材料则无明显加工效果。

2）工具材料的硬度可以低于被加工工件材料，超声波加工中工件材料的去除是靠磨粒直接作用，因此易于加工各种复杂形状的工件，加工中无需工具作复杂的运动。

3）超声波加工是靠极小的磨料作用，无宏观机械力，所以其加工精度较高，一般可达到 0.02mm，表面粗糙度 Ra 值为 1.25~0.1μm，被加工表面也无残余应力组织改变及烧伤等现象。

11.5.3 超声波加工的应用

超声波加工的生产效率一般低于电火花加工和电解加工，但加工精度和表面质量都优于后者。重要的是它能加工后者难以加工的半导体和非导体材料，如玻璃、陶瓷、石英、宝石及金刚石等。

1）型孔、型腔的加工。目前，超声波加工主要用于加工脆硬材料的圆孔、异形孔和各种型腔，以及进行套料、雕刻和研抛等，如图 11.8 所示。

2）超声波切割加工。半导体材料锗、硅等又硬又脆，机械切割非常困难，采用超声波加工则十分有效。

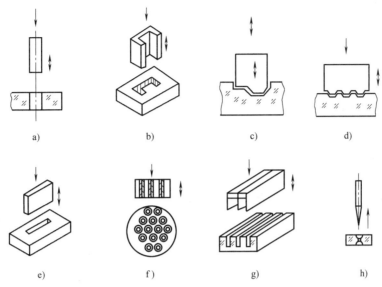

图 11.8 超声波加工的应用

3）超声波清洗。由于超声波在液体中会产生交变冲击波和超声空化现象，这两种作用的强度达到一定值时，产生的微冲击就可以使被清洗物表面的污渍遭到破坏并脱落下来。加上超声作用无处不在，即使是小孔和窄缝中的污物也容易被清洗干净。目前，超声波不单用于机械零件或电子器件的清洗，根据超声振动去污原理，已生产出超声波洗衣机。

4）超声波抛磨。采用超声波抛磨，可以方便地去除电火花加工后工件表面的硬脆变质层，提高表面质量。

11.6 电解加工

电解加工是利用金属在电解液中发生阳极溶解的电化学反应，将金属材料加工成形的一种方法。

11.6.1 电解加工的基本原理

电解加工原理如图 11.9 所示。氯化钠水溶液作为电解液，工件接直流电源正极，工具接电源负极，两极之间保持较小间隙，浸入电解液中。当直流电源在工具电极和工件电极之间施加一定的电压时，将产生电化学反应，其结果是阳极工件表面的金属材料因阳极溶解反应不断溶入电解液中，并在电解液中进一步形成絮状电解产物。电解产物被高速流动的电解液及时冲走，使阳极工件表面材料的溶解能够不断进行，从而实现工件材料的去除加工。

电解加工成形原理示意图如图 11.10 所示。细实线表示通过工件与工具两极之间的电流，细实线

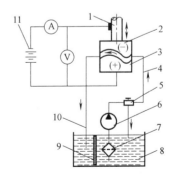

图 11.9 电解加工原理示意图

1—进给轴 2—工具（阴极） 3—工件（阳极）
4—电解液输送管道 5—调压阀 6—电解泵
7—过滤器 8—电解液 9—过滤网
10—电解液回收管道 11—直流电源

的疏密程度表示电流密度的大小。刚开始加工时，工具上各点到工件表面的距离不同，各点的电流密度也不同。工具与工件距离近的地方，电流密度大，工件表面溶解快；反之，距离远的地方，电流密度小，工件表面溶解慢。随着工具不断地向工件进给，电解加工不断进行，工具与工件之间的距离就会逐渐趋于一致，从而使工具的型面"复印"在工件上，完成工件型面的成形加工。

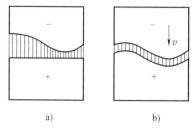

图 11.10　电解加工成形原理

11.6.2　电解加工的特点和应用

1）电解加工范围广，不受金属材料本身硬度和强度的限制，可以加工硬质合金、淬火钢、不锈钢、耐热合金等高硬度、高韧性金属材料，并可以加工叶片、锻模等各种复杂型面。

2）能以简单的进给运动一次加工出形状复杂的型面或型腔（如锻模、叶片等），生产效率较高，为电火花加工的 5～10 倍。

3）加工过程中无机械切削力和切削热。因此，加工后的零件表面没有残余应力和变形，适合于易变形或薄壁零件的加工。

4）表面质量较好（Ra 值为 1.25～0.2μm），平均加工精度为 0.1mm。

5）理论上工具（阴极）不会损耗，可长期使用。

电解加工的应用范围很广，适宜加工型面、型腔、穿孔套料以及去毛刺、刻印等方面。电解抛光专用于提高表面质量，对于复杂表面和内表面特别适合。

11.6.3　电解加工的主要缺点和局限性

1）不易达到较高的加工精度和加工稳定性。

2）电极工具的设计和修正较麻烦，难适用于单件生产。

3）电解加工的附属设备较多，占地面积较大。

4）电解产物需进行妥善处理，否则会污染环境。

11.6.4　电解加工中常见的缺陷

电解加工常见的缺陷及消除方法见表 11.3。

表 11.3　电解加工常见缺陷及消除方法

序号	缺陷种类	缺陷特征	产生原因	消除方法
1	表面粗糙	表面呈细小纹理或点状	工件金相组织不均、晶粒粗大；电解液中杂质多；工艺参数不适合、流速过低	采用均匀的金相组织；控制电解液中杂质；合理选择参数，提高流速
2	纵向条纹	与电解液流动方向一致的沟痕和条纹	加工区域电场分布不均；电解液流速与电流密度不匹配；阴极绝缘物破损	调整电解液的压力和电流密度；检查阴极绝缘
3	横向条纹	在工件横截面方向上的沟痕和条纹	机床进给不稳，有爬行；加工余量小，机械加工痕迹残留	检查机床，消除机床爬行；检查工件与阴极的配合；合理选择加工余量

（续）

序号	缺陷种类	缺陷特征	产生原因	消除方法
4	小凸点	呈很小的粒状凸起,高于表面	杂质附于工件表面;零件表面铁锈未除干净	加强电解液过滤;仔细擦洗加工零件表面
5	鱼鳞	鱼鳞状波纹	电场分布不均,流速过低	提高压力,提高流速
6	瘤子	块状表面凸起	加工表面不干净;阴极上绝缘剥落,阻碍流动;材料中含有非金属杂质;加工间隙有非导电物阻塞	加工前清理工件表面;检查过滤网和阴极绝缘
7	表面严重凸起凹不平	表面块状规则凸起	阴极出水口堵塞,流速不均;电解液流量不足	电解液中非钠盐成分过高;调整电解液压力和流速

11.7 电子束加工

电子束加工是在真空条件下,利用电子枪中产生的电子经加速、聚焦,形成高能量大密度 $10^6 \sim 10^9 \mathrm{W/cm^2}$ 的极细束流,以极高的速度轰击工件被加工部位。由于其能量大部分转换为热能而导致该部位的材料在极短时间(几分之一微秒)内达到几千摄氏度以上的高温,从而引起该处的材料熔化或蒸发;或者利用能量密度较低的电子束轰击高分子材料,使它的分子链切断或重新聚合,从而使高分子材料的化学性质和相对分子质量产生变化进行加工的方法。电子束的电热效应早在20世纪初已被人们认识和应用。最早是用电子束熔炼难熔金属,后来又广泛地用电子束进行精细焊接。数十年来,用电子束打孔与切割的应用也较多。在集成电路的制作中,利用电子束的化学效应制造掩膜图形是目前最好及最通用的高分辨率图形生成技术。

电子束加工的特点是:

1)由于电子束能够极其微细地聚焦(束径可达微米级),且在微小面积上可达到很大的功率密度,因此在轰击点处的瞬时温度可达数千度高温,足以使任何材料熔化或气化。由此可知,电子束可用来加工任何材料的微孔或窄缝、半导体电路等,是一种精密微细加工方法。

2)由于电子束的瞬时热能是作用在极微小的面积上,所以加工部位的热影响区很小;加工过程中无机械力作用,故加工后不产生受力变形;此外电子束加工也不存在工具消耗问题。所以它的加工精度高,表面质量也好。

3)能够通过磁场或电场对电子束的强度、位置、聚焦进行直接控制。位置控制的准确度可达 $0.1\mu m$ 左右,强度和束斑的大小误差也控制在1%以下。通过磁场或电场几乎可以无惯性、无功率地控制电子束,便于采用计算机控制,实现加工过程自动化。

4)电子束加工是在真空中进行,因此污染少,加工点处能保持原来材料的纯度。适合加工易氧化的金属及合金材料,特别是要求纯度极高的半导体材料。

5)电子束加工需要一套价格昂贵的专用设备,加工成本高。

电子束加工可分为两类:一类称为"热型",即利用电子束把材料局部加热至熔化或气化点进行加工，如打孔、切割、焊接等；另一类称为"非热型"，即利用电子束的化学效应进行刻蚀的技术，如电子束的光刻等。

（1）电子束热效应加工　在电子束的热效应加工中，可通过调整功率密度来达到不同的加工目的，如淬火、熔炼、切割和打孔等。

（2）电子束化学效应加工　用低功率密度的电子束照射工件表面虽不会引起表面温度升高，但入射电子与高分子材料的碰撞，会导致它们分子链的切断或重新聚合，从而使高分子材料的化学性质和分子量产生变化，这种现象叫电子束的化学效应，利用这种效应进行加工的方法叫电子束光刻。由于电子束曝光系统工作柔性大，又能连续扫描写图，故是精密微细图形写图设备，也是目前大规模（LST）及超大规模（VLST）掩膜或基片光刻的主要设备。除此之外，电子束还可作为光源进行图形复印等工作。

11.8　离子束加工

11.8.1　离子束加工原理及特点

利用离子源产生的离子，在真空中加速聚焦而形成高速高能的束状离子流，使之打击到工件表面上，从而对工件进行加工的方法称为离子束加工。离子束加工与电子束加工有所不同，离子束加工时，加速的物质是带正电的离子而不是电子，由于离子质量比电子质量大得多（例如 Ar 离子质量是 Ar 电子质量的 7.2 万倍），所以一旦离子加速到高速时，离子束比电子束具有更大的撞击能量。其次，电子束加工主要是靠热效应进行加工，而离子束加工主要是通过离子撞击工件材料时引起的破坏、分离或直接将离子注入加工表面等机械作用进行加工。

离子束加工具有以下特点：

1）易于精确控制，是当前最有前途的精密、微细加工技术。

2）离子束是利用机械碰撞能量加工，故不论对金属、非金属都可适用。

3）由于是靠碰撞去除或注入材料，而且此过程是在极微小面积上进行的，所以产生的热量很小，加工的表面质量好。

4）易于实现自动化。

5）设备费用高，成本高，效率低。

11.8.2　离子束加工的应用

离子束加工是一种新的加工技术，它的应用范围正在日益扩大。离子束加工可以归纳为离子溅射附着加工、离子刻蚀加工、离子注入和离子镀膜等四类。

（1）离子溅射附着加工　离子溅射附着加工有溅射沉积加工及离子镀两种。离子溅射沉积加工是用能量为 0.1~5keV 的离子束轰击某种材料制成的靶材，离子束将靶材的原子轰击出并使其沉积在靶材附近的工件上，这样就在工件表面沉积了一层薄膜改善了工件表面的性能。离子镀不仅接受靶材溅射出来的原子，同时工件表面还要受到离子的轰击，离子的轰击作用可以增强靶材原子与工件基材之间的结合力（图 11.11）。

图 11.11　离子溅射

（2）离子刻蚀加工 离子刻蚀加工是依靠 0.1~5keV（千电子伏）的离子束打到工件表面，当高速运动的离子束传递到材料表面上的能量超过工件表面原子（或分子）间的键合力时，材料表面的原子（分子）

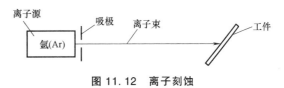

图 11.12 离子刻蚀

溅射出，达到加工的目的。利用以上原理，可以直接在工件上加工平面或异形表面。离子铣、离子研磨、离子抛光、离子减薄等均属于离子刻蚀加工范畴（图 11.12）。

（3）离子注入 用 10~60keV 能量的离子束轰击工件表面，使离子钻进被加工材料表面层，以改变表面层性能的方法，称为离子注入加工。离子注入的应用范围很广，如将离子强行注入金属表面以改变表面层性能，且注入元素的种类和数量不受合金系统平衡相图中固溶度限制，因而可以获得用一般冶金工艺无法得到的各种表面合金。除此之外，离子注入还可用于光通信的玻璃纤维加工，使纤维表面的光折射率达到最佳值，以及应用在半导体掺杂方面（图 11.13）。

（4）离子镀膜 氩离子分成两束，同时轰击靶材和工件表面，以增强膜材和工件基材之间的结合力（图 11.14）。

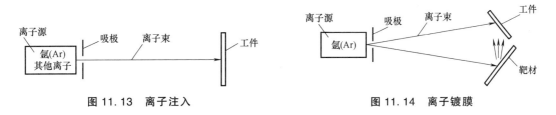

图 11.13 离子注入　　　　　　　图 11.14 离子镀膜

11.9 水喷射加工

11.9.1 水喷射加工原理及特点

水喷射加工是将低压水经过压力发生器增压到几百兆帕后，以极高的速度（约为声速的 3 倍）从喷嘴喷出形成射流束，被加工材料在射流束的冲击作用下，实现切割、去毛刺等加工。

水喷射加工的特点如下：

1）由于使用水为工作介质，其价格便宜，易于处理，且处理后的水可以重复使用，无毒，不污染环境。

2）加工中的"切屑"是混入水中排除，故无灰尘，工作地点清洁。

3）由于加工时产生的热量几乎全部被水带走，故加工质量好，工件也不变形。

4）可以很方便加工出二维空间的任意形状。

5）若将动力部件及泵等设施远离工作场地，则工作地点的噪声低。

11.9.2 水喷射加工的应用

目前，用水或水加砂作为介质的水喷射加工主要用于切割加工和工件毛刺的去除。

水喷射切割加工应用范围较广，可用于切割纸板、纸层压管、衣料、地毯、皮革、飞机和汽车内的装潢板、仪表盘等，此外也可用于切割碳/环氧复合材料、钛合金板等。水喷射切割机床除具有高压水射流发生装置外，一般都配有两坐标数控工作台（也有能控制喷嘴运动的三坐标系统），可利用计算机控制满足复杂形状的加工要求。

此外，间歇地向金属表面层喷射高压水，使金属表面产生塑性变形，可以达到类似喷丸处理的效果。与喷丸处理比较，水喷射处理具有清洁、噪声低、工作介质（水）便宜等优点。

例1　光盘加工工艺

标准的 CD-ROM 盘片直径为 120mm，中心装卡孔径为 15mm，厚度为 1.2mm，重量为 14~18g。CD-ROM 盘片的径向截面共有三层结构：①聚碳酸酯（Polycarbonate）做的透明衬底；②铝反射层；③漆保护层。CD-ROM 盘片是单面盘，具有 360°一圈的连续螺旋形光道，光道包括数字信息光道和音响信息光道。CD-ROM 光盘的生产流程图如图 11.15 所示。

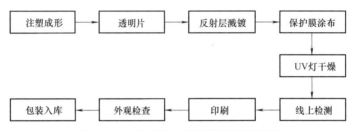

图 11.15　CD-ROM 光盘的生产流程图

具体的 14 道加工工序为：

1）将玻璃盘抛光到 Ra 值为 10nm，平面度为 10μm。

2）清洁并干燥。

3）涂覆正性光刻胶。

4）用激光束绘制节距为 1.6μm 的螺旋。

5）对光刻胶显影。

6）检测正片的玻璃主盘。

7）镀银并检查质量。

8）溅射 Ni 层对玻璃主盘镀膜。

9）电铸沉积 Ni 层到 250~300μm 的厚度。

10）将 Ni 的主盘背面抛光到 Ra 值为 0.3μm。

11）从玻璃主盘上分离。

12）去除光刻胶，模压正的聚碳酸酯塑料盘。

13）为提高反射率，用 PVD 法镀铝。

14）最后用透明塑料膜保护。

例2　电子束光刻大规模集成电路

电子束光刻技术是利用电子束在涂有电子抗蚀剂的晶片上直接描画或投影复印图形的技术。电子抗蚀剂是一种对电子敏感的高分子聚合物。电子束扫描过的电子抗蚀剂发生分子链重组，使曝光图形部分的抗蚀剂发生化学性质改变。经过显影和定影，获得高分辨率的抗蚀剂曝光图形。电子束光刻技术的主要工艺过程为涂胶、前烘、电子束曝光、显影和坚膜。现代的电子束光刻设备已经能够制作小于 10nm 的精细线条结构。电子束光刻设备也是制作光学掩膜板的重要工具。图 11.16 为以硅为基体的大规模集成电路加工过程。

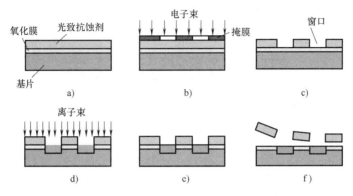

图 11.16 电子束光刻大规模集成电路加工过程

a）涂胶（光致抗蚀剂） b）曝光（投影或扫描） c）显影、烘片（形成窗口）
d）刻蚀（形成沟槽） e）沉积（形成电路） f）剥膜（去除光致抗蚀剂）

复习思考题

1. 什么是特种加工？与传统切削加工相比，它有何特点？
2. 电火花加工的原理是什么？
3. 什么是超声波加工？主要应用于加工哪些材料？
4. 什么是激光加工？主要用于哪些场合？
5. 电解加工原理与应用范围是什么？
6. 电火花线切割加工的特点是什么？
7. 电火花线切割加工的基本原理是什么？
8. 哪些工件或材料适合采用电火花线切割加工？
9. 为什么电火花加工没有机械加工宏观的切削力？

第 12 章

快速成形制造技术

快速成形制造技术是 20 世纪制造领域的一项重大创新。快速成形制造技术由三维 CAD 模型直接驱动，可快速制造任意复杂形状的三维实体。具有高度的柔性、成形的快速性与技术的高度集成性等特点。它改变了以往零件加工做减法的模式，以逐层叠加的全新方式成形零件。

12.1　快速成形制造技术概述

1. 快速成形制造技术的定义

快速成形制造技术（Rapid Prototyping Manufacturing，RPM）技术又称快速成形（Rapid Prototyping，RP）技术，是 20 世纪 80 年代出现的一种全新概念的制造技术，被认为是制造领域的一次重大创新。

快速成形制造技术（RPM）技术由三维 CAD 模型直接驱动，可快速制造任意复杂形状的三维物理实体。即由 CAD 软件设计出。所需零件的计算机三维曲面或实体模型，然后在 Z 向将其按一定厚度进行离散（习惯称为分层或切片），将物体的三维模型变成一系列的二维层片；再根据每个层片的轮廓信息，自动生成数控代码；最后由成形机接受控制指令制造一系列层片并自动将它们连接起来，最终得到一个三维物理实体。

快速成形是基于离散和堆积的原理，综合了计算机、传感器、激光、材料、数控、自动控制于一体的一种先进制造工艺。

2. 快速成形工艺过程

1）产品三维模型的构建。由于 RP 系统是由三维 CAD 模型直接驱动，因此首先要构建所加工工件的三维 CAD 模型。该三维 CAD 模型可以利用计算机辅助设计软件（如 Pro/E，I-DEAS，Solidworks，UG 等）直接构建，也可以将已有产品的二维图样进行转换而形成三维模型，或对产品实体进行激光扫描、CT 断层扫描，得到点云数据，然后利用反求工程的方法构造三维模型。

2）三维模型的近似处理。产品往往有一些不规则的自由曲面，加工前要对模型进行近似处理，以方便后续的数据处理工作。由于 STL 文件格式简单、实用，目前已成为快速成形领域的准标准接口文件。它是用一系列的小三角形平面来逼近原来的模型，每个小三角形用 3 个顶点坐标和一个法向量来描述，三角形的大小可以根据精度要求进行选择。STL 文件有二进制码和 ASCII 码两种输出形式，二进制码输出形式所占的空间比 ASCII 码输出形式的文件所占用的空间小得多，但 ASCII 码输出形式可以阅读和检查。典型的 CAD 软件都带有转换和输出 STL 格式文件的功能。

3）三维模型的切片处理。根据被加工模型的特征选择合适的加工方向，在成形高度方向用一系列一定间隔的平面切割近似后的模型，以便提取截面的轮廓信息。间隔一般取 0.05～0.5mm，常用 0.1mm。间隔越小，成形精度越高，但成形时间也越长，效率就越低；反之则精度低，但效率高。

4）成形加工。根据切片处理的截面轮廓，在计算机控制下，相应的成型头（激光头或喷头）按各截面轮廓信息做扫描运动，在工作台上一层一层地堆积材料，然后将各层粘结，最终得到原型产品。

5）成形零件的后处理。从成形系统里取出成形件，进行打磨、抛光、涂挂，或放在高温炉中进行烧结，进一步提高其强度。

3. 快速成形制造技术工艺特点

1）可以制造任意复杂形状的三维几何实体。由于采用离散/堆积成型的原理，它将一个十分复杂的三维制造过程简化为二维过程的叠加，可实现对任意复杂形状零件的加工。零件越是复杂，越能显示出 RP 技术的优越性。此外，RP 技术特别适合复杂型腔、复杂型面等传统方法难以制造甚至无法制造的零件。

2）快速性。通过对一个 CAD 模型的修改或重组就可以获得一个新零件的设计和加工信息。从几个小时到几十个小时就可制造出零件，具有快速制造的突出特点。

3）高度柔性。无需任何专用夹具或工具即可完成复杂的制造过程，快速制造模具、原型或零件。

4）快速成形技术实现了机械工程学科多年来追求的两大先进目标，即材料的提取（气、液、固相）过程与制造过程一体化和设计（CAD）与制造（CAM）一体化。

5）与反求工程（Reverse Engineering）、CAD 技术、网络技术、虚拟现实等相结合，成为产品快速开发的有力工具。

12.2 快速成形设备种类

快速成形设备按工艺方法可分为立体光刻、分层实体制造、选择性激光烧结、3D 打印技术和熔融沉积制造等几种。

1. 立体光刻（SL）

立体光刻（SL）工艺由 Charles Hul 于 1984 年获美国专利授权。1988 年美国 3D Systems 公司推出世界第一台快速成形商品化样机 SLA-1。继后，SLA 系列成形机占据 RP 设备市场较大的份额。

SLA 技术是基于液态光敏树脂的光聚合原理工作的。这种液态材料在一定波长和强度的紫外光照射下能迅速发生光聚合反应，分子量急剧增大，材料也从液态转变成固态。

SLA 工作原理如图 12.1 所示，液槽中盛满液态光固化树脂，激光束在偏转镜作用下，能在液态表面上扫描，扫描的轨迹及光线的有无均由计算机控制，光点打到的地方，液体就固化。成形开始时，工作平台在液面下一个确定的深度，聚焦后的光斑在液面上按计算机的指令逐点扫描，即逐点固化。当一层扫描完成后，未被照射的地方仍为液态树脂。然后升降台带动平台下降一层高度，已成形层面上又布满一层树脂，刮板将黏度较大的树脂液面刮平，然后再进行下一层的扫描，新固化的一层牢固地黏在前一层上，如此重复直到整个零件制造完毕，得到一个三维实体模型。SLA方法是目前快速成形技术领域中研究的最多的方法，也是技术上最成熟的方法。

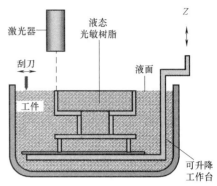

图 12.1　SLA 工作原理

　　SLA 工艺成形的零件精度较高，加工精度一般可达到 0.1mm，原材料利用率近 100%。但这种方法也有自身的局限性，比如需要支撑、树脂收缩导致精度下降、光固化树脂有一定的毒性等。

2. 分层实体制造 LOM

　　分层实体制造（Laminated Object Manufacturing，LOM）又称叠层实体制造，由美国 Helisys 公司的 Michael Feygin 于 1986 年研制成功。LOM 工艺采用薄片材料，如纸、塑料薄膜等，片材表面事先涂覆上一层热熔胶。加工时，热压辊热压片材，使之与下面已成形的工件黏结。用 CO_2 激光器在刚黏结的新层上切割出零件截面轮廓和工件外框，并在截面轮廓与外框之间多余的区域内切割出上下对齐的网格。激光切割完成后，工作台带动已成形的工件下降，与带状片材分离。供料机构转动收料轴和供料轴，带动料带移动，使新层移到加工区域。工作台上升到加工平面，热压辊热压，工件的层数增加一层，高度增加一个料厚，再在新层上切割截面轮廓。如此反复直至零件的所有截面黏结、切割完成。最后，去除切碎的多余部分，得到分层制造的实体零件。分层实体制造工作原理如图 12.2 所示。

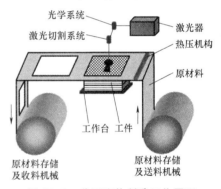

图 12.2　分层实体制造工作原理

　　LOM 工艺只需在片材上切割出零件截面的轮廓，而不用扫描整个截面。因此成形厚壁零件的速度较快，易于制造大型零件。LOM 工艺过程中不存在材料相变，因此不易引起翘曲变形。工件外框与截面轮廓之间的多余材料在加工中起到了支承作用，所以 LOM 工艺无需加支撑。LOM 工艺的缺点是材料浪费严重，表面质量差。

3. 选择性激光烧结（SLS）

　　选择性激光烧结（Selective Laser Sintering，SLS）又称为选域激光烧结，由美国德克萨斯大学奥斯汀分校的 C. R. Dechard 于 1989 年研制成功。SLS 工艺是利用粉末状材料成形的。SLS 的工作原理如图 12.3 所示，将材料粉末铺洒在已成形零件的上表面，并刮平，用高功率的 CO_2 激光器在刚铺的新层上扫描出零件截面，材料粉末在高功率的激光照射下被烧结在一起，得到零件的截面，并与下面已成形的部分连接。当一层截面烧结完成后，铺上新的一层材料粉末，有选择地烧结下层截面。

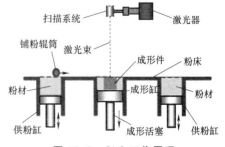

图 12.3　SLS 工作原理

烧结完成后去掉多余的粉末，再进行打磨、烘干等处理，得到零件。

SLS 工艺的特点是材料适应面广，不仅能制造塑料零件，还能制造陶瓷、蜡等材料的零件，特别是可以制造金属零件，这使 SLS 工艺颇具吸引力。SLS 工艺无需另加支撑，因为没有烧结的粉末起到了支撑作用。

4. 3D 打印工艺（TDP）

3D 打印（Three Dimension Printing，TDP）工艺是美国麻省理工学院 E-manual Sachs 等人研制的，已被美国的 Soligen 公司以 DSPC（Direct Shell Production Casting）名义商品化，用于制造铸造用的陶瓷壳体和型芯。

3DP 工艺与 SLS 工艺类似，采用粉末材料成形，如陶瓷粉末、金属粉末。不同的是，材料粉末不是通过烧结连接起来的，而是通过喷头用黏结剂（如硅胶）将零件的截面"印刷"在材料粉末上面。用黏结剂黏结的零件强度较低，还须后处理。先烧掉黏结剂，然后在高温下渗入金属，使零件致密化，以提高强度。3DP 工作原理如图 12.4 所示。

5. 熔融沉积制造（FDM）

熔融沉积制造（Fused Deposition Modeling，FDM）工艺由美国学者 Scott Crump 于 1988 年研制成功。FDM 的材料一般是热塑性材料，如蜡、ABS、尼龙等，以丝状供料。材料在喷头内被加热熔化。喷头沿零件截面轮廓和填充轨迹运动，同时将熔化的材料挤出，材料迅速凝固，并与周围的材料凝结。FDM 的工作原理如图 12.5 所示。

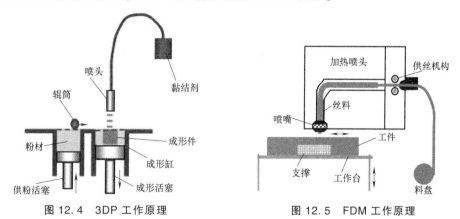

图 12.4　3DP 工作原理　　　　　　图 12.5　FDM 工作原理

FDM 工艺不用激光，因此设备使用、维护简单，成本较低。用蜡成形的零件原型，可直接用于石蜡铸造。用 ABS 工程塑料制造的原型因具有较高强度，在产品设计、测试与评估等等方面得到广泛应用。由于以 FDM 工艺为代表的材料堆积成形工艺具有显著优点，发展极为迅速。

12.3　快速成形的应用

快速成形的应用几乎涵盖了我们生活的各个领域，如轻工业、重工业、医疗等。快速成形的应用主要体现在以下几个方面：

（1）新产品开发过程中的设计验证与功能验证　RP 技术可快速将产品设计的 CAD 模型转换成物理实物模型，这样可以方便地验证设计人员的设计思想和产品结构的合理性、可装配性、美观性，发现设计中的问题可及时修改。如果用传统方法，需要完成绘图、工艺设计、工装模具制造等多个环节，周期长、费用高。如果不进行设计验证而直接投产，则一旦存在设计失误，将会造成极大的损失。

（2）可制造性、可装配性检验和供货询价、市场宣传　对有限空间的复杂系统，如汽车、卫星、导弹的可制造性和可装配性用 RP 方法进行检验和设计，将大大降低此类系统的设计制造难度。对于难以确定的复杂零件，可以用 RP 技术进行试生产以确定最佳的合理的工艺。此外，RP 原型还是产品从设计到商品化各个环节中进行交流的有效手段。比如为客户提供产品样件，进行市场宣传等，快速成形技术已成为并行工程和敏捷制造的一种技术途径。

（3）单件、小批量和特殊复杂零件的直接生产　对于高分子材料的零部件，可用高强度的工程塑料直接快速成形，满足使用要求；对于复杂金属零件，可通过快速铸造或直接金属件成形获得。该项应用对航空航天及国防工业有特殊意义。

（4）快速模具制造　通过各种转换技术将 RP 原型转换成各种快速模具，如低熔点合金模、硅胶模、金属冷喷模、陶瓷模等，进行中小批量零件的生产，满足产品更新换代快、批量越来越小的发展趋势。快速成形应用的领域几乎包括了制造领域的各个行业，在医疗、人体工程、文物保护等行业也得到了越来越广泛的应用。

12.4　快速成形制造数据软件

Aurora 是专业的快速成形制造数据处理软件，它接受 STL 模型（STL 模型是三维 CAD 模型的表面模型，由许多三角面片组成）进行分层等处理后输出 CLI 格式（CLI 是三维层片数据格式）标准文件，可供多种工艺快速成形制造系统使用。Aurora 数据处理软件功能完备，处理 STL 文件方便、迅捷，使用简单。

1. 加载 STL 文件

STL 文件是快速成形制造技术领域的数据标准接口文件，几乎所有的商用三维 CAD 系统都支持该格式，如 UG，Pro/E，AutoCAD，Solidworks 等。在 CAD 系统中获得零件的三维模型后，将以 STL 格式输出，供快速原型制造系统使用。

载入 STL 模型的方式为：选择菜单"文件>输入>STL"；选择命令后，系统弹出打开文件对话框，选择事先准备好的 STL 文件。读入模型后，系统自动更新，显示 STL 模型。

2. 坐标变换

坐标变换是对 STL 模型进行缩放、平移、旋转等，这些命令将改变模型的几何尺寸。

3. 分层参数设置

分层参数包括三个部分，分别为分层、路径和支撑。

1）分层有三个参数，分别为层片厚度、起始及终止高度。

2）路径部分为轮廓和填充处理参数，其中包括：轮廓线宽、扫描次数、填充线宽、填充间隔、填充角度、填充偏置、水平角度和表面层数等。

3）支撑部分参数有：支撑角度、支撑线宽、最小间隔、最小面积、表面层数。

选择"模型>模型分层"，即可设置分层参数。设置完成后单击"确定"按钮，系统弹出 CLI 文件对话框，输入文件夹名并保存文件。

12.5 快速成形制造实训

1. 实训样件的准备

实训之前教师准备好用三维 CAD 软件设计或三维实体扫描得到的三维数模，并输出为 STL 的文件格式。以齿轮为例，具体尺寸为：外径 $D = 40mm$，高度 $H = 10mm$，模数 $m = 1$，齿数 $z = 38$。

2. 设备调试

调试设备时要注意喷头出丝是否正常，有没有堵塞现象，如果不正常要及时清理。同时要注意各部件运动是否正常。特别要注意工作台的高度是否是以前调试好的高度，如发生变化要及时更正，否则可能会造成成形模型不牢无法成形，甚至造成喷头与工作台接触而使设备损伤。

3. 实训数据准备

1）加载 STL 文件。运行软件 Aurora，载入 STL 模型，在屏幕上成形区域单击鼠标右键弹出对话框选"选择载入模型"系统弹出选择文件对话框，选择事先准备好的 STL 文件。单击"确定"，系统开始读入文件，读入文件后系统自动更新，显示模型。齿轮的 STL 文件如图 12.6 所示。

2）坐标变换。本实训无变换，实训时如果载入的模型较大，成形时间长，需要放缩变换。载入文件后，单击"模型>自动排放"，软件会自动把模型放在工作台的正中心。

3）分层参数设置。分层参数包括三个部分，分别为分层、路径和支撑。分层参数设置对话框如图 12.7 所示。

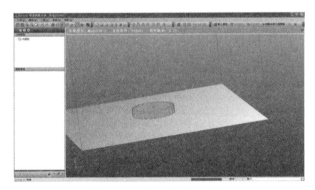

图 12.6 齿轮的 STL 文件

图 12.7 分层参数设置对话框

4. 制造成型

分层完成后，单击"文件>三维打印>打印模型"，设备开始工作，待主副喷头的温度升高到 240℃后工作台开始上升，上升到预设的高度开始按层堆积制造成形。

5. 后处理

成形制作完毕后，将工作台下降到底，将成形留在成形室内保温 10min 后，用铲子取出原型，关闭设备电源，关闭计算机。最后进行成形的后处理：去除支撑，修补缺陷，在模型表涂上少量丙酮溶液上光。

最后完成实训报告。

复习思考题

1. 快速成形技术的基本原理是什么？有哪些基本特征？
2. 快速成形方法有哪几种方法？各有什么优缺点？
3. 简述快速成形的工艺过程。
4. 简述快速成形的应用领域及用法；结合本专业和相关领域还有哪些地方可以应用到快速成形？

第13章

气动与液压

13.1 气动实训概述

实训教学不仅能帮助加深理解液压与气压传动中的基本概念，巩固理论知识，还可以引导学生在实训过程中，学到基本的理论和技能，提高学生的动手能力，培养学生分析和解决液压与气动技术中实际工程问题的能力。实训为气动与液压回路、系统实训。教学的目的是使学生在教师的指导下，独立完成对研究对象（如某一理论、元件、系统等）的实训操作，启发与引导学生自己设计实训方案，在指导教师的指导下通过分析、讨论与审核后，以小组为单位，独立完成实训。在此，以 THPYQ-1 实验台为例，介绍几种常用实训的原理、方法、步骤与数据的处理方法。

气动 PLC/计算机控制实训台是根据液压与气压传动、气动控制技术等通用课程，参考广大师生的建议，精心设计而成。该系统除了可以进行常规的气动基本控制回路实训，还可以模拟气动控制技术应用实验、气动技术课程设计，以及 PLC 可编程序控制器学习及其基本应用实训等，是机电完美结合的典型实训设备。

13.1.1 实训台主要特点

1）气动元件均装有带锁紧功能的标准连接底板模块，实训时组装回路快捷、方便、清晰、明了。

2）实训电气控制采用低压直流 24V 电源；实训回路、控制电路安全可靠。

3）电气主控制单元采用 PLC 可编程序控制器控制，可与微型计算机通信实现微机智能控制。同时，还可采用独立的继电器控制单元进行电气控制，通过比较，突出 PLC 可编程序控制器控制的优越性，加深对 PLC 可编程序控制器的了解及掌握。

该系统是典型的机、电、气一体化的综合实训设备，功能强，适用范围广。

13.1.2 基本结构组成

实训台主要由计算机、PLC 可编程序控制器、控制电脑桌及实训支架、气动元器件、电气控制器件等组成。其中，气动元器件配备：空气压缩机，SAC 空气过滤组合三联件（过滤器、减压阀、油雾器），手动换向阀，电磁换向阀，气控换向阀，行程阀，单向节流阀，快速排气阀或门型梭阀，单作用气缸，双作用气缸等。

电气控制器件配备：直流 24V（3A）电源单元，PLC 可编程序控制器，PLC 电气控制输入单元，PLC 电气控制输出单元，继电器控制单元，感应开关等。

13.1.3 主要技术参数

1）PLC 可编程序控制器：欧姆龙主机，8 输入、6 输出（继电器输出方式）。

2）直流电源：输入：交流 220V，输出：直流 24V/3A。

3）空气压缩机：LB-0.076/8 型静音空气压缩机。主要技术规格：①功率：1.1kW；②电压/频率：220V/50Hz；③压力：0.8MPa；④排气量：76L/min；⑤净重：41kg；⑥噪音：55dB（A）；⑦外形尺寸：41cm×41cm×64cm；⑧储气罐容积：22L。

4）实训台外形尺寸：1400mm（长）×600mm（宽）×1800mm（高）。

13.1.4 调整及使用说明

使用前，操作人员必须详细阅读说明书，指导教师需向学生介绍实训台的结构、使用方法及注意事项。

学生实训的回路可以是教师指定的，也可以自行设计，回路中采用的元件必须是本实训台自带的元件；实训回路必须事先画出原理图，按原理图连接。

打开装有元件的抽屉，按照回路原理图逐一选择所需的元件，并根据所用元件的多少插接到插接板的适当位置上，然后选择适当长度的 PU 管进行连接。插入气管时直接用力将气管插入接头内。

待指定教师检查确认连接可靠无误后，接通电源，启动空气压缩机，进行回路的调试。调试过程中如发现回路连接有误，需将空气压缩机上的截止阀关掉，同时将实训台上的放气阀打开以使实训台中的高压气体放出。

实训结束后，关掉电源。

确认回路中的压力降到零后，才可拔掉气管。拔气管时先用拆卸工具或手向下按压接头上的蓝色部分，然后再向外拔出气管。

拆卸元件时，需双手用力向里捏住底板上的两个开锁手柄，外侧用力拔出元件；若一次拔不出，捏住开锁手柄后，向内外侧对拉几次，即可拔出。千万注意不要用力过猛，以免损坏插件板。将胶管及元件从插件板上取下后，放入规定的抽屉内，以备后用。

13.1.5 实训注意事项

1）SAC 空气过滤组合阀三联件（过滤器、减压阀、油雾器）使用注意：

①过滤器。应及时放水，水位见水位标记。

②减压阀。调压时向外拉手柄外壳后再调压，调压后再按回原位。

③油雾器。用油为透平油 ISO VG32，使用时应定期加油，见油位上下限标记。

2）搭接回路前，先将空气压缩机上的截止阀关掉，以免带着压力操作。

3）调试过程中如发现回路连接有误，需将空气压缩机上的截止阀关掉，同时将实训台上的放气阀打开以使实训台中的高压气体放出。

4）实训过程中，应使用本实训台的元件，不得串用。

5）实训结束后，要将元件放回本实训台的抽屉中。

13.2 实训项目

13.2.1 手动、电控回路

1. 基本换向回路（图 13.1）

实训步骤为：

1）按照实训回路图的要求，取出要用的元件并检查型号是否正确。

2）将检查完毕性能完好的元件安装到插件板的合适位置，通过快换接头和软管按回路要求连接。

3）把相应的电磁铁插头插到输出插孔内，并将空气压缩机上的截止阀打开。

4）把电磁铁控制板上的电源打开，手动/自动选择开关拨向手动一边，然后将插有电磁铁的手动开关拨向上方，即可实现电磁阀换向，从而控制气缸的运动。

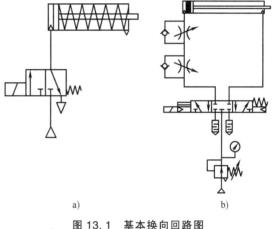

图 13.1　基本换向回路图

5）实训完毕后，首先要关闭空气压缩机上的截止阀，再将实训台上的放气阀打开，以放出实训台中的高压气体。当确认回路中的压力降为零后，方可将气管和元件取下，放入规定的抽屉内，以备后用。

2. 缓冲回路

缓冲回路实训原理图如图 13.2 所示。

实训步骤为：

1）按照实训回路图的要求，取出所要用的元件并检查型号是否正确。

2）将检查完毕、性能完好的元件安装到插件板的合适位置，通过快换接头和气管按回路要求连接。

3）把相应的电磁铁插头插到输出插孔内，并将空气压缩机上的截止阀打开。

4）把电磁铁控制板上的电源打开，手动/自动选择开关拨向手动一边，然后将插有电磁阀 1 的电磁铁 1DT 的手动开关拨向上方，即可实现电磁阀 1 换向，从而控制气缸向外运动。在气缸运动过程中，可以调节节流阀 4 开口的大小，从而控制气缸的运动速度。

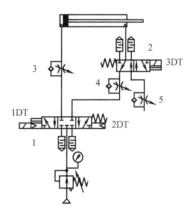

图 13.2　缓冲回路实训原理图

5）将插有电磁阀 2 的电磁铁 3DT 的手动开关拨向上方，即可实现电磁阀 2 换向，调节节流阀 5 开口的大小控制气缸的运动速度使其比电磁铁 3DT 通电时的速度慢，从而实现气缸向外动即将到达终点时的缓冲控制。将插有电磁阀 1 的电磁铁 2DT 的手动开关拨向上方，即可实现电磁阀 1 换向，从而控制气缸向回运动。在气缸运动过程中，可以调节节流阀 3 开口的大小，从而控制气缸的运动速度。

6）实训完毕后，首先要将空气压缩机上的截止阀关掉，再将实训台上的放气阀打开，以使实训台中的高压气体放出。当确认回路中的压力降为零后，方可将软管和元件取下放入规定的抽屉内，以备后用。

3. 往复速度控制回路

实训原理图如图 13.3 所示，实训步骤为：

1）按照实训回路图的要求，取出所要用的元件并检查型号是否正确。

2）将检查完毕性能完好的元件安装到插件板的合适位置，通过快换接头和软管按回路要求连接。

3）把相应的电磁铁插头插到输出插孔内，并将空气压缩机上的截止阀打开。

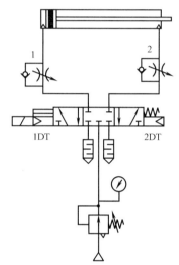

4）把电磁铁控制板上的电源打开，手动/自动选择开关拨向手动一边，将插有电磁铁 1DT 的手动开关拨向上方，即可实现电磁阀换向，从而控制气缸向外运动。在气缸运动过程中，可以通过调节节流阀 2 开口的大小控制气缸的运动速度。

5）将插有电磁铁 2DT 的手动开关拨向上方，即可实现电磁阀换向，从而控制气缸向回运动。在气缸运动过程中，可以调节节流阀 1 开口的大小，从而控制气缸的运动速度。

6）实训完毕后，首先要将空气压缩机上的截止阀关掉，再将实训台上的放气阀打开以使实训台中的高压气体放出。

图 13.3　往复速度控制回路图

当确认回路中压力降为零后，方可将软管和元件取下放入规定的抽屉内，以备后用。

13.2.2　PLC 控制实训回路

1. 速度换接回路

实训原理图如图 13.4 所示，实训步骤为：

1）按照实训回路图的要求，取出所要用的元件并检查型号是否正确。

2）将检查完毕、性能完好的元件安装到插件板的合适位置，将快换接头和气管按回路要求连接。

3）把所用电磁换向阀的电磁铁和行程开关编号，如图 13.4 所示。然后把相应的电磁铁插头插到输出插孔内。

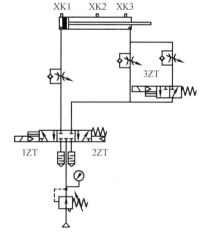

4）调整行程开关间的距离，检查无误后启动电源。

5）把电磁铁控制板上的电源打开，手动/自动选择开关拨向手动一边，然后将手动开关的 XK1、XK3 同时拨向上方，即可实现快进，当碰到第二个行程开关时，将手动开关 3 拨向下方，即可实现慢进，后将手动开关 XK2 拨向上方即可实现快退。调通回路后，可参照电控部分选择 2 号程序，进行自动控制，速度换接电磁铁动作顺序见表 13.1。

图 13.4　PLC 控制速度换接回路图

表 13.1 速度换接电磁铁动作顺序

	1ZT	2ZT	3ZT	输入信号
复位	−	+	−	1XK
慢进	+	−	+	2XK
快进	+	−	−	3XK
快退	−	+	+	1XK

6）实训完毕后，首先要旋松回路中的减压阀手柄，然后将电源关闭，再将空气压缩机上的截止阀关闭，将实训台上的放气阀打开把管路中的压力气体放掉。当确认回路中压力降为零后，方可将气管和元件取下放入规定的抽屉内，以备后用。

2. 顺序动作回路

实训原理图如图 13.5 所示，实训步骤为：

1）按照实训回路图的要求，取出所要用的元件并检查型号是否正确。

2）将检查完毕、性能完好的元件安装到插件板的合适位置上，通过快换接头和气管按回路要求连接。

3）把所用电磁换向阀的电磁铁和行程开关编号，如图 13.5 所示。然后把相应的电磁铁插头和行程开关插到输出插孔内。

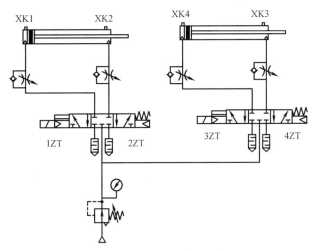

图 13.5 控制顺序动作回路图

4）调整行程开关间的位置，检查无误后启动电源。

5）把电磁铁控制板上的电源打开，手动/自动选择开关拨向手动一边，然后将装有电磁铁 1ZT 的手动开关拨向上方，即可实现左侧气缸前进，当碰到 XK2 行程开关时，将装有电磁铁 3ZT 的手动开关拨向上方，同时将装有电磁铁 1ZT 的手动开关拨向下方，即可实现右侧气缸前进；当碰到 XK3 行程开关时，将装有电磁铁 2ZT 的手动开关拨向上方，同时将装有电磁铁 3ZT 的手动开关拨向下方，即可实现左侧气缸后退；当碰到 XK1 行程开关时，将装有电磁铁 4ZT 的手动开关拨向上方，同时将装有电磁铁 2ZT 的手动开关拨向下方，即可实现右侧气缸后退。在两个气缸运动过程中，可以调节四个节流阀的开口大小以调节两个气缸的运动速度。调通回路后，可参照电控部分选择 4 号程序，进行自动控制。该动作的电磁动作顺序见表 13.2 和表 13.3。

表 13.2　顺序动作实训一：电磁铁动作顺序

	1ZT	2ZT	3ZT	4ZT	输入信号
复位	−	+	+	−	1XK、4XK
缸5进	+	−	−	−	2XK
缸6进	−	−	−	+	3XK
缸5退	−	+	−	−	1XK
缸6退	−	−	+	−	4XK

表 13.3　顺序动作实训二：电磁铁动作顺序

	1ZT	2ZT	3ZT	4ZT	输入信号
复位	−	+	+	−	1XK、4XK
缸5进	+	−	−	−	2XK
缸5退	−	+	−	−	1XK
缸6进	−	−	−	+	3XK
缸6退	−	−	+	−	4XK

6）实训完毕后，首先要旋松回路中的减压阀手柄，然后将电源关闭，再将空气压缩机上的截止阀关闭，将实训台上的放气阀打开把管路中的压力气体放掉。当确认回路中的压力降为零后，方可将气管和元件取下放入规定的抽屉内，以备后用。

13.2.3　计算机控制实验项目

1. 速度换接回路

实训步骤

1）该回路是执行速度换接功能，其回路见表 13.4。计时器1与2的功能是记录气动缸快进与工进所用的时间，需先估计气动缸运动可能经历的时间，然后将计时器1与2的值调到超过气动缸运动的实际时间。计时器3的功能是延时作用，任意调定一值（最好小一点，否则等待时间过长）。

表 13.4　速度换接电磁铁动作回路

	1ZT	2ZT	3ZT	输入信号
复位	−	+	−	1XK
快进	+	−	+	2XK
工进	+	−	−	3XK
快退	−	+	−	1XK

2）把程序拨码盘拨到序号1。

3）接通控制面板电源。

4）观察气动缸的初始位置，看其是否在原位，若不在原位，将手动/自动开关扳至自动位，然后把启动/停止开关扳至启动位，按下复位按钮，使气动缸复位。气动缸复位后，把启动/停止开关扳至停止位，再把启动/停止开关扳至启动位则可进行实训。

5）气动缸运行到行程中间的某一位置，若想中间退出试验，需按下复位按钮。

6）使气动缸复位。把启动/停止开关扳至停止位，再扳至启动位进行操作。进行一次试验后，若想重复试验，把启动/停止开关扳至停止位，然后再扳至启动位则可以进行重复试验。

2. 顺序动作回路

计算机控制速度换接回路和顺序动作回路如图 13.6、图 13.7 所示，实训步骤为

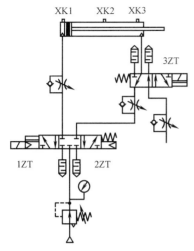

图 13.6 计算机控制速度换接回路

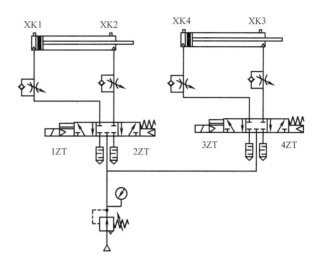

图 13.7 计算机控制顺序动作回路

1）该回路是执行多缸顺序控制功能，计时器的功能是延时作用，任意调定一值（最好小一点，否则等待时间过长）。

2）把程序拨码盘拨到序号 4。

3）接通控制面板电源。

4）观察行程开关 XK4 上的信号灯，看其是否点亮，若已亮，请左右移动使其不亮。

5）观察气动缸的初始位置，看其是否在原位，若不在原位，请把手动/自动开关扳至自动位，然后把启动/停止开关扳至启动位，按下复位按钮，使气动缸复位。气动缸复位后，把启动/停止开关扳至停止位，再把启动/停止开关扳至启动位则可进行实训。

6）当气动缸运行到行程中间的某一位置，若想中间退出试验，则按下"复位"按钮，使气动缸复位。然后把启动/停止开关扳至停止位，再扳至启动位进行实训。

7）进行一次试验后，若想重复试验，把启动/停止开关扳至停止位，然后再扳至启动位则可以重复试验。

顺序动作回路中电磁铁动作回路见表 13.5、表 13.6。

表 13.5 顺序动作回路实训一：电磁铁动作回路

	1ZT	2ZT	3ZT	4ZT	输入信号
复位	−	+	+	−	1XK、4XK
缸 5 进	+	−	−	−	2XK
缸 6 进	−	−	−	+	3XK
缸 5 进	−	+	−	−	1XK
缸 6 进	−	−	+	−	4XK

表 13.6 顺序动作回路实训二：电磁铁动作回路

	1ZT	2ZT	3ZT	4ZT	输入信号
复位	−	+	+	−	1XK、4XK
缸 5 进	+	−	−	−	2XK
缸 5 进	−	+	−	−	3XK
缸 6 进	−	−	−	+	1XK
缸 6 进	−	−	+	−	4XK

13.3 实例应用：数控加工中心气动系统

图 13.8 所示为某数控加工中心气动系统原理图。该系统主要实现加工中心的自动换刀功能，在换刀过程中实现主轴定位、主轴松刀、主轴拔刀、向主轴锥孔吹气排屑和插刀动作。

具体工作原理如下：当数控系统发出换刀指令时，主轴停止旋转，同时 4YA 通电，压缩空气经气动三联件 1、换向阀 4、单向节流阀 5 进入主轴定位缸 A 的右腔，缸 A 的活塞左移，使主轴自动定位。定位后压下开关，使 6YA 通电，压缩空气经换向阀 6、快速排气阀 8 进入气液增压器 B 的上腔，增压腔的高压油使活塞伸出，实现主轴松刀，同时使 8YA 通电，压缩空气经换向阀 9、单向节流阀 11 进入缸 C 的上腔，缸 C 下腔排气，活塞下移实现拔刀。由回转刀库交换刀具，同时 1YA 通电，压缩空气经换向阀 2、单向节流

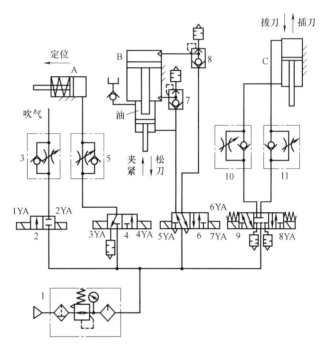

图 13.8　数控加工中心气动系统原理图

阀 3 向主轴锥孔吹气。然后 1YA 断电、2YA 通电，停止吹气，8YA 断电、7YA 通电，压缩空气经换向阀 9、单向节流阀 10 进入缸 C 的下腔，活塞上移，实现插刀动作。6YA 断电、5YA 通电，压缩空气经阀 6 进入气液增压器 B 的下腔，使活塞退回，主轴的机械机构使刀具夹紧。4YA 断电、3YA 通电，缸 A 的活塞在弹簧力的作用下复位，回复到开始状态，换刀结束。

13.4 液压实训概述

液压泵是液压系统工作的动力产生装置。液压泵的研究和开发首先需要的是一台能够对其进行性能试验的工作装置，工作装置的好坏直接影响被试液压泵性能指标的真实表示。

本液压泵实训台完全是根据我国对液压泵形式试验的国家标准设计制造的，可以完成液压泵的各类性能实训和数据测量。液压泵实训台主要由驱动电动机、控制阀体、检测计量装置、油箱冷却等组成，驱动电动机选用了世界上较先进的可变转速的变频电动机，转速可在 0~2800r/min 内任意调整，为各类要求不同转速的液压泵提供通用的试验条件，也可测试各类液压泵在不同转速下的性能指标。控制阀选用了目前国内最先进的比例控制装置，为采用计算机控制和检测提供了必要条件，压力、流量、转速和扭矩的测量采用数字和模拟两种方法，数字便于计算机采集、整理和记录，模拟便于现场观察控制。油箱的散热为水冷，可以

满足液压泵的满功率运行要求。

本液压泵实训台参考了国内外大量先进结构，并在功能和自动化检测方面突破了过去的传统限制，大胆采用了适应性很强的变频调速电动机，大胆采用了先进的比例阀控制装置，为液压泵及其他实训台的开发研究提供了先进的设计经验。

13.4.1　液压系统的组成

液压系统由以下部分组成：

1）动力部分。把机械能转化成液体压力能的装置为动力部分，常见的是液压泵。

2）执行部分。把液体压力能转化成机械能的装置为执行部分，常见的是液压缸和液压马达。

3）控制部分。对液体的压力、流量和流动方向进行控制和调节的装置为控制部分。这类元件主要包括各类控制阀或者由各种阀构成的组合装置。这些元件的不同组合组成了能完成不同功能的液压系统。

4）辅助部分。辅助部分指以上三种组成部分以外的其他装置，如各种管接件、油管、油箱、过滤器、蓄能器、压力表等。

5）传动介质。传递能量的液体介质为传动介质，即各种液压工作介质。

13.4.2　液压系统安装

1. 液压系统安装前的准备工作和要求

1）对需要安装的液压元件应清洗干净并认真校对。

2）安装前要熟悉液压系统工作原理图、电器控制图、管道连接图、有关的技术文件和液压元件的安装使用方法，并准备好需要的安装工具。

3）应保证安装场地清洁，并且有足够的操作空间。

2. 液压系统的安装

安装时一般遵守先内后外、先难后易和先精密后一般的原则。

1）液压缸的安装应牢固可靠，保证液压缸的安装面与活塞杆滑动面的平面度要求。

2）液压泵的进、出油口和旋转方向不得接反，吸油高度按要求安装。

3）安装时要注意各油口不要接错。

4）控制阀一般应保证呈水平位置安装。

5）机动控制阀的安装要注意凸轮或挡块的行程以及和阀之间的接近距离，以免试车时撞坏。

13.4.3　性能与特点

1）配有12种液压回路组态画面演示和控制的软件系统。

2）具有PLC和继电器两种控制模式（其中行程开关6个接口，电动开关6个接口）。

3）配置电磁铁三种控制方式：①压力继电器控制方式（2个输入接口）；②行程开关控制方式（3个输入接口）；③实训人员手动控制方式（6个输入接口）。

4）设置系统油温上升和系统压力卸荷手动控制。

5）采用蓄能器提供辅助能源。

6）采用进口透明有机玻璃制作元件和透明的油管，可清晰观察到液压传动装置的内部结构和工作流程。

7）实训台采用 T 型铝合金型材制作，配合特殊设计的元件模块，可以随意组合搭接各种实验回路。

8）液压系统在工作中压力不大于 10MPa 的条件下，液压元件有无漏油的现象。

9）液压站配置有流量控制阀，可根据要求调整所需流量。

13.4.4 主要技术参数

1）液压泵电动机：功率 0.75kW、转速 1420r/min。

2）齿轮液压泵：额定压力 10MPa、额定流量 10L/min。

3）供电电压：380V 50Hz。

4）外形尺寸：1740mm×720mm×1920mm。

13.4.5 注意事项

1）因实训元器件结构和用材的特殊性，实训过程中务必注意稳拿轻放防止碰撞；只有在回路实训过程中确认安装稳妥无误后才能进行加压实验。

2）做实训之前必须熟悉元器件的工作原理和动作的条件，掌握快速组合的方法，绝对禁止强行拆卸，不能强行旋扭各种元件的手柄，以免造成人为损坏。

3）实训中的行程开关为感应式，开关头部距离感应金属 4mm 之内即可感应信号。

4）严禁带负载启动（要将溢流阀旋松），以免造成安全事故。

5）学生实训时，系统压力不得超过额定压力。

6）学生实训之前，一定要了解本实验系统的操作规程，在实训老师的指导下进行，切勿盲目操作。

7）实训过程中，发现回路中任何一处有问题时，应立即切断泵站电源，并向指导老师汇报情况，只有当回路释压后才能重新进行操作。

8）实训完毕后，要清理好元器件，注意做好元器件的保养和实训台的清洁工作。

13.5 实训项目

13.5.1 溢流阀的二级调压回路

实训的回路原理图如图 13.9 所示。

实训步骤

1）参照回路的液压系统原理图，找出所需的液压元件，逐个安装到实训台上。

2）参照回路的液压系统原理图，连接安装好的元件，并与泵站相连。

3）根据回路动作要求画出电磁铁动作顺序表，并画出电气控制原理图，根据电气控制原

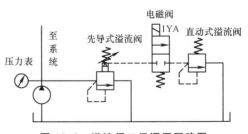

图 13.9　溢流阀二级调压回路图

理图连接好电路。

4）全部连接完毕由老师检查无误后，接通电源，对回路进行调试：

① 启动泵站前，先检查安全阀是否打开，并关闭先导式溢流阀、直动式溢流阀。

② 启动泵，调节并确定安全阀压力；全打开先导式溢流阀、直动式溢流阀。

③ 调节先导式溢流阀的所需的压力，压力值从压力表直接读出，持续 1~3min。

④ 按下按钮 X1，使二位二通电磁阀处于通的状态，再调节直动式溢流阀所需的压力值（注：直动式溢流阀的调节的压力值要小于先导式溢流阀调节压力值）。

5）实训完毕后，应先旋松溢流阀手柄，然后停止液压泵工作。经确认回路中压力为 0 后，取下连接油管和元件，归类放入规定的抽屉或规定地方。

13.5.2 差动连接的增速回路

实训回路原理图如图 13.10 所示。

实训步骤

1）了解和熟悉各液压元件的工作原理，看懂原理图。

2）按照原理图连接液压回路，检查油路是否正确，将程序传输到 PLC 内，接近开关 11、接近开关 12、接近开关 13 插入欧姆龙 PLC 相应的 X1、X2、X3 输入端口，电磁阀 Y1、Y2、Y3 的电磁线插入 PLC 相应的 Y1、Y2、Y3 输出端口。实训 PLC 程序如图 13.11 所示。

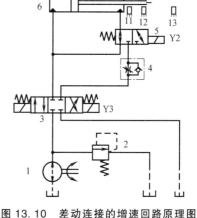

图 13.10 差动连接的增速回路原理图

1—泵站 2—溢流阀 3—三维斯通
电磁阀 4—调速阀 5—二位三通
电磁阀 6—液压缸

3）全部连接完毕并由老师检查无误后，接通电源，对回路进行调试：

① 打开安全阀（溢流阀），开启系统电源。

② 启动泵站电机，调节系统压力。

③ 按下按钮 X1，使 Y1 电磁铁得电，三位四通电磁阀左位工作，二位三通电磁阀也同时左位工作，此时液压回路构成一个差动回路，由于无杆腔和有杆腔受力面积不一样，在同样压力的情况下，作用在无杆腔的力要远大于作用在有杆腔的力，所以活塞杆快速向右伸出。

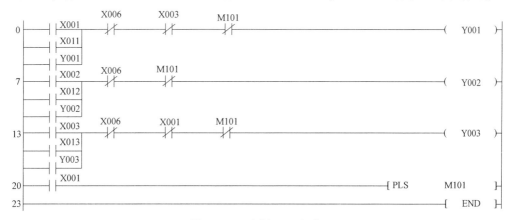

图 13.11 实训 PLC 程序

④ 当缸运动到接近开关 12 时，Y2 电磁铁得电，二位三通电磁阀右位工作，经过调速阀 4 回油，缸做工进运动，并且可以调节调速阀以调节工进的速度。

⑤ 当缸运动到接近开关 13 时，电磁阀 3 右位开始工作，电磁阀 5 也右位工作，此时缸快速复位。同时可以调节溢流阀，系统在不同的压力情况下，观测液压缸的运动情况，如此反复的操作多次。

4）实训完毕后，应先旋松溢流阀手柄，然后停止油泵工作。经确认回路中压力为零后，取下连接油管和元件，归类放入规定的抽屉中或规定地方。复位，调节溢流阀，让回路在不同的系统压力的情况下反复运行多次，观测他们之间的运动情况。

5）实训完毕后，应先旋松溢流阀手柄，然后停止油泵工作。经确认回路中压力为零后，取下连接油管和元件，归类放入规定的抽屉中或规定地方。

复习思考题

1. 简述气缸的工作过程及工作原理。
2. 气动系统的基本组成有哪些？
3. 气动回路的控制内容有哪些？
4. 为什么液压泵的实际工作压力不宜比额定压力低很多？
5. 列举气压传动和液压传动的优缺点？

第 14 章

工业智能制造生产线虚拟仿真实训

14.1 实训目的

工业智能制造生产线虚拟仿真实训项目紧密围绕"新工科"建设要求，积极贯彻《中国制造 2025》、创新驱动等国家重大发展战略思想，重点运用"互联网+"、云技术、大数据、人工智能等新技术和新理念，通过"虚实结合"，推进教学内容从"知识型"向"自主操作型"转变，教学模式从"以教师为主体"向"以学生为主体"转变，实现资源共享和开放管理，全面提升工程实训教学效果。实训目的主要包括：

1）了解工业智能制造生产虚拟仿真系统的组成原理以及各模块实现方法。

2）学习掌握工业智能制造生产线生产工艺流程。包括：下订单、工艺编排、AGV 取料、原材料出库、ABB 机器人上下料至输送线、数控加工、智能检测、YAMAHA 机器人装配、成品搬运、成品出库。

3）掌握工业智能制造生产过程中的设备管理、流程管理、物流管理、生产过程数据信息管理的基本内容及实现方法。

4）了解工业智能制造生产线中智能化及柔性化基本原理及实现方法，包括每个功能单元的基本操作、安全规程，以及深层次、多任务、多产品的实训学习。

14.2 实训原理

工业智能制造生产线虚拟仿真实训项目是以产品制作加工为主线，集自动化技术、计算机技术、网络通信技术、先进制造技术于一体，通过虚实结合，从产品数据管理（PDM）、企业资源计划（ERP）到制造执行系统（MES），以及底层控制系统（PCS），建立全覆盖的数字化教学平台。

14.2.1 RTD-MES 制造生产执行系统

RTD-MES 制造生产执行系统框图如图 14.1 所示，系统以制造业为背景，以生产制造业为核心，围绕生产节拍与生产指令、精益生产自动化与生产流程管控（人、机控制）、产品精确追踪追溯、原材料的批次切换等场景进行设计。功能模块包括以下几个方面。

1）基础资料。人员管理、角色管理、权限管理和密码管理。

2）订单管理。客户订单管理、下发订单管理和回收订单管理。

3）途程管理。工艺流程设计、工艺卡设计和 SOP 设计。

4）物料管理。物料信息管理、仓位管理、产品信息管理和 BOM 管理。

5）设备管理。设备编码管理、机床信息管理和 AGV 管理。

6）质量管理。报警代码、异常处理、数据分析、报表和看板管理。

7）资料管理。CNC 代码管理、图片管理、文档管理和工艺卡管理。

系统以 RTD-MES 软件（图 14.2）为核心，将数据采集技术、移动计算技术、自动化控制技术、数据库技术、敏捷制造、精益生产、工业系统工程理论有机结合，实现生产现场透明化管理。

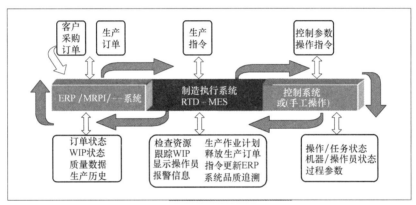

图 14.1　RTD-MES 制造生产执行系统框图

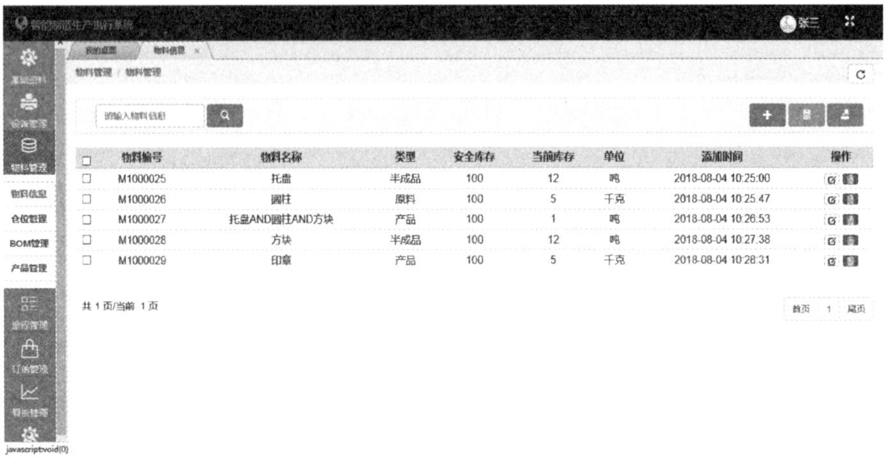

图 14.2　智能生产执行系统软件界面

14.2.2　智能物流系统

智能物流系统三维模型如图 14.3 所示。采用 PLC 控制、可进行工位节拍时间以及出入库速度调节。柔性制造（FMS）与生产制造执行系统 MES 与各个硬件设施无缝对接，可实现单一设备以及整体的运行实验。与工业级现代生产线一样，小型生产线每个工位都配置有电子看板，用于生产工艺、节拍时间等信息的实时显示。主要设备包括：①小型自动化立体仓库；②小型自动分拣系统；③小型电子标签辅助拣选系统；④小型港口物流系统；⑤小型生产制造生产系统；⑥小型 AGV 物流小车。

图 14.3　智能物流系统三维模型

14.2.3　智能制造系统

智能制造系统三维模型如图 14.4 所示。该模块由先进的智能制造技术和智能制造控制系统组成。智能制造系统模块贯穿设计、生产、管理、服务等制造活动各个环节，是具有信息深度自感知、智慧优化自决策、精准控制自执行等功能的智能智慧制造方式，并深度融合信息技术等高新技术和传统制造技术，将信息化、智能化渗透到 FMS 的整个过程，从而实现模块的完全自动化、智能化、高效高质生产。主要功能模块包括：数控车床、数控铣床、工业机器人和视觉检测系统。

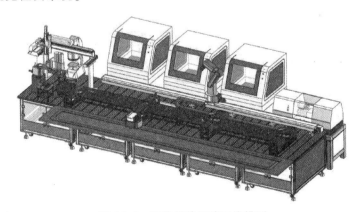

图 14.4　智能制造系统三维模型

14.3　实训方法与步骤

14.3.1　生产订单管理

步骤一：打开浏览器（Chrome 浏览器兼容性最佳），登录"智能制造生产执行系统"页面。

步骤二：登录进入主页，如图 14.5 所示。

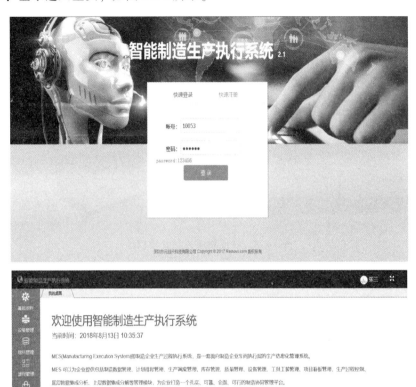

图 14.5　登录系统

步骤三：进入"订单管理"，单击"客户订单"，单击"添加订单"，如图 14.6 所示。

图 14.6　添加订单

步骤四：在弹出页面中选中选择产品类型、产品和产品数量等，如图 14.7 所示。

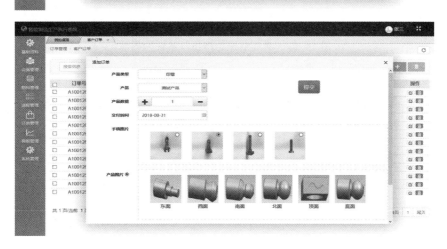

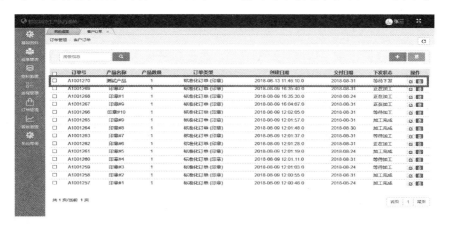

图 14.7 产品类型、产品和产品数量选择

步骤五：订单操作完成后会在主页面中显示新的订单信息，如图 14.8 所示。

图 14.8 订单操作完成

14.3.2 加工工艺编排

步骤一：打开浏览器（Chrome 浏览器兼容性最佳）。

步骤二：在"智能制造生产执行系统"中用户在左边菜单过程管理中选择流程信息，如图 14.9 所示。

图 14.9 "智能制造生产执行系统"界面

步骤三：可以选择新增，进行工艺新增，如图 14.10 所示。

图 14.10 新增工艺

步骤四：按住鼠标左键，拖拽左侧工具栏设备图标放入右侧框中，并填入右侧属性框中的设备属性，每填完一个设备属性点击"确定"按钮保存，如图 14.11 所示。

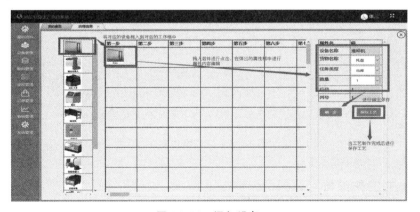

图 14.11 添加设备

步骤五：所有工步参数设置好后，右击"保存工艺"按钮，如图14.12所示。

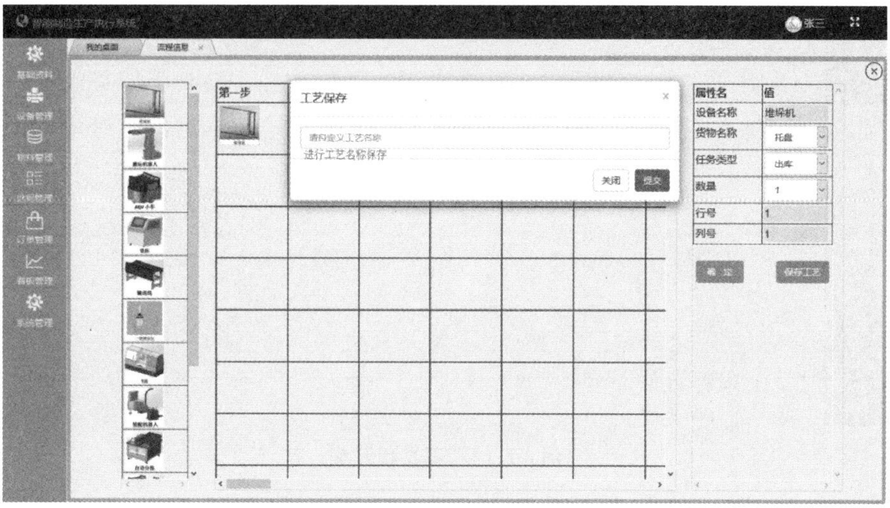

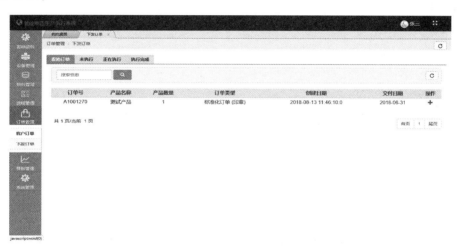

图14.12 保存工艺

步骤六：右击菜单栏"订单管理"下的"下发订单"，进入"下发订单"选项卡，如图14.13所示。

图14.13 "下发订单"选项卡

步骤七：找到新添加的客户订单，单击记录末尾"+"号处，下发订单，下发新订单，如图14.14所示。

步骤八：在弹出子菜单中，找到新的工艺，在页面左侧方框中选择要执行的订单号并单击操作按钮，完成订单下发，如图14.15所示。

至此，订单下发操作全部完成，等待工业智能制造生产线生产订单。

14.3.3 智能物流系统

步骤一：右击桌面上的"智能生产线任务实训虚拟仿真"软件，如图14.16所示。

步骤二：进入虚拟仿真界面，在空白处右击鼠标弹出下拉菜单，下拉菜单中包含智能仓

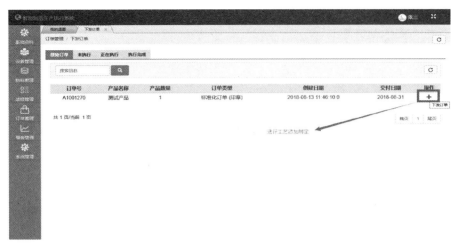

图 14.14　下发新订单

图 14.15　订单下发

图 14.16　"智能生产线任务实训虚拟仿真"软件界面

储系统、AGV 小车无线控制、柔性加工线操作等模块。依据生产工艺流程依次对智能仓储系统、自动分拣线、AGV 物流小车、柔性加工线、电子标签拣选作业等模块进行学习。

1. 智能仓储系统

步骤一：进入智能仓储系统仿真界面，鼠标放在窗口下方弹出机械系统设计、电气系统设计、系统操作实训以及系统作业任务等菜单，并分别对四个任务进行认知操作，如图 14.17 所示。

图 14.17　"智能仓储系统"仿真界面

步骤二：选择"机械系统设计"。拖动滚动条可对智能仓储模块结构进行认知，如图 14.18 所示。右击"结构认知"进入操作界面后，单击相应机械结构名称后相应机械结构会高亮显示。

图 14.18　智能仓储模块结构

步骤三：选择"电气系统设计"进入电气系统设计仿真界面，可完成电动机模拟通电、电动机正、反转起动及停止操作，如图 14.19 所示。

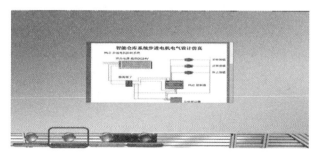

图 14.19　电气系统设计界面

步骤四：单击"系统操作实训"进入系统操作界面，通过单击控制面板上的按钮完成堆垛机和输送线的相应动作，如图 14.20 所示。

图 14.20 "系统操作实训"界面

步骤五：单击"系统作业任务"填入输送线仿真速度，完成智能仓储系统的速度控制及仓位入库、出库操作，完成智能仓储实训操作，如图 14.21 所示。

图 14.21 智能仓储操作

2. AGV 小车无线控制

在空白处右击鼠标进入下拉菜单，选择"AGV 小车无线控制"模块，进入机械系统设计、电气系统设计、系统操作实训以及系统作业任务等四个模块进行认知和操作，如图 14.22 所示。

图 14.22 "AGV 小车无线控制"模块界面

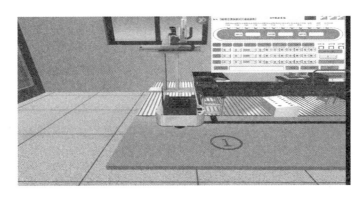

图 14.22 "AGV 小车无线控制"模块界面（续）

3. 柔性加工线操作

步骤一：右击，进入柔性加工线操作界面，单击"机械系统设计"进入机械系统操作界面，完成机械结构的认知，如图 14.23 所示。

图 14.23 机械系统操作界面

步骤二：单击进入"电气系统设计"、"任务实训"、"操作系统"等界面，完成相应操作，如图 14.24～图 14.26 所示。

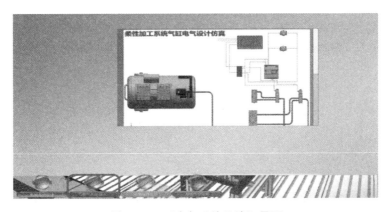

图 14.24 "电气系统设计"界面

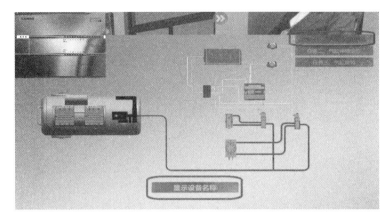

图 14.25 "任务实训"界面

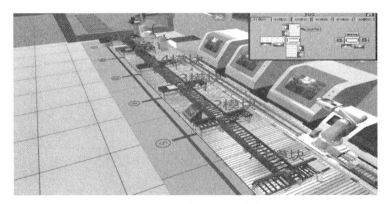

图 14.26 "操作系统"界面

14.3.4 智能柔性化生产

单击桌面上"生产线任务虚拟仿真"图标,打开软件。

(1) 数控机床加工

步骤一:通过机器人手臂将被测件放置在车床内,如图 14.27 所示。

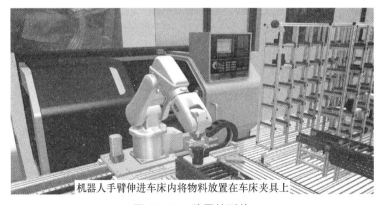

机器人手臂伸进车床内将物料放置在车床夹具上

图 14.27 放置被测件

步骤二：机器人手臂收回，数控车床完成相关加工任务，如图14.28所示。

图14.28 机器人手臂收回

步骤三：通过机器人手臂，将被测件放置在铣床内，如图14.29所示。

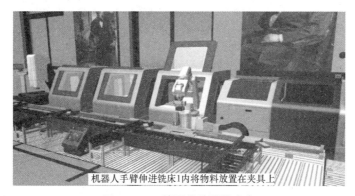

图14.29 被测件放置铣床内

步骤四：机器人手臂收回，数控铣床完成相关加工任务，如图14.30、图14.31所示。

图14.30 机器人手臂收回

步骤五：机器人手臂进入数控车床以及铣床中完成加工件的提取任务，完成加工任务，如图14.32所示。

（2）ABB机器人仿真 打开"生产线机器人实训虚拟仿真"软件，进入ABB机器人仿真界面，完成模块认知和操作，如图14.33所示。

图 14.31 数控铣床加工工件

图 14.32 机器人手臂取回工件，加工完成

图 14.33 ABB 机器人仿真界面

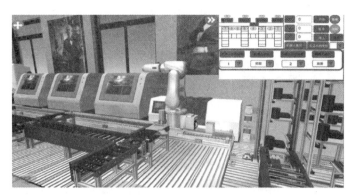

图 14.33　ABB 机器人仿真界面（续）

（3）直角坐标机器人仿真　打开"生产线机器人实训虚拟仿真"软件，进入直角坐标机器人仿真界面，完成模块认知和操作，如图 14.34 所示。

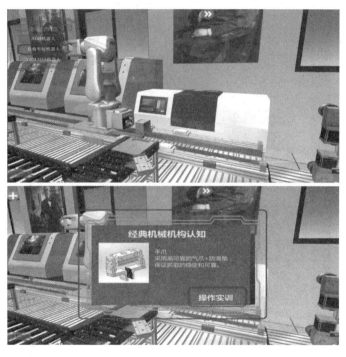

图 14.34　直角坐标机器人仿真界面

（4）YAMAHA 机器人仿真 打开"生产线机器人实训虚拟仿真"软件，进入 YAMAHA 机器人仿真界面，完成模块认知和操作，如图 14.35 所示。

图 14.35 YAMAHA 机器人仿真界面

（5）生产装配线仿真 打开"生产线任务实训虚拟仿真"软件，进入生产装配线界面，完成装配线模块认知、电器系统设计仿真等系统操作，如图 14.36 所示。

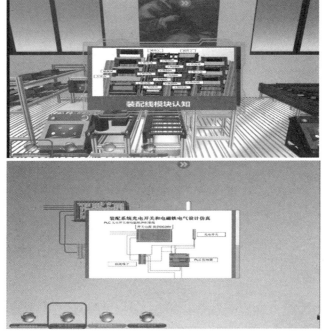

图 14.36 生产装配线仿真界面

图 14.36 生产装配线仿真界面（续）

14.3.5 产品入库系统

步骤一：点击桌面上的"生产线任务实训虚拟仿真"图标，打开软件，进入自动分拣操作界面，完成模块认知、电气系统设计仿真操作，如图 14.37 所示。

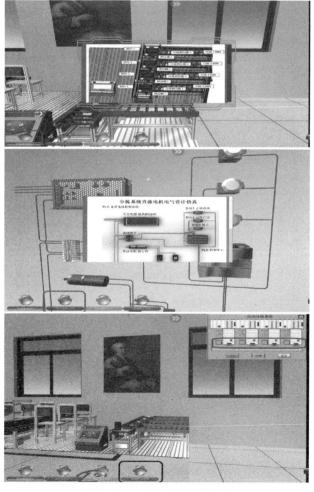

图 14.37 自动分拣操作界面

步骤二：打开"智能生产线任务实训虚拟仿真"软件，进入电子标签辅助拣选作业操作界面，完成机械系统模块认知和操作，如图 14.38 所示。

图 14.38　电子标签辅助拣选作业界面

14.3.6　实际生产线验证

在实际生产线上通过真实的生产加工过程进行学习验证，如图 14.39 所示。

图 14.39　实际生产线

复习思考题

1. 什么是智能制造系统？
2. 工业 3.0 与工业 4.0 有什么区别？
3. 什么是信息物理系统？
4. 简述制造装备智能化的内涵。
5. 什么是数字化工厂？
6. MES 系统是什么？
7. MES 系统的功能模块结构有哪些？
8. 数字化工厂的核心内容有哪些？
9. RTD-MES 制造生产执行系统中功能模块有哪些？

第 15 章

实训设备操作规程

15.1 车削安全操作规程

1. 工作前，必须检查车床的运行情况是否良好。
2. 工作时穿工作服，不能戴手套，戴工作帽，女生不能穿高跟鞋。
3. 车刀装夹时，刀杆不能伸出刀架过长，刀尖与工件中心等高。
4. 根据加工要求选择进给量和调整转速时，要在机床停止转动时进行。
5. 工件的夹持必须牢固，必要时要用顶尖加固。
6. 为保证加工精度，必须及时对磨损的车刀进行刃磨。
7. 机床转动时，严禁用手清理切屑和触摸工件。
8. 测量工件时要停车测量。
9. 遇到问题需及时关闭电源。
10. 指导老师检查同意后，学生方可离开工作场地。

15.2 铣削安全操作规程

1. 操作时，应穿紧身工作服。长发应纳入工作帽，严禁戴手套操作。
2. 应事先认真检查铣床各部件及安全装置是否可靠，电器开关是否良好。
3. 装卸工件、刀具时，应将工作台退到安全合适位置。
4. 铣削过程中，不准用手触摸工件、刀具和量具，铣刀未完全停止运转时，严禁用手制动。
5. 铣削过程中，不准用手清除切屑，严禁用嘴吹除切屑，以防切屑伤人。
6. 装卸铣刀要用专用衬套，严禁用手直接握紧铣刀。
7. 机动快速进给时，一定要将手轮离合器打开，以防手轮快速运转伤人。
8. 注意保养机床，按润滑规定，定期点注润滑油，并保持铣床和环境整洁。
9. 工作结束时，要切断电源，并对机床、工具和环境进行清理。

15.3 钳工安全操作规程

1. 用台虎钳装夹工件时，要注意夹牢，注意台虎钳手柄旋转方向。

2. 不可使用没有手柄或手柄松动的工具（如锉刀、手锤），发现手柄松动时必须加以紧固。

3. 锉屑不得用嘴吹、手抹，应用刷子扫掉。

4. 錾削时，要防止切屑飞出伤人。

5. 钻孔时，不得戴手套，不得用手接触主轴和钻头；钻薄板时绝对不用手拿工件。

6. 工件快被锯断时，要减小用力，放慢速度。

7. 装拆零、部件时，要扶好、托稳或夹牢，用力要均匀适当，以免零件受损或跌落伤人。锤击零件时，受击面应垫硬木、纯铜块或尼龙66棒料。

8. 量具、刀具和其他工具不得叠放一堆，要分别放在工作台适当位置，用完收拾好放回工作台抽屉里。抽屉不要拉得太出，以免跌下伤人。

15.4　刨削安全操作规程

1. 操作时，应穿紧身工作服，并扎好袖口，长发应纳入工作帽，严禁戴手套操作。不准擅自离开工作岗位，未经指导人员允许，不能任意起动机床。

2. 机床开动前，必须了解机床大致构造，各手柄的用途、操作方法和使用程序，否则不准使用。

3. 操作者应事先认真检查刨床各部件及安全装置是否可靠，电气开关是否良好、可用。检查机床各部分润滑是否正常，各部分运转是否受到阻碍。

4. 装卸工件、刀具时，应将工作台退到安全合适位置。必须夹紧刀具和工件，夹紧后扳手立即取下，以免机床起动时飞出伤人。

5. 刨削过程中，不准用手触摸工件、刀具和量具；不准进行变速、清屑、量尺寸等工作；不准触及运转部分；不准隔着机床传递物件。

6. 刨削过程中，不准用手清除切屑，严禁用嘴吹除切屑，以防切屑伤人。

7. 注意保养机床，应按润滑规定，定期注润滑油，并保持刨床和环境整洁。

8. 工作结束时，要切断电源，并对机床、工具和环境进行清理。

9. 两人共同在一台机床实训时，一定要密切配合，分工明确，不得两人同时操作。

15.5　磨削安全操作规程

1. 穿戴合适的工作服，长发要纳入帽内，不要戴手套操作。

2. 多人共用一台磨床时，只能一人操作，并注意他人的安全。

3. 禁止操作者面对砂轮站立。

4. 砂轮启动后，必须慢慢引向工件，严禁突然接触工件；切削深度不能过大，以防径向力过大将工件顶飞而发生事故。

5. 砂轮开启后，操作者不能用量具测量工件的尺寸。

6. 工作结束后，要切断电源，并对机床、工具和环境进行清理。

15.6　砂轮机安全操作规程

1. 运转前应检查有无砂轮护罩，护罩安装的是否有松动或歪斜，砂轮是否有裂纹等，如发现存在上述不安全的现象，不得开动砂轮机，要及时请指导教师进行处理。

2. 开动砂轮机后，空转适当时间后再开始磨削。

3. 切勿使工件突然冲击砂轮和用过大磨削量，以免砂轮碎裂。

4. 要根据工件材料正确选择砂轮，氧化铝砂轮用于磨削普通钢料；碳化硅砂轮用于磨削硬质合金等很硬的材料。

5. 禁止两人同在一个砂轮上磨削。

6. 应用砂轮的正面磨削，人站在砂轮一侧。

15.7 铸造安全操作规程

1. 造型时不要用嘴吹型砂，以免砂粒飞入眼中。

2. 造型工具应放在工具箱内，不能随便乱放，实习完毕要把工具清理干净。

3. 空箱应放在指定地方，堆放要稳定可靠，不要太高。

4. 参加铸铁熔化或铝合金熔化和浇注的学生，要做好一切防护工作，戴好防护用品（眼镜、手套、脚套、工作服、安全帽）。

5. 不能使用潮湿、生锈的铁棒去搅动铁液或扒渣，防止高温铁液遇水飞溅伤人。

6. 出铁（或铝）时，铁液包要对准出铁（铝）槽，以免飞溅伤人，包内铁液（或铝液）不能过满。

7. 抬运铁液包时步调应一致，如有烫伤现象，应沉着慢慢放下，不能摔掉铁液包，以免发生重大事故。

8. 浇注时应对准浇口，不能垂直去看浇、冒口是否浇满，以免铁（铝）液溅出烫伤。

9. 清理铸件时应注意周围环境，以免伤人。不可用手、脚接触未冷却的铸件。

15.8 锻压安全操作规程

1. 不允许穿凉鞋参加实训，必须着长袖长裤工作服。

2. 不可直接用手或脚接触金属料，以防烫伤。

3. 工作前应认真检查工具，如锤柄是否有裂纹，是否楔得紧。

4. 严禁空击铁砧面和用锤头空击下砧铁。

5. 不允许锻打过烧或已冷却的金属。

6. 不允许在车间内挥舞工具打闹。

7. 工件必须夹牢放稳，以免锻打时飞出伤人。

8. 清理炉子、取放工件应关闭电源后进行。

9. 未经许可或无实习指导教师指导，严禁操作空气锤及其他设备。

15.9 电焊安全操作规程

1. 实训时必须穿好工作服、绝缘鞋，戴好电焊手套等防护用品。

2. 操作前检查线路各连接点接触是否良好，防止因松动接触不良而产生发热现象。

3. 焊前检查焊机外壳接地情况，焊钳和焊接电缆的绝缘必须良好。

4. 任何时候焊钳都不得放在工作台上，应放在指定的架上，以免长时间短路烧坏焊机。

5. 发现焊机异常时，应立即停止工作、切断电源。

6. 人体任何部位禁止同时接触焊机输出两端，以免触电。

7. 施焊时必须使用面罩（焊帽），保护眼睛和脸部。

8. 焊接后应该用火钳夹持焊接件，不准直接用手接触工件。

9. 清渣时要注意渣的飞出方向，防止焊渣烫伤眼睛和脸部。

10. 工作场所应采取良好的通风除尘措施，工作场地周围不能放易燃易爆物品。

11. 焊接结束后，应切断焊机电源，并检查焊接场地有无火险隐患。

15.10　气焊、气割安全操作规程

1. 应穿戴工作服、工作帽、工作鞋、手套、护目镜等。

2. 作业场所应有良好的通风和充足的照明，并留有必要的通道。

3. 工作前应检查设备和工具（如减压器、焊割炬、回火防止器等）及环境，确认无安全隐患后方可开始。

4. 所有气路、容器和接头处的检漏，应使用肥皂水，严禁用明火检漏。

5. 各气瓶均应竖立稳固或装在专用轮车上使用。

6. 气焊、气割设备严禁沾染油污和搭架各种电线，气瓶不得剧烈振动及阳光暴晒，开启气瓶时必须使用专用扳手。

7. 露天作业时，遇有六级以上大风或下雨时，应停止气焊气割作业。

8. 工作结束以后，应检查工作现场，确认无隐患后，方可离开现场。

15.11　热处理安全操作规程

1. 操作时要穿好工作服、皮鞋、手套。

2. 不要随手乱动未冷却的工件。

3. 车间内一切设备，如炉子、电器仪表、硬度试验机等，必须在指导教师指导下进行操作，不得自行动用；严禁进入有高频设备的高压危险区。

4. 学生操作时必须注意防电、防热、防火。发生意外事故时要镇静，及时报告指导教师并采取措施予以排除。

5. 严禁在车间的深井炉和水池、油池旁边玩耍。

6. 工件及辅助工具放入盐浴炉时，应先烘烤，消除水分，防止熔盐溅出伤人。

7. 操作校直机时，不能站在校直工件的两边，防止工件被压断时向两头飞出伤人。

8. 观察金相显微组织时，必须特别小心使用显微镜，防止镜头及调节部分损坏。

9. 进行火花鉴别分析操作时，必须遵守砂轮机安全操作守则。

10. 实训完毕，必须把工具放回原处，不得乱丢乱放。

参 考 文 献

[1] 毛志阳. 工程实训 [M]. 北京：北京航空航天大学出版社，2015.

[2] 朱华炳，田杰. 工程训练简明教程 [M]. 北京：机械工业出版社，2019.

[3] 李海越，郭睿智，杜林娟. 机械工程训练 [M]. 北京：机械工业出版社，2019.

[4] 王铁成，张艳蕊，师占群. 工程训练简明教程 [M]. 北京：机械工业出版社，2019.

[5] 骆莉，陈仪先. 金工实训 [M]. 北京：机械工业出版社，2017.

[6] 张玉华，杨树财. 工程训练实用教程 [M]. 北京：机械工业出版社，2018.

[7] 毕海霞，王伟，郑红伟. 工程训练 [M]. 北京：机械工业出版社，2019.

[8] 刘文静，朱世欣. 工程基础训练教程 [M]. 北京：机械工业出版社，2019.

[9] 张学政，李家枢. 金属工艺学实习教材 [M]. 北京：高等教育出版社，2004.

[10] 刘胜青. 机械训练 [M]. 成都：四川大学出版社，2002.

[11] 傅水根. 机械制造工艺基础 [M]. 2版. 北京：清华大学出版社，2004.

[12] 胡大超. 机械制造工程实训 [M]. 上海：上海科学技术出版社，2004.

[13] 吴鹏，迟剑锋. 工程训练 [M]. 北京：机械工业出版社，2005.

[14] 金禧德. 金工实习 [M]. 北京：高等教育出版社，2002.

[15] 赵玉奇. 机械制造基础与实践 [M]. 北京：机械工业出版社，2003.

[16] 张木青，于兆勤. 机械制造工程训练教材 [M]. 广州：华南理工大学出版社，2004.

[17] 谷春瑞，韩广利，曹文杰. 机械制造工程实践 [M]. 天津：天津大学出版社，2004.

[18] 邓文英. 金属工艺学（上，下册）[M]. 3版. 北京：高等教育出版社，2004.

[19] 柳秉毅. 材料成形工艺基础 [M]. 北京：高等教育出版社，2005.

[20] 张力真，徐允长. 金属工艺学实习教材 [M]. 北京：高等教育出版社，2001.

[21] 杨伟群. 数控工艺培训教程 [M]. 北京：清华大学出版社，2002.

[22] 黄康美. 数控加工实训教程 [M]. 北京：电子工业出版社，2004.

[23] 吴海华，骆莉. 工程实践（非机类）[M]. 武汉：华中科技大学出版社，2004.

[24] 罗河胜. 塑料材料手册 [M]. 广州：广东科技出版社，1988.

[25] 谷春瑞，韩广利，曹文杰. 机械制造工程实践 [M]. 天津：天津大学出版社，2004.

[26] 朱世范. 机械工程训练 [M]. 哈尔滨：哈尔滨工程大学出版社，2003.

[27] 林建榕. 工程训练 [M]. 北京：航空工业出版社，2004.

[28] 刘峰. 机械制造工程训练 [M]. 北京：石油大学出版社，2003.

[29] 王瑞芳. 金工实习 [M]. 北京：机械工业出版社，2001.

[30] 苏芳庭. 金属工艺学 [M]. 北京：高等教育出版社，1990.

[31] 郑晓峰. 数控技术及应用 [M]. 北京：机械工业出版社，2004.

[32] 倪为国，吴振勇. 金属工艺学实习教材 [M]. 天津：天津大学出版社，1994.

[33] 杜君文，邓广敏. 数控技术 [M]. 天津：天津大学出版社，2002.

[34] 齐宝森，王成国. 机械工程非金属材料 [M]. 上海：上海交通大学出版社，1996.

[35] 侯英玮. 材料成型工艺 [M]. 北京：中国铁道出版社，2002.

[36] 王培铭. 无机非金属材料学 [M]. 上海：同济大学出版社，1999.

[37] 谷春瑞，韩广利，曹文杰. 机械制造工程实践 [M]. 天津：天津大学出版社，2004.

[38] 韩建民. 材料成型工艺技术基础 [M]. 北京：中国铁道出版社，2002.

[39] 马保吉. 机械制造工程实践 [M]. 西安：西北工业大学出版社，2003.

[40] 杨慧智. 机械制造基础实习 [M]. 北京：高等教育出版社，2002.